KB155058

# 가족생활 교육

2판

FAMILY LIFE EDUCATION

2판

# 가족생활 교육

김순기 · 노명숙 · 박지현 · 배선희 · 송말희 · 송현애 · 오윤자 · 이영자 · 전보영 · 최희진 · 한상금 지음

교문사

# 2판 머리말

우리는 저출산·고령화, 4차 산업혁명 등, 급속한 사회·경제의 변화 그리고 전 세계를 강타하고 있는 코로나바이러스감염증-19(COVID-19) 등으로 인해 그 누구도 예상하지 못한 혼란스러운 상황에 처해 있다.

이런 상황에서 개인과 사회의 중간 체계로서 가족의 역할은 더 중요해지고 있다. 따라서 가족 성원 개개인이 행복한 삶을 살고, 다양한 가족들이 건강한 가족으로 자리매김하기 위한 가족생활교육이 매우 필요하다.

가족생활교육은 급변하는 사회에서 개인과 가족의 다양한 형태와 삶의 방식을 존중하며, 개인과 가족의 강점 확인과 잠재력 개발을 통해 가족이 건강한 가족생활을 영위할 수 있도록 교육하여 문제가 발생하기 전에 예방하는 것을 목적으로 한다. 이 책은 가족생활교육자 및 학생을 대상으로 가족생활교육의 이론적 기초와 실제 프로그램 운영에 관한 이해를 돕기 위한 기본서로 4부, 13장으로 구성되어 있다.

1부 '가족생활교육의 이해' 에서는 가족생활교육의 방향, 정의, 필요성, 목적, 내용, 운영원칙, 이론적 관점에 대해 살펴본다. 2부는 '가족생활교육의 프로그램 개발과 평가'로 프로그램 개발과 홍보, 실시, 평가와 관련된 내용을 다룬다. 3부 '가족생활교육 프로그램의 실제'는 현장에서 활용되고 있는 다양한 가족생활교육 프로그램을 소개하고 있으며, 마지막으로 4부에서는 가족생활교육에 대한 전망과 과제를 제시하고 있다.

가족생활교육은 시대적 요구를 반영해야 하므로 본 개정판에서는 사회변화를 반영하여 초판의 내용을 수정하였다. 3부 '가족생활교육 프로그램의 실제'에서 최근의 가족생활교육 프로그램을 소개하였으며 특히 급증하고 있는 1인가구를 위한 교육프로그램을 새롭게 추가하였고, 노년기 가족교육 프로그램을 대신하여 최근 중시되고 있는 죽음준비교육 프로그램을 다루었다.

2011년 초판을 출간하고 9년 만에 개정판을 준비하는데 도움과 지원을 해주신 여러분들께 깊은 감사를 드린다. 책을 출판하기까지 고민과 토론을 함께 했던 동료저자들께 고마움을 전한다. 특히 책이 출판되기까지 책임자로서 묵묵히 애써주신 전보영 연구원께 감사드린다.

그리고 프로그램 소개를 허락해주신 각 프로그램의 개발자 선생님께 고개 숙여 존경을 표한다. 어려운 상황에서도 기꺼이 출판을 맡아 준 교문사 류제동 회장님, 정용섭 부장님, 김선형 부장님 및 편집부 선생님들께 감사를 전한다.

마지막으로 우리 사회의 가족들이 건강한 가족으로 성장하는데 도움을 주기 위해 가족생활교육에 관심이 있는 이 책의 많은 독자들이 가족생활교육자로서 성공하기를 바란다.

2021년 2월

저자 일동

# 머리말

우리나라에서 가족생활교육이 대학의 정규교과목으로 편성되고 시험적으로 몇몇 기관에서 실시된 것은 1990년대이나, 다양한 경로를 통해서 대중 속으로 전달된 것은 「건강가정기본법」이 시행된 2005년 이후이다. 현재는 각급 학교나 시민단체에서 가족생활교육 프로그램이 시행되고 있으며, 전국 지자체에 설치된 건강가정지원센터를 통해서 가족생활교육은 지역사회교육으로 발전하고 있다.

이 책이 출판되기 이전에 이미 외국의 가족생활교육 출판물의 번역본과 국내 학자들의 가족생활교육 단행본이 발간되었다. 이 책이 이전에 출판된 단행본과 구별되는 차이점은 대학강의에서 활용하기에 적합하도록 가족생활교육 이론을 간결하게 소개하고, 실제 현장에서 실시되고 있는 프로그램을 중심으로 구성, 시행과정과 평가에 대해서 소개한 점이다. 즉, 이 책은 가족생활교육에 관심이 있는 대학생을 비롯하여 현장 교육자들이 가족생활교육의 이론적 기초를 이해하고 실제 프로그램을 접함으로써 가족생활교육에 대한 전문적 소양을 쌓기 위한 기본서로 준비되었다. 이러한 목적을 달성하기 위해서 이 책의 전반부에는 가족생활교육의 기초이론 및 프로그램 구성과 평가에 대하여 소개하였으며, 후반부에는 가족생활교육을 전공하고 현장에서 직접 활동하고 있는 전문가들이 함께 모여 수많은 토론과 함께 선택한 대표적인 가족생활교육 프로그램을 소개하고 있으며, 마지막으로 가족생활교육에 대한 전망을 하면서 전체 내용을 마무리하고 있다.

다양한 선택적 삶이 존재하는 현대의 가족생활은 각자의 삶의 양식에 따라서 달리 전개되는 생애과정 사건들에 대해서 개인이 가지고 있는 정보와 역량만으로는 스스로 선택하고 대처하기 어려운 경우가 많다. 대부분의 사람들이 경험하는 발달적 변화가 어떤 가족에게는 위기로 인식되기도 하며, 예상하지 못한 돌발적인 사건들이 빈번하게 가족을 위협하곤 한다. 따라서 전문가의 개입이 필요한데 「건강가정기본법」의 제정으로 일반 가정의 가족들을 대상으로 하는 체계적인 전문가 개입의 통로가 열리게 되었다. 그러나 우리나라에서 보편적 가족생활교육이 실시된 역사가 일천하기 때문에 가족생활교육 전문가 교육과 재교육이 필요하다. 이러한 필요에 부응하기 위해서는 현재 시행되고 있는 프로그램의 평가와 효과검증 역시 전제되어야 가족생활교육 영역의 내실화가 이루어질 것이다. 앞으로 연구자들이 이에 대한 관심을 좀 더 가지고 프로그램 평가와 효과성 검증에 대하여 보다 많은 연구를 하여 효율성 높은 가족생활교육 프로그램을 보급하도록 할 필요가 있다.

한편 가족생활교육자는 개인과 가족의 삶에 깊숙이 개입하는 전문가로서 전문가윤리에 스스로가 더욱 더 엄격해져야 한다. 그러나 아직까지 우리나라에는 가족생활교육사 윤리가 제정되어 있지 않아서 이에 대한 논의가 이루어져야 하나 아직 준비가 안 되었기 때문에 미국의 국립가족관계협의회에서 제정한 가족생활교육사 윤리지침을 부록에 넣게 되었다. 우리나라는 현재 한국가족관계학회에서 가족생활교육사 자격인증을 하고 있으나 아직 윤리 관련 규정이 제정되어 있지 않다. 2005년을 기점으로「건강가정기본법」과 관련하여 가족생활교육이 확대 실시됨에 따라 가족에 대한 효과적인 개입을 위하여 가족생활교육사와 가족생활교육을 담당하고 있는 건강가정사의 윤리 관련 규정의 제정이 시급하다. 빠른 시일 안에 우리나라 윤리규정이 제정되기를 기대한다.

이 책이 나오기까지 한국가족상담교육단체협의회 유영주 이사장님의 격려가 이 책을 탄생시키는 원동력이었음을 밝힌다. 한편, 치열한 토론과 협의를 거쳐서 집필에 이르기까지 시간과 노력을 무한히 투자한 한국가족상담교육연구소의 배선희 소장과 연구원 여러분, 그리고 이사님들께 감사드린다. 특히 기획과정에서부터 집필과정에 이르기까지 많은 의견을 개진하여 이 책이 나올 수 있도록 결정적인 역할을 한전 소장 송말희 박사의 헌신적인 노고를 치하한다.

특히, 본 서에 귀중한 프로그램을 전재하는 것을 허락해 주신 각 프로그램의 개발자 선생님들의 너그러움에 고개 숙여 존경을 표한다. 마지막으로 어려운 여건 속에서도 기꺼이 출판을 맡아 준 (주)교문사 류제동 사장님과 양계성 상무님을 비롯한 편집부 직원 여러분께 감사의 말씀을 드리면서, 가족생활교육에 관심을 가지고 전문가로 거듭나기 위해서 노력하는 이 책의 많은 독자들이 가족생활교육사로서 성공하기를 기원한다.

2011년 9월

전 한국가족상담교육연구소장 옥선화

C·O·N·T·E·N·T·S

PART
# 03 가족생활교육 프로그램의 실제

## CHAPTER 6 결혼준비교육 프로그램 전보영



## CHAPTER 7 1인가구교육 프로그램 전보영



## CHAPTER 8 부부교육 프로그램 박지현

# PART 01

# 가족생활 교육의 기초

가족은 개인과 사회의 중간에 위치한 체계로 가족이 건강하지 않으면 가족성원 개개인의 행복이 보장되지 않을 뿐 아니라 사회 전체에까지 부정적인 영향을 미치게 된다. 따라서 가족성원의 행복과 사회문제를 예방하기 위해서 가족은 사회변화에 부응하는 제 기능을 수행해야 한다. 이를 위해서는 가족생활교육이 필요하다.

먼저 1장에서는 가족생활교육을 이해하는 데 필요한 가족생활교육의 정의, 필요성, 목적, 내용, 운영원칙, 이론적 관점에 대해 알아본다. 2장에서는 급속히 변화하는 우리 사회에서 가족생활교육이 지향해야 할 방향에 대해 살펴보고자 한다.

CHAPTER 1

# 가족생활교육의 이해

가족생활교육은 개인과 가족이 '건강한 가족관계 및 생활'에 관하여 학습하는 것을 목적으로 한다. 본 장에서는 가족생활교육의 이해를 위하여 그 정의와 필요성에 대해 살펴보았다. 또한 가족생활교육의 목적과 내용에 대해 알아보았고 운영 원칙과 이론적 관점을 이해하는 과정을 통해 가족생활교육의 본질에 대해 생각해보고자 한다.

## 1. 가족생활교육의 정의

정의는 교육적인 현장에서 지향하는 관점을 제공하며, 교육적 활동의 범위를 서술하는데 도움을 주므로 가족생활교육의 정의를 내리는 것은 중요하다. 또한 학문적 위상을 갖기 위해서도 정의에 대한 합의가 필요하다.

1960년대 이후 국내외 학자들의 대표적인 가족생활교육에 대한 정의를 살펴보면, 먼저 미국의 가족생활교육위원회(NCFLE, 1968)는 가족생활주기에 걸친 인간의 성장, 발달, 그리고 행동에 관한 지식을 개인과 가족이 학습하도록 돕는 것이 가족생활교육의 주된 목적이며, 학습경험은 현재와 미래의 가족원으로서 역할에 대한 개인의 잠재력을 발달시키기 위하여 제공되는 것이다. 그 중심개념은 관계로서 관계를 통하여 인성이 발달하고 개인은 그들이 묶여 있는 관계에서 의사결정이 이루어지며, 그로 인해 자아존중감이 발달하게 된다'고 보았다. 또한 아쿠스(Arcus,1990)는 가족생활교육이란 가족생활에 관련된 개념이나 원리에 대한 지식습득과 개인적인 태도·가치를 개발하고, 다른 사람의 가치와 태도를 이해·수용하게 하며 가족복지에 기여하는 대인 간의 기술을 교육하는 것이라고 하였다. 최근에 미국가족관계학회(NCFR, 2002)는 가족생활교육을 개인과 가족의 복지를 위한 예방적이고 교육적인 프로그램의 개발, 적용, 평가, 훈련 및 연구를 하는 분야로 정의하였다.

가족생활교육이란 용어가 우리나라에서 처음 법적으로 명시된 것은 1982년 12월 31일자로 제정 공포된「사회교육법」(법률 제3648호)이다. 이 법률에서 사회교육을 정규학교 교육을 제외한 국민의 평생교육을 위한 모든 형태의 조직적인 활동이라고 정의하고, 가족생활교육영역이 사회교육의 영역 10개 중 네 번째로 명시되면서 제도적으로 국가적인 관심을 나타내기 시작했다고 볼 수 있다(유영주·김경신·김순옥·2008). 그 후 2004년「건강가정기본법」시행과 더불어 건강한 가정의 형성과 유지를 위한 교육적 측면에서의 체계적인 가족생활교육이 실시되었다. 정부는 가족생활교육을 가족생활에 관련된 모든 교육이 포함되는 통합적 개념의 서비스 활동이라고 정의하였으며, 가족생활교육은 평생교육차원에서 개인뿐만 아니라 가족의 삶의 질을 향상시키고, 가족의 문제를 해결하기 위한 가족의 잠재력을 개발하고 강화시키는 데 필수적인 교육내용이라 보고하면서 가족생활교육의 중요성이 사회에 알려지게 되었다(전세경·양정혜, 2003).

옥선화(1997)는 가족생활교육이란 개인과 가족의 삶의 질을 향상시키기 위하여 출생, 성장과정을 포함하는 개인발달과 가족생활주기 각 단계에서의 인간관계의 제 측면에서 발견되는 발달적 특성에 따른 문제와 위기상황에 대한 문제해결력 및 대처능력을 향상시키기 위하여, 개인 또는 집단별로 교육하는 것이라고 정의하였다. 이연숙(2003)은 가족생활교육이란 개인과 가족의 생활을 증진시키고 풍요롭게 하기 위하여 개인이나 가족에게 필요한 지식, 기술, 태도를 습득시켜서 가족 및 가족생활의 문제를 해결하고 예방할 수 있는 잠재력을 키울 수 있도록 고안된 의도적인 교육활동이고, 이는 평생교육적인 특성을 갖는 사회교육의 한 영역이라 하였다. 정현숙(2007)은 가족생활교육이란 아동에서 노인까지 개인과 가족의 전반적인 삶의 질을 높이고, 가족 및 사회에서 나타나는 문제해결을 돕기 위해 개인과 가족의 잠재력을 개발하고 강화시키는 평생교육으로 정의하였다.

이상으로 볼 때 가족생활교육을 이해하기 위해서는 두 가지 주요개념이 요구된다. 하나는 '가족생활의 변화를 위한 의도적인 교육적 개입'이며, 다른 하나는 가족생활교육이 가족의 규범적, 비규범적인 가족발달 및 문제를 해결할 수 있는 '예방수단으로서의 차원을 강조'하는 것이다. 그러므로 가족생활교육을 개인과 가족의 생활을 증진시키고 문제를 해결하고 예방할 수 있는 잠재력을 키울 수 있도록 고안된 의도적이고 평생교육적인 활동이라고 정의할 수 있다.

## 2. 가족생활교육의 필요성

급변하는 사회 속에서 현대가족이 가족생활과 관련하여 직면하는 문제를 토대로 가족생활교육의 필요성을 알아보면 다음과 같다.

먼저 사회변화에 따른 구조적, 기능적 가족문제로 재사회화과정으로서의 가족생활교육의 필요성이 증가하게 되었다. 즉, 오늘날 핵가족화의 증가로 인한 노인소외문제나 이혼증가로 인한 가족의 안정성 약화, 한부모가족의 증가로 인한 가족 내 역할문제 독신이나 동거율의 증가 등이 가족생활의 여러 측면에서 변화를 가져오고 있으며, 증가하고 있는 맞벌이가족 형태의 경우 직장과 가정의 양립문제, 부부간의 역할갈등이나 부모-자녀간의 갈등, 저출산, 고령화 사회에서의 가족현상들은 삶의 새로운 패러다임을 요구하고 있다. 그리고 이러한 변화로 인해 가족구성원은 건강한 가족을 유지하기 위해 재사회화과정을 통해 새로운 변화에 어떻게 적응해야 하는지 파악하고 새로운 가족생활기술을 발달시키는 적응의 노력을 끊임없이 기울여야 한다. 그런 의미에서 다양한 가족구성원을 대상으로 한 조직적인 가족생활교육이 필요하다.

또한 부모세대의 가정교육에서 벗어나 전문가의 도움을 필요로 하게 되었다. 어느 사회나 특정한 방식을 통하여 가족생활의 지혜나 경험을 전수시켜 왔다. 대개 가족생활의 지침은 전통사회의 가치규범이나 의식으로부터 찾으려 하였다. 특히 부모나 조부모가 주체가 되어 자녀 또는 손자녀를 대상으로 전개되는 가정교육은 가족원으로서 가족의 활동과 상호작용을 관찰하고 참여함으로써 이루어지는 비공식적이지만 자연스러운 학습과정이었다. 그러나 새로운 지식과 기술이 발달하고 변화하는 사회 속에서 이전세대나 전통가족으로부터 얻은 지식이 더 이상 적당하지도 충분하지도 않으며 때로는 무용지물이 될 수도 있다. 오늘날의 사회적 변화는 가치의 다양성을 인정하게 되었고, 가정교육 자체도 일정한 기준이 마련되지 않은 상태라서 혼란을 빚고 있다. 현재 우리 가족이 안고 있는 많은 문제는 이제 전문가의 도움을 받아 가족과정(의사소통, 의사결정)을 기능적으로 유지하는 기술과 능력을 배양해야 한다.

그러나 아직 우리 사회에 가정이나 가족에 대한 전통적 인식이 잔존하고 있기 때문에 가족생활교육에 대한 당위성이 부족하다. 즉, 가정생활은 누구나 배우지 않아도 시간이 지나면 일상생활을 통하여 저절로 습득된다라는 왜곡된 시각을 가진다. 게다가 가족생활은 개인의 사생활이기 때문에 외부로부터의 개입은 더욱 자연스럽지 못한 것으로 인식한다. 그런데 만일 결혼, 양육, 가족관계 등과 관련된 활동이나 역할수행에 필요한 지식이나 태도, 기능이 교육을 통해서가 아니라 일상생활을 통해서 저절로 학습되는 것이라면 이혼율의 증가, 결혼 기피, 가정폭력 등을 어떻게 설명할 것인가? 또한 기혼여성의 취업률 증가는 기존의 여성만의 책임공간이던 가족생활 영역에서 다양한 역할에 대한 책임을 요구하고 있고 이에 대한 적절한 교육적 개입이 요구되고 있다. 가족생활을 평등한 삶의 영역으로 자리잡도록 하기 위해서는, 가족생활의 다양한 영역의 역할들을 수행할 수 있도록 이에 관한 지식과 태도를 가르쳐서 누구나 자립적인 가정생활인으로 성장해 갈 수 있도록 가족생활교육을 강화해야 할 필요성이 있다. 앞으로 사회 전반에서 더욱 변화가 가속화되고 다양화·다원화·개성화가 추구되며, 정보화 사회 속에서 평생교육차원의 열린교육이 확산될 것이다. 그리고 재택근무가 많아져서 삶에서 가족생활과 가족관계의 비중이 더욱 커지고, 이에 관한 정보를 선택하고 활용해야 할 일이 더 많아질 것으로 보인다. 우리나라 사람의 높은 교육열과 지식추구 욕구에 비추어 볼 때 가족생활교육에 대한 수요가 더 커질 것이다. 결론적으로 미래사회에서 가족생활교육의 전망은 매우 밝다.

## 3. 가족생활교육의 목적

문제예방에 초점을 둔 가족생활교육은 가족문제를 미연에 방지하거나 줄일 수 있다고 가정하면서, 가족문제의 발생빈도, 기간, 강도를 줄이는 것을 목적으로 한다. 또한 가족의 잠재력 개발에 초점을 둔 가족생활교육은 가족생활의 긍정적인 면을 강조하고, 개인과 가족의 능력을 도모하여 개인과 가족생활을 강화 또는 향상시키려는 의도로 이루어진다. 이와 같이 가족생활교육은 크게 세 가지 원리, 즉 문제해결, 문제예방, 그리고 잠재력 개발 이라는 원리하에 발달해 왔다(이정연·장진경·정혜정 역, 1996). 가족생활교육 프로그램에 따라 맞추어진 초점과 그 정도가 각각 다르지만, 대체로 프로그램 개발 초기에는 문제해결에 더 초점을 둔 반면, 현재는 문제 예방과 잠재력 개발에 초점을 두는 경향이 있다. 그리고 이러한 원리를 반영하는 다양한 목표가 선정되어 있다.

가족생활교육의 궁극적 목적에 대해 미국가족관계학회(NCFR, 1970)에서는 '가족을 강화시키는 것'이라고 했고, 하위목적으로 건설적이고 성취적인 개인생활과 가족생활을 발달시키도록 돕고 발달을 극대화시키고, 대인관계를 개선하도록 하며 가족의 삶의 질을 개선하는 것이라고 했다. 미국 가족생활교육사 협회(NCFLE, 1968)에서도 가족생활교육의 궁극적 목적으로 '가족을 강화하는 것'이라고 규정하였다. 그리고 이에 따라 다섯 가지 구체적인 목표를 설정하였는데, 가족에 관해 배우기, 개인과 가족의 발달에 대해 배우기, 대처과정에 대해 배우기, 인지능력과 행동 평가 능력 발달시키기, 새로운 행동방식 추구하기 등이다(이정연 외 역, 1996).

이 밖에 에이버리와 리(Avery & Lee, 1964)는 가족생활교육의 궁극적인 목적으로 자신과 타인 이해하기, 결혼과 가족 이해하기, 성에 대한 이해 및 적응, 가족생활에 필요한 기술 터득하기의 네 가지 하위목표를 설정하였다.

토마스와 아쿠스(Thomas & Arcus, 1992)는 가족생활 분야의 문헌을 분석하여 가족생활교육의 목표를 '개인과 가족의 안녕을 강화하고 풍요롭게 하는 것'으로 결론을 내렸다. 이에 가족생활교육의 사회적인 역할까지 더하여 가족생활교육의 목적을 정의한 국내학자들도 있다. 김경신(2006)은 가족생활교육이 비단 가족생활의 내면적 측면뿐만 아니라 사회와 개인을 연결시키는 역동적 개념이기에 가족생활교육의 목적은 가족원으로 하여금 개인과 가족생활을 향상시킬 수 있게 하여주고 더 나아가 사회의 역기능적 현상을 회복시키는데 있다고 하였다. 또한 유영주, 김경신, 김순옥(2008)은 가족생활교육의 목적이 근본적으로 가족생활을 풍부하게 하고 강화시키기 위한 것이지만, 가족과 관련된 사회문제가 지속되고 있으므로 교육 이상의 것으로 확대되면서 가족과 관련된 사회문제를 감소시키는 데 주력해야 한다고 하였다.

이상과 같이 가족생활교육 목적에 관한 개념들은 대부분 매우 포괄적이고 발달론적인 관점에 한정하여 접근하였고 사회복지나 가족치료분야와의 구분이 분명하지 않은 점이 있다. 그러나 최근 국내외 여러 연구들로부터 가족생활교육의 궁극적 목적이 '개인과 가족의 복지를 증진시키며 가족을 강화하는 것', 가족의 문제를 예방하고 가족의 잠재력을 개발하여 건강한 가족을 육성하는 것' 등으로 합의된 상태임을 알 수 있다. 가족과 사회와의 관계 속에서 이러한 가족생활교육의 궁극적 목적을 생각해 볼 때, 가족을 보호하는 것이 곧 국가, 사회를 유지하고 보호하는 것이고 가족의 기능을 활성화하는 일이 곧 국가, 사회의 기능을 활성화시키는 일이므로, 가족은 가족생활에 관하여 학습할 필요가 있으며 가족생활교육은 가족생활의 질이 사회안정과 국가발전에 매우 중요한 요인임을 인식하여 가족생활 향상에 주력해야 할 것이다.

한편 메이스(Mace, 1979)는 가족생활교육의 목적을 성취하기 위한 가족생활교육의 발전전략을 다음의 세 가지로 설명하고 있다.

첫째, 가족생활교육은 결혼에 중점을 두어야 한다. 이는 부부체계가 가족 전체의 가장 중심이 되는 체계이며, 부부의 역기능적인 관계 속에서 가족문제가 발생하기 때문이다.

둘째, 가족생활교육은 치료보다 예방 차원이어야 한다. 가족문제 발생 시 치료적 개입을 할지라도 가족은 지울 수 없는 상처로부터 완전히 자유로울 수 없다. 그러므로 문제가 발생하기 이전에 예방에 초점을 두어 가족생활교육을 실시하는 것이 바람직하다.

셋째, 가족생활교육은 교훈적이기보다는 역동적인 방법으로 지도되어야 한다. 예를 들어 결혼준비교육은 가족생활교육을 예방적 차원에서 실행하기는 하나 대개 정보를 제공하는 데 중점을 둔다. 이처럼 가족생활교육은 아직 생활에 대한 기대나 예측을 가르치는 교훈적인 특성을 갖지만, 이러한 특성은 바람직한 변화를 위한 경험에 의한 것으로 역동성을 기초로 하는 것이 바람직하다.

위에 진술한 가족생활교육의 목적은 실제적으로 이러한 원리들이 가족생활교육의 실천적인 면에서 반영되어야 하며, 더 명확한 규명을 위해 앞으로 계속적인 연구가 필요하다.

## 4. 가족생활교육의 내용

가족생활교육의 목적과 목표를 성취하기 위해, 가족생활교육 프로그램이 구체적으로 어떤 내용으로 구성되어야 하는가에 대한 논의가 필요하다. 하지만 이에 앞서 우리가 고려해야 할 점은 먼저 가족생활교육 프로그램이 확고한 학문적 기초에 근거해야 한다는 점과 실시대상의 요구에 부응하는 효율적인 가족생활교육의 내용으로 구성되어야 한다는 점이다. 교육의 영역이나 내용에 있어서도 어느 정도 구조화가 이루어져야 가족생활교육이 하나의 전문적 영역으로서 지속적인 가치를 지니게 될 것이다. 지금까지 가족생활교육의 개념정의가 학자에 따라 분분하듯이 가족생활교육의 내용 또한 그러하다. 참가대상에 따라, 연령에 따라, 지역에 따라, 실시기관에 따라 다르지만, 가족생활교육의 내용을 구성하는 방법은 크게 평생발달적 접근, 주제 중심적 접근, 그리고 통합적 접근으로 나누어 볼 수 있다(송정아·전영자·김득성, 1998).

### 1) 평생발달적 접근

미국가족관계학회(NCFR)는 1984년에 평생발달적 관점에서 가족생활교육의 내용은 인간발달과 성, 대인관계, 가족 상호작용, 가족자원관리, 부모교육, 윤리, 가족과 사회 등 7개 주제영역으로 정립하였으나, 그 이후(NCFR, 1997)에는 인간성장과 인간의 성이 분리되어지고, 가족법과 정책이 포함되어 총 아홉 가지 주제영역으로 정립되고

## 가족생활교육의 주제영역과 주요 개념들

BOX 1-1

1. **가족과 사회**(families in society)
   - 가족문화의 다양성
   - 만남과 결혼
   - 친척관계
   - 가족생활의 비교: 인종, 지역, 종교
   - 성역할
   - 인구변동과 가족
   - 역사와 가족
   - 직업환경과 가족
   - 가족에 영향을 미치는 제도들: 정부, 종교, 교육, 경제

2. **가족상호작용**(internal dynamics of families)
   - 협동과 갈등
   - 의사소통
   - 갈등관리
   - 의사결정
   - 가족의 규범적 스트레스
   - 위기의 가족과 스트레스
   - 특수한 가족의 요구: 입양, 이민, 저소득, 군인, 장애가족

3. **인간발달**(human growth and development)
   - 신체적 발달
   - 정서발달
   - 인지발달
   - 사회발달
   - 도덕발달
   - 성격발달

4. **성**(human sexuality)
   - 출산생리학
   - 생물학적 결정인자
   - 성관계의 심리
   - 성적 태도
   - 성적가치와 의사결정
   - 가족계획
   - 성적 반응
   - 성기능장애
   - 대인관계와 성

5. **대인관계**(interpersonal relationship)
   - 자신과 타인의 이해
   - 커뮤니케이션 기술
   - 친밀감, 사랑, 낭만성 이해
   - 타인에 대한 관심, 존경, 책임감

6. **가족자원관리**(family resource management)
   - 가족목표
   - 가족자원
   - 계획
   - 의사결정
   - 실행
   - 가족생활주기와 가족자원관리

7. **부모교육**(parent education and guidance)
   - 단계별 부모됨
   - 부모의 권리와 의무
   - 가족생활주기별 부모의 역할
   - 부모됨에 영향을 주는 변인들

8. **가족, 법, 정책**(family, law and policy)
   - 가족 관련 법
   - 결혼생활과 관련되는 법(이혼, 부양, 양육, 가족계획 등)
   - 가족 정책(세금, 시민권, 사회안전, 경제적 지원에 관한 법과 정책)

9. **윤리**(ethics)
   - 가치와 태도의 구성
   - 다양한 가치와 선택
   - 가치체계와 가치검사
   - 가치선택과 결과
   - 기술사회에서 가치의 해석

출처: Bredehoft & Walcheski(2003). *Family life education: Integrating theory and practice*. NCFR.

있다. 이 기본안은 아홉 가지 주제영역이 4단계의 연령 단계(아동, 청소년, 성인전기, 성인후기)로 구성되어 있으며, 각 영역과 관련된 지식, 태도, 기술을 포함한다. 예를 들면, '대인관계'영역은 '배우자 선택에 영향을 미치는 요인'과 같은 지식과, '타인을 존중하는 것'과 같은 태도, 그리고 '관계를 시작하고 유지하며 종결하는 것'과 같은 기술을 포함한다. 또한 각 주제영역이 4단계의 생애주기에 따라 각각 교육내용이 심도있게 다르게 구성되어 있다. 주제영역과 그 주요 개념은 앞 페이지의 〈Box 1-1〉에 제시하였다.

그 주요한 특징은 첫째, 가족생활에 대한 폭넓은 개념을 반영한다. 둘째, 각각의 내용영역에서 학습할 지식, 태도, 기술 등을 구체적으로 진술한다. 셋째, 각각의 주제영역은 초점과 중심개념을 발달 단계에 따라 진술한다. 이러한 접근방법은 영역에 따른 지지 및 성취개념이 너무 복잡하고 다양하며 반복적인 면이 있다.

### 2) 주제 중심적 접근

가족생활교육의 내용을 구성하는 또 다른 방법은 가족발달주기의 각 단계에서 발생하는 특정한 문제를 해결하기 위한 접근이다. 즉, 가족생활의 주요 관심영역을 내용으로 하는 것으로, 주제를 중심으로 접근하는 것이다. 주요 관심영역은 가족관계 형성을 위한 결혼준비교육, 가족관계 향상을 위한 의사소통교육, 성교육, 부모-자녀와의 관계향상을 위한 부모교육, 자녀교육, 고부교육, 맞벌이부부교육, 치매노인부양가족교육, 가족지원관리교육, 가족법교육, 은퇴·노후준비교육 등을 포함하나 참가대상자의 필요와 요구에 따라 중심주제는 다양하게 전개될 수 있다(송정아 외, 1998). 현대 가족이 경험하는 문제점들은 가족생활교육의 새로운 주제 영역이 되고 있다. 예를 들면 한부모/이혼가족교육, 장애우가족교육, 알코올가족교육, 새터민가족교육, 입양가족교육, 결혼이민자가족교육, 가정폭력 예방 프로그램이 있다.

표 1-1 **통합적 접근에 의한 가족생활교육 내용**

| 단 계 | 일반영역 중심주제 내용 | 특수영역 중심주제 내용 |
|---|---|---|
| 미혼기 | • 결혼준비교육<br>– 건강한 자아상 확립<br>– 자아분화, 가족분화<br>– 이성교제<br>– 배우자 선택<br>– 혼전 성교육<br>• 의사소통교육<br>– 말하기<br>– 듣기<br>– 갈등해결하기 | • 독신자교육<br>– 건강한 자아상 확립<br>– 이성에 대한 이해<br>– 고독감, 우울감 해소방법<br>– 배우자 선택<br>• 미혼모교육<br>– 건강한 자아상 확립<br>– 자녀교육<br>– 이성에 대한 이해<br>– 용서하기 |
| 신혼기 | • 신혼생활 적응교육<br>– 성격적응<br>– 성역할 및 가사분담<br>– 부부대화 패턴<br>• 부부교육<br>– 부부권력 및 의사결정<br>– 사랑의 기술<br>– 대화 기술<br>• 성교육<br>– 배우자의 성 이해<br>– 성 가치관 및 태도<br>– 성반응 단계 이해<br>– 가족계획<br>• 결혼과 직업<br>– 맞벌이가족의 이해<br>– 역할 분담 및 가사 분담<br>– 직장일과 가정일의 조화<br>• 고부교육<br>– 시댁 · 처가와의 관계 | • 폭력 및 학대 가족<br>– 가해자와 피해자의 심리적 특성<br>– 부부학대 및 자녀학대의 영향<br>– 학대가족의 예방 및 대처방법<br>• 알코올 중독자 가족<br>– 알코올 중독 원인<br>– 알코올 중독자의 성격 및 환경<br>– 알코올 중독이 미치는 영향(개인 · 가족 · 사회)<br>– 알코올 중독 증세<br>– 알코올 중독 예방 및 대처방법 |
| 자녀 아동기 | • 부부교육<br>– 부부권력 및 의사결정<br>• 아동기 부모교육<br>– 의사소통(부부, 자녀)<br>• 아동기 자녀교육<br>– 가족 규칙<br>– 자녀 훈육<br>• 가족놀이교육<br>– 친밀감 형성<br>– 원만한 대인관계 | • 배우자 외도<br>– 외도의 원인<br>– 외도가 부부관계 및 가족관계에 미치는 영향<br>– 배우자의 외도 예방 및 대처방법 |

(계속)

| 단 계 | 일반영역 중심주제 내용 | 특수영역 중심주제 내용 |
|---|---|---|
| 자녀 청소년기 | • 부부교육<br>– 육체적 변화<br>– 심리적 변화<br>– 정체성 재확립<br>• 청소년기 부모교육<br>– 의사소통(부부 · 청소년 자녀)<br>• 청소년기 자녀교육<br>– 가족규칙<br>– 또래집단 압력<br>– 정체성 확립<br>• 청소년기 성교육<br>– 신체 및 심리 변화 이해<br>– 청소년기 성 이해<br>– 이성교제 | • 이혼가족<br>– 이혼의 원인<br>– 이혼이 미치는 영향(개인 · 가족 · 사회)<br>– 이혼 후의 충격 감소<br>– 이혼 후 적응교육 및 상담<br>– 이혼 후 성장교육<br>– 이혼 예방 교육<br>• 사별가족<br>– 사별의 원인<br>– 사별의 충격(개인 · 가족 · 사회)<br>– 사별 후 적응 및 성장교육 |
| 중년기 | • 중년기 부부교육<br>– 중년의 위기 대처방법<br>– 삶의 재평가(개인 · 가족 · 직업)<br>– 빈둥지 증후군<br>– 부부 의사소통<br>• 중년기 부부 성교육<br>– 갱년기 교육<br>– 성장애<br>• 은퇴준비교육<br>– 지역봉사<br>– 여가활동 | • 재혼가족<br>– 배우자 선택<br>– 계부모와 자녀와의 관계 적응<br>– 의붓형제와 자녀와의 관계 적응<br>• 실직자가족<br>– 실직의 원인(IMF체제의 국민경제 및 직장의 사정)<br>– 실직의 충격(개인 · 가족 · 사회)<br>– 실직 후의 적응교육과 상담(개인 · 가족)<br>– 실직 후 대처방법 |
| 노년기 | • 은퇴생활 적응교육<br>– 인생은 60세부터<br>– 건강한 자아상 확립<br>• 치매교육<br>– 치매증후 및 예방<br>– 가족 스트레스 대처방법<br>– 자녀와의 대화<br>• 죽음 준비교육<br>– 남기고 싶은 이야기<br>– 유서 작성<br>– 죽음에 대한 두려움 해소 | • 노인 학대가족<br>– 학대자와 피해자의 성격 특성<br>– 신체적 학대와 심리적 학대<br>– 노인 학대 예방 및 대처방법 |

출처: 송정아 외(1998). 가족생활교육론. pp. 35–37.

### 3) 통합적 접근

가족생활교육의 통합적 접근은 가족발달 단계 접근과 주제 중심 접근을 통합한 것으로, 가족생활주기의 발달 단계에 따라 꼭 성취되어야 할 주제를 중심으로 구성되었다. 이 접근법은 평생발달적 접근에서 너무 광범위했던 내용과 세분화된 개념들로 인한 혼란을 줄이고, 주제중심접근과 차별화를 위하여 가족생활주기의 각 단계에서 의 성취과업을 중심으로 가족생활교육 내용이 구성되었다(송정아·전영자·김득성, 1998). 이상으로 가족생활교육의 내용을 살펴보았는데, 실제로 서울지역 가족생활교육 현장별 실태를 분석한 결과(김보미, 2007), 가족생활교육현장에서 가장 많이 이루어진 교육은 가족구성원 간의 관계였으며, 세부적으로 부모교육이 가장 많았고, 모든 주제별 교육에 대부분 의사소통법과 나와 타인에 대한 이해가 교육내용으로 포함됨을 알 수 있었다. 앞으로 지역사회를 기반으로 지역사회의 고유성을 살리는 교육들이 현장에서 이루어지기 위해서는 지역적 특성과 인구의 분포, 주민들의 욕구가 다르기 때문에 이에 따라 현장의 가족생활교육 교육내용과 교육방법이 달라져야 할 것이다.

## 5. 가족생활교육의 운영원칙

아쿠스 등(Arcus et al., 1993)이 제시한 가족생활교육의 운영원칙은 관련 분야의 문헌들을 검토하여 가족생활교육이 어떻게 수행되어야 하는가에 대한 지침으로, 가족생활교육에 대한 방향을 결정하고 범위를 정할 때 유용하다. 이들 중 어떤 것들은 가족생활교육이 어떻게 수행되는가를 기술하는 서술적 원리들인 반면, 다른 것들은 보다 추론적인 원리들로서 가족생활교육이 가정생활을 위해 교육을 하면서 무엇을 해야 하는가를 지시한다. 이러한 원리와 관련 있는 가족생활교육의 문헌들을 고찰해 보는 것은 가족생활교육의 본질적인 개념을 보다 명확히 하는 데 도움이 될 것이다(이정연 외 역, 1996).

### ① 가족생활교육은 생애주기 전반에 걸친 개인 및 가족들과 관련이 있다

가족생활교육 초기에는 주로 부모교육, 즉 부모로서의 여성교육, 어머니교육에 관심을 기울였으나, 점점 전체 생활주기에 걸친 개인과 가족을 포함하게 되었다. 최근에는 남성들도 교육의 대상이 되고 있다. 그래서 개인과 가족을 위한 규범적 발달(결혼하고 부모가 되고 가족원이 줄어드는 것)에 치중한 가족생활교육 프로프램이 있는가 하면, 일부 개인과 가족들의 특수한 요구와 전이라는 비규범적 발달(특수아동의 부모역할, 이혼, 실업에 대처하기)에 기초한 프로그램들도 있다. 모든 연령대의 사람들이 가족생활에 대해 배울 필요가 있다는 가정하에 가족생활교육은 폭넓은 연령범주나 발달 단계에서 모두 가능하다. 단지 대상이 다를 때 각 주제의 효과가 다를 수 있고 교육방법이 달라져야 하므로 가족생활교육의 전문화가 필요하다.

### ② 가족생활교육은 개인과 가족의 욕구에 기초를 두어야 한다

미국가족생활교육위원회(NCFLE, 1968)와 기타 가족생활교육 문헌(Hennon & Arcus, 1993)에서는 가족생활교육 프로그램이 '개인의 즉각적인 욕구, 가족욕구, 그리고 지역사회 욕구와 직접적으로 관련이 있어서 가족생활을 풍요롭게 하는 데 최대한 기여해야 한다'고 주장함으로써 욕구충족의 중요성을 강조하고 있다. 그리고 가족생활교육의 실제는 이러한 즉각적인 욕구 외에 미래의 욕구도 포함한다. 특히 학교에서 실시되는 가족생활교육 프로그램 중 일부는 즉각적인 욕구보다는 미래의 욕구(예: 결혼준비/부모 됨의 준비 죽음준비)를 강조한다. 여기서 중요한 것은 미래의 역할에 대해 교육시켜야 할 시점이 언제인가 하는 점이다. 어떤 프로그램은 너무 늦어서 무용해지거나 또는 너무 일러서 효율적이지 못할 수 있다.

### ③ 가족생활교육은 다학제적인(multidisciplinary) 연구영역이고, 실행에 있어서 다전문적(multiprofessional)이다

가족생활교육에서 사용되는 중요한 개념, 원리나 관점들은 특정 방식으로 개인과 가족에 관해 초점을 두는 다양한 이론과 연구 분야에서 나온 것으로, 이 중에 가장 자주 언급되는 분야는 인류학, 생물학, 경제학, 사회복지학 그리고 사회학, 심리학, 교육학이다. 그러므로 가족생활교육을 계획하고 실행하기 위해서는 보다 다양한 학문배경을 지닌 전문가를 양성할 필요가 있다.

#### ④ 가족생활교육은 다양한 장소에서 제공된다

가족생활교육은 학교, 교회, 지역사회기관, 사회복지기관, 건강가정지원센터, 산업체 등 다양한 상황에서 제공될 수 있다. 가족생활교육이 가능한 많은 개인과 가족의 욕구를 충족시키기 위하여 다양한 관점을 제공하기 위해서는 이와 같이 여러 장소에서 실시되는 것이 바람직할 것이다. 우리나라의 경우 대학부설기관이나 종합사회복지관, 건강가정지원센터, 종교기관, 민간단체 등에서 주로 성인을 대상으로 가족생활교육이 시행되고 있는 실정이나, 최근에는 기업이나 산업체와 같은 직장에서도 실시되고 있다. 앞으로 TV, 잡지, 영화, 신문, 인터넷 등의 대중매체를 통하여 가족생활교육을 더욱 활성화시킬 필요가 있다.

#### ⑤ 가족생활교육은 치료적 접근보다는 교육적 접근을 취한다

가족생활교육은 문제발생 후에 시행되는 상담이나 치료와는 구분되는 것으로, 문제발생 전에 시행되는 교육적 접근이다. 여기서 '교육적 접근'이라 함은 가족생활교육이 개인과 가족을 돕기 위해 단지 정보만을 전달하고, 사실을 수동적으로 습득하게 하거나, 단순히 기술을 훈련시킨다기 보다 지식, 태도, 기술을 포함하는 것을 원칙으로 한다. 그러므로 가족생활교육은 가족학적인 관점에서 특별한 교육적 목표와 교수방법을 요구하고 더욱 선별된 프로그램 내용 등을 필요로 한다.

#### ⑥ 가족생활교육은 다양한 가족가치관을 제시하고 존중해야 한다

가족생활교육에서 가치관의 역할에 대해 논란의 여지가 많다. 가치관이 가족의 특권이므로 가치관이 가족생활교육 프로그램에 포함되어서는 안 된다고 주장하기도 하고, 가족생활교육의 목적과 내용이 부여된다면 가치관을 다루지 않을 수 없으므로 가족생활교육 프로그램 내에서 가치관을 어떻게 잘 다룰 수 있을지에 초점을 두어야 한다고 하기도 한다. 다양한 가치관에 대한 존중의 원리를 지지하는 사람들은 가치관교육에 대한 후자의 관점을 지지한다.

⑦ 자격을 갖춘 가족생활교육사들의 역할이 가족생활교육 목표의 성공적 실현에 중요하다

가족생활교육사의 역할이 가족생활교육의 성공적인 실현에 필수적이므로, 가족생활교육사 훈련을 위한 기구, 교과과정, 교수방법 훈련 등에 지속적인 관심과 연구가 필요하다. 그러나 가족생활교육사를 준비시키는 데 적절한 관심을 기울이지 못했고,이러한 교육사들의 자격에 관한 우려가 있어 왔다.

가족생활교육은 역동적인 분야이다. 사회나 정치, 경제가 변화하고 새로운 기술이 발달함에 따라 가족의 욕구가 변화하고 이에 따라 가족생활교육도 변화해야 한다. 따라서 개인, 가족, 그리고 교육에 관한 새로운 지식에 반응하여 가족생활교육도 변화해야 하므로 이 운영원칙도 계속 비판적으로 검토되어야 한다.

## 6. 가족생활교육의 이론적 관점

가족생활교육의 목적을 이루기 위해서는 가족생활교육 프로그램의 내용이 확고한 학문적 기초와 연구결과에 기초해야 한다. 프로그램 작성 시 여러 접근법을 절충하게 되더라도 이론적 관점의 근거를 명확히 제시해야 한다(Hughes, 1994). 그런데 이론적 개념틀을 사용하지 않거나, 여러 개념틀을 전체적으로 통합된 방향 없이 편의적으로 사용하였을 때 이론 부분과 실습 부분의 유기적 연결이 부족하다는 지적을 받는다. 현재 가족학에서는 하나의 지배적인 이론이 존재하기보다는 여러 관점들이 공존하고 있는데, 이 중 가족생활교육 프로그램의 이론적 근거가 되는 것은 주로 가족체계적 관점, 가족발달적 관점, 그리고 건강가족적 관점이다(한국가족관계학회 편, 1998).

### 1) 가족체계적 관점

인간은 홀로 존재하는 것이 아니며 개인의 정체성을 개인의 개별성, 고유성에 두기보다는 집단 내에서의 개인의 위치와 역할을 중심으로 상호 연계되어 있다고 본다. 즉, 하위체계는 체계 내에서 특정한 기능을 수행하는 전체 체계의 부분들로서, 각 체계는 더 큰 상위체계의 부분으로서 존재한다. 예를 들어 자녀라는 하위체계는 가족체계 내에 존재하는데, 가족체계는 다시 지역사회라는 상위체계의 부분이다. 그리고 가장 오래 지속되는 하위체계는 부부, 부모 및 형제자매 하위체계인데, 이러한 하위체계는 서로 영향을 주고 받는다. 예를 들어, 부부 하위체계는 자녀에게 결혼 상호작용에 대한 모델을 제공함으로써 남성과 여성간의 친밀감이나 헌신에 대해 가르친다고 본다. 이 이론을 통해 가족생활교육자는 전체로서의 가족과 한 체계의 변화가 다른 체계에 영향을 미치는 관계 및 가족체계 내에서의 상호작용 패턴에 관심을 가진다.

### 2) 가족발달적 관점

가족발달적 관점은 가족생활주기의 각 단계별로 가족의 다양한 역할과 발달과업을 가족원들이 어떻게 실행하는지 시간에 따른 변화과정에 초점을 둔다. 가족이 각 단계의 과업을 효과적으로 달성하면 가족원들도 다양한 과업을 보다 성공적으로 이룰 것이라고 가정한다. 이러한 관점은 가족생활교육의 교과내용을 구성할 뿐만 아니라 가족 내의 역동성을 이해하는데 기초가 된다. 그러나 가족생활주기가 핵가족의 자녀 연령을 기준으로 설정되어 결혼과 가족생활에서 다양성이 증가하고 있는 현대의 가족 현상에 보편적으로 적용하기 힘들다는 지적이 있다. 또한 가족생활주기가 실제 연구결과 의미 있는 변인으로 나타나지 않는다는 점이 있다. 가족생활주기별로 발달과업을 정하여 다음 단계로의 전이를 도울 수 있다고 가정되나 개인과 가족에게서 발생하는 모든 개별적인 문제들을 예방하는 것은 불가능하다는 점 또한 한계점으로 지적되고 있다. 그렇지만 가족발달적 관점이 가족을 하나의 분석단위로 봄으로써 가족에 대한 총체적인 접근을 하고 있으므로 가족학 분야는 물론 임상적인 측면, 가족생활교육과 사회산업 분야 등의 연구 틀로 사용되었다.

### 3) 건강가족적 관점

건강가족적 관점은 가족의 병리적, 부정적 측면보다는 긍정적인 측면에 초점을 두는 관점이다. 그리고 건강한 가족체계는 가족구성원 각자의 가치관 및 노력, 그리고 그들이 속한 가족, 또 그 가족이 속한 확대 친족체계나 사회체계와의 상호작용으로 이루어진다고 본다. 개인과 가족의 강점을 지지하고 강화함으로써 가족의 잠재력을 개발하고 문제해결능력을 증진시키는 것을 바람직한 방향으로 설정한다. 특히 개인적 차원의 긍정적인 사고와 책임감 육성, 가족관계적 차원에서의 응집력과 적응력 강화, 효율적인 의사소통, 그리고 사회적 차원에서의 건강한 시민의식 양성 등을 강조한다. 이 관점이 가족생활의 질을 향상시키고 문제를 지닌 가족의 적응을 돕는 데 두루 활용됨으로써 가족생활교육에 폭 넓게 적용될 수 있다고 보여진다.

# CHAPTER 2

# 가족생활교육의 방향

최근 우리 사회는 정치·경제·사회적으로 급속하게 변화하고 있다. 가족 또한 가족가치관, 가족기능의 변화와 함께 다양한 가족이 증가하는 등 많은 변화를 겪고 있으며, 그 과정에서 여러 가지 가족문제가 발생하고 있다. 가족은 개인과 사회의 중간에 위치한 체계이기 때문에 가족이 건강하지 않으면 가족성원 개개인의 행복이 보장되지 않을 뿐 아니라 사회 전체에까지 부정적인 영향을 미치게 된다. 따라서 가족성원의 행복과 사회문제 예방을 위해서 가족은 사회변화에 부응하는 제 기능을 수행해야 한다. 이를 위해서 가족생활교육이 필요하다.

한편 많은 사람들은 가족에서 생활하기 때문에 가족에 대해 잘 알고 있다고 생각하며 따라서 가족에 대해 따로 공부할 필요성을 느끼지 못한다. 하지만 우리가 알고 있는 가족에 관한 지식과 정보는 자신의 경험에 근거한 경우가 많아 매우 제한적일 수밖에 없다. 따라서 사회변화에 부응하는 가족과 관련된 정확한 지식과 객관적인 정보의 습득이 필요하다.

가족생활교육을 통한 가족에 대한 올바른 이해는 바람직한 결혼관, 건강한 가족관을 갖게 하여, 가족성원 개개인의 삶을 건강하고 행복하게 이끌며, 건강한 사회를 이루는 초석이 된다. 급속히 변화하는 우리 사회에서 가족생활교육에서 지향해야 할 방향은 다양한 가족의 수용, 평등한 부부관계, 건강한 가족 등으로 요약된다. 따라서 본 장에서는 이들을 중심으로 가족생활교육의 지향점을 고민해 보고자 한다.

## 1. 가족에 대한 정의: 가족에서 가족들로

전통적으로 가족에 대한 정의는 머독(Murdock)의 핵가족 정의를 많이 사용했다. 그는 가족을 '공동의 거주, 경제적 협력, 생식의 특성을 갖는 사회집단으로 성관계가 허용되는 최소한의 성인남녀와 출산자녀 혹은 입양자녀로 구성된다'고 정의하였다. 즉, 가족이란 혼인, 혈연, 출산 및 입양으로 구성되고 성관계, 경제적 협력, 공동거주 등이 이루어져야 함을 강조했다.

그러나 개인의 선택이 중시되는 현대사회에서 머독의 가족정의는 핵가족을 이상형으로 만들어 개인의 선택 폭을 제한함으로써 독신가족, 한부모가족, 조손가족, 분거가족, 동성애가족 등을 선택한 사람들을 어려움에 처하게 하고, 빈껍데기 핵가족을 유지하는 사람들에게도 새로운 삶을 선택할 기회를 제한하는 문제점을 낳는다.

최근 우리 사회에도 머독의 가족정의 조건들 모두를 충족하지 않은 한부모가족, 재혼가족, 분거가족, 주말부부가족, 무자녀가족, 기러기가족 등이 증가하고 있다. 실제로 부부와 미혼 자녀로 구성된 핵가족비율은 2019년 29.8%(통계청, 2020)로, 머독의 핵가족 정의는 현실에 존재하는 다양한 가족유형을 담지 못하고 있다.

따라서 최근 핵가족에 기초한 가족정의를 비판하면서 다양한 가족을 인정하고 포괄하는 광의의 가족정의들이 대두되고 있다. 기든스(Giddens, 1992)는 가족을 정서적이고 물질적인 지지에 기반을 둔, 두 명 또는 그 이상의 사람들이 상호 간에 기대를 갖고 그들의 삶의 유형과 관계없이 상호책임감, 친밀감과 계속적인 보호(care)를 주고받는 구성체라고 정의하였다(배은경·황정미 역, 2003).

또한 미국사회복지사협회(National Association of Social Workers, NASW) 가족분과위원회(1982)에서는 가족을 그들 스스로 '가족'이라고 생각하고 건강한 가족생활에 필수적인 의무, 기능, 책임을 수행하는 두 명 이상의 사람들이라고 정의하였으며, 미국의 인구조사(2000)에서는 '가족은 한 집에 거주하는 서로 관련된 두 명 이상의 사람들로 구성된다'고 정의하고 있다. 또한 쿤츠(Coontz, 1997)는 가족을 '서로 사랑하고 배려하는 사람들의 집단'으로 정의하였다.

이렇듯 최근에는 자신들 스스로 가족으로 생각하면서 전형적인 가족역할, 즉 친밀감에 기초한 정서적 교류, 돌봄, 노동의 연대, 자원의 공유, 공동생활, 동반자 관계 등을 수행하는 사람들의 모임을 가족으로 정의하는 것이 세계적인 추세이다(남윤인순, 2005). 결론적으로 최근의 가족정의는 결혼이나 혈연에 근거하기보다는 함께하는 사람과 질적인 상호작용을 하느냐에 초점을 둔다고 할 수 있다. 이러한 다양한 가족유형을 포괄하는 가족정의는 개인과 자신에게 적합한 가족유형을 선택할 수 있게 하고, 실재하는 다양한 가족을 포괄할 수 있다는 점에서 긍정적이다.

따라서 가족생활교육은 부부와 자녀로 이루어진 소위, 전형적 가족(the family)만이 아니라, 다양한 가족들(families)도 가족기능을 제대로 수행하는 건강한 가족이 될 수 있도록 도움을 주는 방향으로 이루어져야 한다. 또한 가족의 외형적 모습이 아니라 내면의 질이 중요함을 인식시켜 다양한 가족에 대한 편견을 없애고 그들을 수용할 수 있도록 해야 한다.

## 2. 평등한 부부관계 지향

오늘날 가족은 과거의 자녀 중심에서 벗어나 부부 중심으로 변화하고 있다. 따라서 이제는 자녀와의 관계가 결혼생활 유지를 위한 최우선의 고려대상이 아니라, 부부관계의 만족 여부가 가장 중요한 의미를 갖게 되었다.

개인주의와 자유민주주의 사상, 여권주의의 영향으로 부부관계는 민주적이고 평등한 동반자적 관계로 나아가고 있다. 여성의 경제활동은 민주적이고 양성평등한 부부관계의 변화를 가져온 가장 큰 요인이다. 전통사회에서 가사를 전적으로 담당하던 여성들이 경제활동에 참여하게 되면서 부부의 역할과 권력에서 변화를 가져와 부부관계가 과거에 비해 독립적이고 평등하게 변화하게 되었다.

본 절에서는 평등한 부부관계를 성역할 개념의 융통성, 권력의 공유, 가사노동의 공평한 분배, 경제적 책임의 공유, 자녀양육의 공동책임, 양성평등한 성(sexuality), 융합적 사랑으로 규정하고 이에 대해 살펴보고자 한다.

### 1) 성역할 개념의 융통성

개인이 가지고 있는 성역할 태도는 결혼과 가족생활에 중요한 영향을 미치게 된다. 예를 들어, 배우자 선택, 사랑, 성관계, 가사노동, 자녀양육, 경제적 부양 등에 성역할 태도가 그대로 반영된다.

성별에 따른 분리를 지향하는 전통적 성역할 태도는 부부간의 평등한 관계를 저해한다. 이에 그치지 않고 남성의 경우, 가족에 대한 부양책임을 일생 동안 짊어지게 하여 가족 안에서 진정한 남편과 아버지 역할수행을 어렵게 만들고, 여성의 경우 자신의 역할을 아내와 어머니 역할로만 규정하여 독립적이고 주체적인 존재로서의 자아정체감을 확립하지 못하게 한다. 그로 인해 개인의 행복보다는 가족이라는 틀 유지에 급급한 삶을 살게 된다.

반대로 성별에 따른 분리가 아니라, 개인의 능력과 자질, 흥미에 따라 융통성을 보이는 근대적 성역할 태도는 평등한 부부관계를 유지하게 한다. 즉, 남편, 아내 모두 가족 안에서 자신의 권리 못지않게 자신의 책임을 인정하며 남편과 아내가 한 팀으로 역할을 수행하여 아내가 가계부양자, 남편이 가사노동자가 될 수도 있고, 부부가 역할을 구분하지 않고 공유하기도 한다. 이러한 근대적 성역할 태도는 부부 자신의 잠재능력 발휘와 상황에 따른 적응력을 높일 뿐 아니라, 부부가 서로 인격체로 존중하는 생활을 하게 하여 평등한 부부관계를 가능하게 하며 자녀들에게도 긍정적인 역할모델이 된다. 그러므로 가족생활교육은 평등한 부부관계의 토대가 되는 근대적 성역할 태도를 부부가 가질 수 있도록 이루어져야 한다.

### 2) 권력의 공유

의사결정은 부부간 권력을 나타내는 하나의 지표로, 부부가 공동으로 의사결정을 한다는 것은 부부관계가 평등함을 의미한다. 전통적인 가부장제 가족에서는 의사결정이 가부장인 남편의 권한이자 책임이었고 아내의 의견은 반영되지 않았다. 그에 따라 부부간에 거리감이 커질 수밖에 없었으며, 의사결정을 하는 남편 또한 결정에 대한 책임을 전적으로 져야하는 부담을 가질 수밖에 없었다.

부부간에 최종 의사결정을 누가 하느냐에 따라 부부공동형, 남편우위형, 아내우위형, 부부자율형으로 구분한다. 최근 우리나라의 의사결정을 분석한 연구결과들에서 부부공동형이 상당수를 차지하는 것으로 나타나 부부관계가 평등하다고 보는 경향이 있다(이여봉, 2006).

그러나 여기에서 간과해서는 안 되는 점은 '누가 무슨 영역을 관장하는가?'이다. 즉, 의사결정과 권력이 밀접한 관련은 있지만, 모든 의사결정이 권력을 포함한다고 볼 수는 없다. 한국의 많은 가족에서, 남편은 자신의 시간을 방해받지 않으면서 가족의 생활방식이나 중요한 사안에 관한 결정권을 갖는 지휘적 권력(orchestration power)을 갖고, 사소하고 시간소모가 많은 사안에 관한 실행적 결정권(implementation power)은 아내에게 위임하고 있다. 실제로 대부분의 일은 부부 공동으로 결정하지만, 재산증식이나 주거문제 등의 중요한 결정은 여전히 남편이 주도하여 실질적인 의사결정권은 남편에게 속해 있는 상황이다(이여봉, 2006). 이는 부부간의 표면적인 평등 이면에 수직적인 관계가 여전히 존재함을 의미한다.

남편이나 아내 한쪽에 의한 결정은 그 책임을 전적으로 한 사람이 져야 하는 부담을 안게 하고 그로 인해 스트레스를 받을 수 있다. 반면에 부부가 공동으로 의사결정을 하게 되면 두 사람이 협의하여 더 합리적인 선택을 하게 되고, 의사결정을 하기까지 서로 많은 대화를 나누게 되면서 서로를 이해하는 계기가 되기도 하며, 공동의 책임감도 갖게 된다. 따라서 가족생활교육은 아내와 남편이 서로 의논하여 결정하고 함께 책임을 지는 평등한 부부관계를 지향하도록 이루어져야 한다.

### 3) 가사노동의 공평한 분배

가사노동은 부부간 불평등의 문제와 관련하여 가족생활에서 가장 많은 갈등을 일으키는 영역 중 하나이다. 특히 우리 사회에서는 가족성원들을 보살피고 지원하는 가사노동은 아내가 담당해야 하는 역할이라는 인식이 팽배하여, 여성들의 사회진출이 증가하고 있는 최근에 부부간에 더더욱 예민한 부분이 되고 있다.

실제로 맞벌이 부부의 경우, 경제적인 부양역할을 부부가 공유하는 정도에 비해 남성의 가사노동 분담 정도는 상당히 지체되고 있다. 2019년 생활시간 조사에서 맞벌이 부부 중 여성이 가사에 소모하는 시간은 하루 평균 3시간 7분인데 비해 남편은 하루 평균 54분만 가사활동을 하는 것에서 이를 확인할 수 있다(통계청, 2020).

이렇듯 맞벌이 부부의 여성에게는 취업이 가사노동으로부터의 탈피가 아니라 직장생활이 더 추가되는 것으로, 이러한 역할과중은 부부간에 갈등을 낳게 되고 나아가 가족 전체에 부정적인 영향을 미치게 된다. 기혼여성이 노동시장에 참여함에도 불구하고, 남성은 여전히 전통적인 가장의 자리를 고수하면서 가사노동을 분담하지 않고 여성은 가족 안에서의 역할을 여전히 떠안은 채 그에 덧붙여서 임금노동을 행하고 있는 상황을 우에노 치즈코(上野千鶴子, 1994)는 '신 성별분업', '신자본주의 단계로의 이행'으로 진단했다.

아내의 가사노동 전담은, 특히 맞벌이 부부의 경우 부부간에 불평등을 초래한다. 즉, 한쪽이 지속적으로 손해를 보거나 이익을 얻는 '불공평한' 관계는 손해를 보는 쪽으로부터 갈등을 유발하게 하게 되고 이러한 갈등적 관계는 장기적으로 부부관계 만족도를 떨어뜨린다. 따라서 가족생활교육에서는 가사노동의 공평한 분배가 평등한 부부관계의 핵심요소라는 점과, 평등한 부부는 서로에게 도움을 주면서 함께 일하는 한 팀임을 강조해야 한다.

### 4) 자녀양육의 공동책임

부모는 자녀를 건강하게 성장하도록 양육해야 하는 책임을 지니고 있다. 자녀양육은 부부 공동의 의무이지만 우리 사회에서는 대부분 아내에게 양육에 대한 책임을 전적으로 지우는 경향이 있다.

그에 따라 취업여성들은 자녀양육을 다른 사람에게 맡기는 것에 대하여 죄책감을 갖게 되며, 남성들은 당당하게 아내에게 자녀양육을 떠넘긴다. 실제로 일하는 아버지의 평균 육아시간은 하루 12분으로 일하는 여성의 23분에 비해 11분 적은 것으로 나타났다(국민일보, 2011년 04월 13일자).

이와 같은 여성의 자녀양육 전담은 부부관계에 부정적 영향을 미치게 된다. 전업주부의 경우에는 자아실현을 할 수 있는 기회의 상실이라는 대가를 치르게 되며, 취업주부의 경우에는 육아와 직장을 양립하는 데 따른 역할과중으로 부담이 커지게 된다. 그 결과 부부관계는 갈등관계로 갈 가능성이 높다.

그러나 남편이 자녀양육자로서의 역할을 능동적으로 수행할 경우, 아내의 양육부담을 덜어줄 수 있을 뿐 아니라 아내와의 일체감이나 동반자 의식을 가질 수 있으므로 부부관계가 평등하게 될 가능성이 높다. 이는 부부관계뿐만 아니라 자녀를 양성적으로 자라게 하고, 자칫 소원해지기 쉬운 아버지와 자녀간의 유대를 친밀하게 가꿀 수 있는 토대가 된다. 이처럼 자녀양육의 부부공동 참여는 부부관계를 평등하게 하고 부모-자녀간의 관계를 친밀하게 하며 자녀의 양성적 발달에도 도움이 된다.

한편 아버지들이 양육자로서의 역할을 수행하기 위해서는 실질적으로 양육에 참여할 수 있는 시간과 에너지를 확보하도록 가족친화적인 직장문화가 조성되어야 한다. 즉, 부성 육아휴직제 등과 같은 기존제도를 적극적으로 활용하도록 하는 지원책과 더불어, 퇴근 후까지 이어지는 비공식적인 업무 문화를 변화시킴으로써 가족과 보내는 시간을 늘려야 한다. 이는 개별 가족의 노력과 더불어 직장문화가 가족생활과 병행할 수 있는 방향으로 변화함을 통해서 현실화될 수 있을 것이다(이여봉, 2006). 이러한 직장문화가 정착되기 위해서는 정책적인 지원과 함께 우리 사회 개개인의 인식 개선이 밑받침되어야 하는데, 이러한 인식 개선을 위해서 가족생활교육이 필요하다.

### 5) 양성평등한 성

부부관계에서 성(sexuality)은 여러 측면에서 중요한 의미를 갖는다. 성은 자녀를 출산하는 기능과 더불어 성적 욕구를 충족시키며 부부간의 관계를 친밀하게 만든다.

과거 가부장적 가족에서의 부부간의 성은 남성 중심으로 남성이 일방적으로 여성을 통제하고 지배하였다. 이처럼 남성에 의해 여성이 종속되고 소유되는 대상화된 성은 부부관계를 불평등하게 만든다.

평등한 부부관계를 이루기 위해서는 남성 중심의 성문화에서 벗어나 남녀 모두가

표 2-1 가부장적 · 전통적 성각본과 표현적 · 근대적 성각본

| 가부장적 · 전통적 성각본 | 표현적 · 근대적 성각본(양성평등한 성각본) |
|---|---|
| 남성이 여성의 성을 소유하고 성행위를 주도한다. | 모든 개인은 자신의 성적 자아를 표현할 자유가 있다. 따라서 남녀 모두 동등하게 성 행동에 참여하고 책임을 진다. 남녀 누구든 성행위를 주도할 수 있다. |
| 성의 주요 기능은 출산이다. | 성은 대인간의 의사소통과 친밀감을 향상시키는 수단이며, 성적 활동을 통해 사랑과 쾌락을 나눈다. |
| 남성은 선천적으로 성적 충동을 가지고 태어나지만, 여성은 원래 성적으로 수동적이다. | 남녀의 성적 욕구와 능력은 동일하다. |
| 남성의 성적 긴장 방출은 필수적이다. | 남녀 모두 성적 긴장 방출이 필요하며, 오르가슴을 경험할 권리가 있다. |
| 남성의 성적 욕구는 충족되어야 하므로 남성의 혼외 관계를 인정한다. | 남녀 모두 성적 쾌락을 추구할 권리가 있다. |
| 성교만이 적절한 성행위이다. | 성교뿐만 아니라 성행위도 자연스럽다. |

출처: 김용미 외(2002). 결혼과 가족의 의미. p. 58.

성의 대등한 주체가 되어야 한다. 〈표 2-1〉은 부부의 실제 성행동에 영향을 주는 성각본으로, 평등한 부부는 표현적·근대적 성각본에 기초해서 성관계를 하는 부부이다. 따라서 가족생활교육에서는 부부가 표현적·근대적 성각본에 의해 성관계를 할 수 있도록 교육하여 부부간에 소통을 증진하고, 친밀감을 높이며, 평등한 관계를 만들 수 있도록 도와주어야 한다.

### 6) 융합적 사랑

결혼의 중요한 동기인 남녀 간의 사랑에서도 상호 주체성과 동등성이 중시되고 있다. 이는 여성이든 남성이든 상대방에게 의존함으로써 자신을 완성하려고 하거나 또는 상대방을 정복하여 소유하고자 하는 관계에서 벗어나려는 것을 의미한다. 의존과 소유에 대한 집착보다는 상대방에 대한 배려와 책임감을 느끼고, 상대방의 세계를 존중해주며, 이를 통해 각자의 독립성과 자유를 서로 허용하고 확보할 수 있는 성숙한 사랑이야말로 주체적이고 동등한 부부관계를 가능하게 한다.

일반적으로 결혼의 전제조건으로 낭만적 사랑을 꼽는다. 그러나 산업화로 인해 가정과 일터가 엄격히 구분되면서 생겨난 낭만적 사랑 이면에는 남녀 간의 불평등이 내재한다. 즉, 경쟁사회에서 경제적으로 능력이 있는 남성은 매력적인 여성을 정복하고 소유하는 데 관심이 있고, 노동시장에서 소외된 여성들은 생존을 위하여 자신이 활용할 수 있는 유일한 자원인 성적·신체적 매력을 가꾸어 경제적 자원과 세력을 지닌 남성에게 선택받는 데 몰두하게 되므로 낭만적 사랑에는 남녀 간의 불평등이 내재한다.

따라서 낭만적 사랑이 갖는 지배와 종속의 구조는 사람들로 하여금 어느 한편이 지배적이지 않는 새로운 사랑의 방정식을 모색하게 만든다. 예를 들어 이혼의 증가, 동성 간의 사랑에 대한 탐색, 동거라는 새로운 삶의 양식이 늘어나는 것은 이러한 고민의 반영이라고 할 수 있다(한국여성연구소, 2005).

그리하여 기든스(1992)는 낭만적 사랑이 지닌 허구성과 양성 간의 불평등한 권력관계를 초래하는 이중성에 대해 비판하면서 융합적인 사랑을 대안으로 제시하였다. 융합적인 사랑은 불완전한 두 이성 간의 합일을 통한 완전함이 아니라, 개별적 주체성과 독립성을 그대로 유지한 두 사람이 동등한 위치에서 서로를 이해하고 존중하며 배려하는 관계이다. '이 세상에서 유일한 한 사람'에 주목하기보다는 '사랑하는 관계' 자체에 초점을 두어, 서로 평등하게 관심과 욕구를 표현하고 더불어 성을 즐기며 친밀감을 키워가야 함을 의미한다.

따라서 가족생활교육은 지배와 복종의 구조를 만드는 사랑이 아닌 서로를 있는 그대로 존중하며 배려하는 성숙한 사랑을 유지할 수 있도록 도움을 주어야 한다.

이상과 같은 요소들을 갖춘 평등한 부부는 부부 각자가 자신의 잠재능력을 발휘할 수 있어서 진정한 의미의 자아실현이 가능하고, 개인의 삶의 질이 향상될 수 있으며, 환경에 효과적으로 대처하여 어떤 상황에서도 높은 적응력을 보인다. 또한 자녀들도 두 명의 부모를 진정으로 접할 수 있어서 양성성을 발휘할 수 있게 된다. 따라서 가족생활교육은 행복하고 건강한 가족의 뿌리가 되고 나아가 건강한 사회를 이룩하는 첩경이 되는 평등한 부부관계를 지향해야 한다.

## 3. 다양한 가족의 수용

결혼과 가족에 대한 가치관의 변화, 여성의 취업 증가, 이혼과 재혼의 증가, 무자녀 가족과 입양 가족의 증가 등으로 부부와 미혼자녀로 이루어진 핵가족의 비율은 줄어들고 다양한 형태의 가족들이 증가하고 있다. 하지만 우리 사회는 여전히 전형적인 핵가족만을 정상적인 가족으로 생각하는 경향이 짙어서 다양한 가족의 삶을 사는 사람들에게 여러 가지 어려움을 안겨주고 있다.

그러나 우리가 정상으로 규정하는 핵가족이 반드시 행복한 것은 아니다. 겉으로 정상 가족을 유지하고는 있지만 그 안에서 폭력, 외도 등으로 심한 갈등을 겪는다면 내실이 없는 빈껍데기 가족이다. 반면 정상 가족에서 벗어난 가족 유형이라 하더라도 그 안에서 가족 기능이 잘 수행되어 가족원이 원하는 욕구들이 충족된다면 그 가족이 건강한 가족이라 할 수 있다.

따라서 이제는 가족의 외적인 모습에 상관없이 가족의 기능 수행 여부로 건강한 가족인지 아닌지를 판단해야 한다. 건강한 가족에 대한 연구를 한 올슨(Olson)은 "부모와 자녀로 구성된 전형적인 가족이라도 가부장적이거나 남녀불평등이 뿌리 깊다면 건강하지 않은 가족이며, 건강가족 여부는 외적인 모양이 아니라 가족성원들 간에 친밀감이 있고 위기관리 능력을 갖추고 있다면 한부모 가족이나 동성애 가족도 모두 건강가족일 수 있다"고 하였다. 즉, '건강가족'은 가족의 외형이 중요한 것이 아니라 가족 안에서 질적인 교류가 충분한가가 훨씬 중요하며, 가족이 존중, 열린 대화, 신뢰, 헌신 등의 요소들을 갖추고 있다면 외형상 부부와 자녀로 이루어진 전형적인 가족유형이 아니더라도 얼마든지 건강가족일 수 있다.

가족생활교육은 우리 모두가 이런 정상 가족 신화에서 벗어나 우리 사회의 다양한 가족들에 대한 편견을 없애고 그들을 수용할 수 있도록 이루어져야 한다. 또한 가족생활교육은 개개인이 선택한 가족유형을 존중하고 그 가족이 제 기능을 수행하여 건강한 가족이 될 수 있도록 도움을 주어야 한다. 즉, 가족생활교육을 통해 다양한 가족들을 병리적인 현상으로 보지 말고 개인의 특수한 상황에 대한 적응의 산물로, 그리고 그들 나름의 최선의 선택이었음을 존중해주는 자세를 갖도록 하여야 한다. 한편 다양한 가족들을 대상으로는 그들이 심리적으로 건강하고 당당하며, 스스로 사회적 편견을 극복하고, 가족이 공동체로서 그 기능을 제대로 수행할 수 있도록 도움을 주어야 한다(강기정 외, 2009).

## 4. 건강가족의 실현

산업화를 거쳐 정보화 사회가 되면서 가족의 변화 또한 급격하게 이루어졌으며, 그 과정에서 가족문제도 복잡하고 다양해졌으며 또한 심각해졌다. 그에 따라 가족문제를 예방하여 가족이 제 기능을 원활하게 수행하는 건강가족에 대한 관심이 증대되고 있다. 가족생활교육이 궁극적으로 지향하는 바는 건강가족의 실현이다. 본 절에서는 건강가족의 개념, 건강가족적 관점, 건강가족을 이루는 요소 등을 중심으로 살펴본다.

### 1) 건강가족의 개념

건강가족 연구의 대표적 학자인 올슨과 스티넷(Olson & Stinnett)은 건강가족을 가족원 간의 상호작용의 질이 개개인의 심리적 안녕에 기여하는 가족이라고 정의하였다. 국내에서 건강가족에 대해 선구적인 연구를 한 유영주(2001)는 건강가족을 가족원 개개인의 건강한 발달을 도모하고 가족원 간의 상호작용이 원만하여 집단으로서의 가족체계를 잘 유지하는 가족으로 정의하였다. 2005년부터 시행되고 있는 「건강가정기본법」에서는 '건강가정[1]'을 가족구성원의 욕구가 충족되고 인간다운 삶이 보장되는 가정'이라 명시하고 있다. 이들은 공통적으로 가족원 개개인의 욕구가 충족되고 가족 내에서의 관계가 상호 만족스러우며 가족의 대내·외적 기능을 잘 수행하는 가족을

1) 가족은 가족성원들 간의 관계에 주목하는 개념이다. 반면 가정이란 결혼관계와 공간의 의미를 동시에 가지면서 사회적인 방식으로 의식주를 해결하는 생활공동체이자 정서적·사회적·문화적 욕구를 지속적으로 충족시키는 일상생활의 장(場)이다(김승권 외, 2004). 따라서 '건강가족'과 '건강가정'의 의미는 엄밀하게 말하면 차이가 있지만 일반적으로 혼용해서 쓰고 있다.

건강가족으로 정의하고 있다.

그러므로 건강가족 여부는 가족의 형태나 외형적 구조가 아니라 가족원 간의 내적 관계와 가족이 수행하는 기능을 기준으로 판단해야 한다. 건강한 한부모가족, 건강한 재혼가족, 건강한 다문화가족, 건강한 조손가족 등 다양한 유형의 건강가족이 가능한 이유도 이 때문이다.

또한 어느 시점에는 건강가족이라 하더라도 가족갈등이나 실직 등 크고 작은 위기나 스트레스를 겪게 되면 가족의 건강성이 약화될 수 있는데, 그럴 때 그 가족이 건강한지 아닌지를 알 수 있다. 즉, 위기 앞에서도 가족의 건강성을 유지하거나, 더 강화하거나, 혹은 일시적으로 약화되었다가 다시 건강성을 회복하는 가족이야말로 건강가족이다(이선형·임춘희, 2009). 따라서 가족갈등이 심하거나 가족 기능이 약해진 가족이라도 가족 공동의 노력으로 얼마든지 다시 건강한 가족이 될 수 있다.

### 2) 건강가족적 관점

건강가족에 대한 연구가 1960년대 미국의 오토(Otto)에 의해 시작된 이래, 스티넷 등에 의해 건강가족 연구가 체계화되면서 가족에 관한 새로운 관점으로서 건강가족적 관점이 등장하였고, 건강한 가족은 가족생활이 성공적이기를 원하는 가족들의 모델이 될 수 있다는 인식에서 출발하였다. 이 관점은 가족의 병리적이고 부정적인 측면보다는 강점과 긍정적인 측면에 초점을 두어, 가족의 문제에만 관심을 갖게 되면 가족의 문제만을 발견하게 되지만, 가족의 강점을 찾으려 하면 가족의 강점을 찾을 수 있고, 그렇게 확인된 강점들은 가족의 변화와 성장의 토대가 될 수 있다고 가정한다.

또한 이 관점에서는 모든 가족은 강점뿐 아니라 잠재적 성장의 역량을 갖고 있다고 전제한다. 그러므로 가족이 갖고 있는 긍정적인 측면과 강점을 찾아내어 강화함으로써 가족관계를 향상시키는 것이 가능하다고 본다.

건강가족적 관점에서는 다음과 같은 명제들을 고려해야 한다고 밝히고 있다(Olson & Defrain, 2006; 이선형 외, 2009 재인용).

- 모든 가족은 강점을 가진다. 그리고 모든 가족은 도전과 잠재적인 성장영역을 가지고 있다.
- 가족의 약점은 문제를 해결해주지 못하지만 강점은 문제를 해결해준다.
- 가족 내의 문제만 보려한다면 문제만 보일 것이다. 그러나 가족의 강점을 보려한다면 강점들을 발견할 수 있을 것이다.
- 가족의 강점은 가족구조에 대한 것이 아니라 가족 기능에 대한 것이다. 그러므로 건강한 한부모 가족, 건강한 재혼 가족, 건강한 핵가족, 건강한 확대가족 등이 있을 수 있다. 단순히 어떤 유형의 가족인가만 가지고서는 가족의 장점과 미래의 성장 잠재력에 대해서는 알 수 없다.
- 건강한 결혼이 건강한 가족의 중심을 이룬다.
- 건강한 가족이 훌륭한 자녀를 만들고, 훌륭한 자녀를 위한 최적의 장소는 건강한 가족이다.
- 건강한 가족에서 성장한 자녀는 성인이 되어서도 쉽게 건강한 가족을 만들 수 있다. 건강하지 않고 문제가 많은 가족에서 성장한 자녀라도 건강한 가족을 만들 수 있다.
- 건강성은 시간에 따라 변한다. 건강하지 않았던 가족이라도 어느 시점에서 건강한 가족으로 변할 수 있으며, 건강한 가족이라도 일시적으로 건강성이 저하될 수 있다.
- 가족의 건강성은 종종 위기에 대한 반응으로 개발된다. 가족의 건강성은 매일의 생활 스트레스와 중요한 위기로 시험 당한다.
- 여러 가지 위기로 가족이 멀어질 수도 있으나, 위기는 오히려 가족관계가 더욱 건강해지는 데 도움을 주는 성장 촉매제가 될 수 있다.
- 가족의 건강성은 긍정적인 성장과 미래의 변화를 위한 신호가 된다. 가족은 그 가족의 강점을 통해 더욱 건강해진다. 따라서 문제 해결을 위해 문제에 초점을 두기보다는 가족이 지닌 강점에 초점을 두는 것이 중요하다.
- 가족의 건강성은 건강한 정서로 요약할 수 있다. 만약 가족의 건강성이 하나의 단일한 특성으로 환원될 수 있다면 그것은 긍정적인 정서적 연결과 소속감일 것이다. 이러한 정서적 유대가 존재할 때 가족은 어떠한 난관도 헤쳐 나갈 수 있다.

이상의 건강가족적 관점의 명제들을 통해 볼 때, 가족의 건강성은 특정한 가족형태를 지칭하는 것이 아니며, 가족의 건강성 여부를 이분법적 구분으로 판단해서도 안 되고, 어떤 형태의 가족이건 건강하게 성장할 수 있는 장점 혹은 잠재력을 가지고 있다는 점을 알 수 있다. 따라서 가족생활교육은 각 가족이 자신들의 잠재력과 장점을 찾아내어 어려움이나 문제를 긍정적으로 해결하도록 도움을 주어야 한다.

### 3) 건강가족의 요소

건강가족적 관점에서는 건강한 가족에는 공통적으로 존재하는 특성이 있다고 전제한다. 따라서 가족생활교육은 가족들이 건강가족의 요소들을 인식하고 갖추어 가족 문제를 예방하고 나아가 건강한 가족을 이룰 수 있도록 도와주어야 한다.

스티넷과 드프레인(Stinnett & Defrain, 1979)은 건강가족들에게 공통적으로 존재하는 요소로 감사와 애정(감사/존중), 헌신, 긍정적 의사소통, 함께 즐거운 시간 보내기, 정신적 안녕, 스트레스와 위기 대처 능력 등을 지적하였다. 유영주(2004)는 가족원에 대한 존중, 가족원 간의 유대의식(우리 의식), 감사와 애정, 정서적 안식처, 긍정적 의사소통, 가치관 공유, 가족원의 역할충실, 문제해결 능력, 경제적 안정과 협력, 사회와의 유대 등을 건강가족의 요소로 보았다. 한편 조희금 등(2006)은 건강가족을 가족원 간의 관계에 초점을 두는 관점에서 확장하여 다양한 요소의 복합체로 규정하였다. 그는 물적 토대인 가정의 경제적인 안정과 안정적인 의식주 생활, 민주적이고 양성평등한 가족관계, 열린 대화, 휴식과 여가의 공유, 자녀의 성장과 발달 지원, 합리적인 자원관리, 가족역할 공유, 일과 가정의 조화, 건강한 시민의식과 자원봉사활동, 건강한 가정생활문화의 유지 및 창조 등을 건강가족 요소로 들고 있다. 즉, 가정 내적으로는 자녀의 성장·발달을 지원하고 합리적인 자원관리가 이루어지며 가족역할을 공유하고, 사회적으로는 일과 가정을 조화시키면서 건강한 시민의식을 갖고 자원봉사활동에 참여하는 가족을 건강가족으로 보고 있다.

이처럼 학자에 따라 건강가족의 요소는 다르지만 본 절에서는 건강가족의 요소를 사랑과 애정, 민주적이고 양성평등한 가족관계, 열린 대화, 바람직한 부모역할, 가족

공동의 여가, 헌신, 경제적 안정과 의식주 생활, 건전한 시민의식으로 보고 이에 대해 구체적으로 살펴보고자 한다(강기정 외, 2009).

### (1) 사랑과 애정

사랑과 애정으로 이루어진 가족관계는 가족원들의 전인적 성장과 성숙을 가능하게 하고 건강한 사회성원이 될 수 있도록 한다. 그러나 가족원 간의 사랑은 저절로 생기는 것이 아니라 가족원 모두의 끊임없는 노력에 의해 만들어지고 유지된다.

프롬(Fromm)은 사랑의 요소를 관심, 책임, 존중, 지식으로 보았으며, 이러한 요소들로 이루어지는 사랑은 노력에 의해 습득될 수 있다고 하였다. 이는 가족에도 그대로 적용될 수 있다. 즉, 가족성원들이 서로의 성장에 관심을 기울이고, 서로의 욕구가 무엇인지 찾아서 충족시키려 애쓰며, 서로를 있는 그대로 존중하고, 서로의 관심, 흥미 등에 대해 알려는 과정을 통해 사랑을 키울 수 있으며, 이를 통해 건강하고 행복한 가족이 될 수 있다. 따라서 가족생활교육은 가족원들이 건강한 가족의 핵심요소인 사랑의 의미를 인식하고 사랑의 요소들을 갖출 수 있도록 하여야 한다.

### (2) 민주적이고 양성평등한 가족관계

가부장적 가족에서는 부부관계, 부모-자녀관계가 불평등하여, 남편의 지배와 아내의 희생, 부모의 지배와 자녀의 복종이 요구되어 서로를 존중하는 마음을 사라지게 만드는데, 이는 가족원 모두를 불행하게 만든다. 가족은 사회의 뿌리로 가족의 불평등은 결국 우리 사회의 남녀 간의 불평등, 연령에 의한 불평등 등을 초래하여 사회 전체의 안녕에 부정적인 영향을 미치게 된다.

따라서 가족원 개개인과 우리 사회의 행복을 위해서 부부간, 부모-자녀 간에 서로를 인격체로 존중하는 민주적이고 양성평등한 가족관계가 요구된다. 그러므로 가족생활교육은 부부교육을 통해서는 서로에 대한 존중, 양성평등한 역할분담 등을 다루고, 부모교육을 통해서는 자녀를 인격체로 존중하는 부모역할 등을 다룸으로써 가족원들이 민주적이고 양성평등한 가족생활을 영위할 수 있도록 하여야 한다.

### (3) 열린 대화

건강한 가족의 필수요소는 열린 대화이다. 건강한 가족은 가족원이 서로 동등한 입장에서 편안하게 이야기하며 상대방의 이야기를 경청한다. 즉, 효율적으로 자신의 의견이나 입장을 말하고 상대방의 의견을 충분히 들어주는 경청하는 자세를 가진다.

모든 가족들이 항상 대화를 통해 의견일치를 보는 것은 아니며 의견 차이와 갈등을 겪기도 한다. 이때 건강한 가족은 상대방을 비난하지 않고 직접적이고 솔직하게 자신의 의견을 말하고 상대방의 의견을 존중한다. 반면에 건강하지 못한 가족은 문제를 객관적으로 보지 못하고, 감정을 개입하며, 상대방에 대해 적대적이고, 문제를 부정하거나 언어적 갈등을 피한다.

열린 대화를 위해서는 무엇보다도 가족원 간의 인격적인 관계, 가족원 서로에 대한 존중 등 민주적인 가족분위기가 전제되어야 한다. 가족생활교육에서는 이런 기본적인 요소들과 함께 의사소통의 말하기와 경청 등 구체적인 기법들을 다루어져야 한다.

### (4) 바람직한 부모역할

부모의 양육방식에 따라 자녀의 정서적·사회적·인성 발달 등은 매우 달라진다. 각 가정의 자녀는 우리사회의 소중한 구성원이기 때문에 자녀양육 방식은 여러 가지로 중요한 의미를 갖는다. 바움린드(Baumrind)는 부모가 자녀를 권위주의적 양육방식(authoritative parenting)으로 키울 때 자녀의 건강한 성장과 발달이 가능하다고 주장하였다. 권위주의적 부모는 애정과 통제의 양면을 적절히 조화시킨다. 제한된 범위 내의 자유를 부여하고, 선택에 대한 책임을 지도록 하며, 자녀와의 이성적 대화를 통해 부모의 권위에 대한 복종을 유도해 낸다. 부모의 이런 양육방식에서 자란 자녀는 독립적이면서 창의적이고 책임감이 있으며, 성취도가 높은 사회성원으로 성장할 가능성이 높은 것으로 나타났다. 그러나 자율의 범위는 자녀의 발달주기에 따라 적절히 조절되어야 한다.

부부가 부모역할을 수행할 때 바람직한 양육방식을 지니는 것도 중요하지만, 반드시 인식해야 할 점은 부부가 한 팀이 되어 부모역할을 수행해야 한다는 것이다. 자녀양육에 대한 부모의 공통된 가치관과 공동의 책임의식이 전제되어야 자녀가 혼란을 겪지 않고 건강하게 자랄 수 있다. 따라서 가족생활교육은 자녀양육에 있어서 부부 공동의 책임과 권위주의적 자녀양육방식에 대한 내용을 포함해야 한다.

### (5) 가족 공동의 여가

가족이 함께 여가를 보내는 것은 건강한 가족문화 형성에 중요하다. 가족여가는 가족원들의 정신적·신체적 건강을 유지하고, 능력을 개발시키며, 자아실현을 도모하는 기능을 수행한다. 이 외에도 가족여가는 가족이 함께 여가를 계획하고 즐기는 가운데 개방적인 의사소통을 하게 하여 타인에 대한 배려나 책임감을 습득하는 계기가 되기도 한다.

최근 가족여가가 중요하게 부각되고 있는 것은 바쁜 현대사회에서 함께 시간을 보내기 힘든 가족원들이 여가활동에 함께 참여함으로써 상호이해와 친밀감을 증진시켜 가족 결속의 근원이 될 수 있기 때문이다.

한편 가족여가는 가족성원들이 함께 하는 활동이므로 가족원들 모두의 욕구가 반영되어야 하며, 특히 성별과 세대에 따라 가족여가가 불평등하게 표출되지 않도록 해야 한다. 그리고 가족여가를 지역사회와 연계하면 지역사회 구성원들 간의 협동이 촉진되고 지역공동체 의식이 고취되어 사회적으로도 건전한 여가문화를 창출하는 데 기여할 수 있다.

따라서 가족생활교육은 가족 공동 여가의 중요성을 인식시켜서 부부가 함께, 부모와 자녀가 함께, 그리고 가족이 모두 함께 여가를 즐김으로써 가족원간에 친밀감을 높이고, 나아가 사회에 긍정적인 기여를 할 수 있도록 이끌어야 한다.

### (6) 헌신

건강한 가족은 다른 무엇보다도 가족 상호작용을 최우선의 가치로 두고 가족활동에 시간과 에너지를 투자함으로써 서로에게 헌신하는 모습을 보인다. 그러나 헌신이라고 해서 개인생활을 완전히 희생하고 가족생활에 모든 시간과 에너지를 투자하라는 의미는 아니며, 가족을 중요한 존재로 인식하여 가족과 함께 하는 시간과 활동에 우선순위를 두는 것을 의미한다. 즉, '내가 없는 우리', '우리 없는 나'가 아닌 '나와 우리'

가 적절히 공존하는 가족을 말한다.

건강한 가족은 가족 공동체는 없이 개인만이 존재하거나 가족 공동체를 위해 개인이 희생하는 것이 아니라, 개개인이 존중받으면서 동시에 가족 공동체도 존중받는 균형을 유지하는 가족이다. 따라서 가족생활교육은 가족에 대한 헌신을 갖도록 하고 나와 가족 공동체가 동시에 존중받을 수 있는 내용을 다루어야 한다.

### (7) 경제적 안정과 의식주 생활

건강한 가족은 경제적 안정과 기본적인 의식주 생활을 바탕으로 한다. 가족원의 생명을 유지시키고 삶의 질을 향상시키기 위해서는 안정적인 의식주 생활이 기본이 되어야 하며, 이를 위해서는 경제적 안정이 필요하다. 경제적 안정을 위해서는 가족원들의 소득과 지출을 합리적으로 관리하여 가계가 안정적으로 유지될 수 있도록 해야 한다. 이를 위해서는 소득과 지출을 합리적으로 관리하는 재정관리가 필요하다.

재정관리는 개인이나 가족의 목표달성에 초점을 두면서 현재 및 미래의 욕구까지 충족시킬 수 있도록 일생 동안 지속해야 하는 과정이다. 따라서 가족생활교육은 가족생활주기에 따른 수입과 지출의 관리, 특히 미래의 자녀교육이나 주거 마련, 예기치 못한 사고, 노후생활 등을 고려한 장·단기 재정목표를 설정하고 이를 달성하는 데 도움이 되는 내용들을 다루어야 한다.

### (8) 건전한 시민의식

가족은 가족원의 다양한 욕구를 충족시키고 그들의 인격을 성장시키는 기능을 수행하면서, 동시에 가족원들이 건전한 시민의식을 지녀 가족이기주의를 극복하고 지역공동체 의식을 갖도록 하는 기능도 수행해야 한다. 최근 우리사회에는 자기 가족의 이익만을 꾀하고 다른 집단이나 지역사회 등은 무시하는 가족이기주의 경향이 증가하고 있다.

건강한 가족은 자기 가족만이 아닌 가족이 속해있는 지역사회, 나아가 국가 전체를 생각해서 관혼상제 등의 의례나 쓰레기 처리, 소비자로서의 구매행동 등이 사회에 부정적인 영향을 끼치지 않도록 애쓴다.

또한 건강한 가족은 소외된 이웃을 위해서도 노력하는데, 그 예가 봉사활동이다. 자원봉사활동은 어떤 대가를 바라지 않고 자발적으로 공익 증진을 위하여 타인에게 서비스를 제공하거나 타인을 위한 활동을 의미하는 것으로, 더불어 살아가는 사회를 만들어 가려는 공동체 의식과 이타주의가 그 기본이 된다. 이는 개인, 집단, 지역사회에서 발생하는 제반 사회문제를 예방하고 해결하며 사회적 환경을 개선하는데 도움이 된다.

그러므로 가족생활교육은 가족들이 가족이기주의에서 벗어나서 이웃과 사회에 관심을 갖도록 하고, 소비행동이나 사회문제에 대해서도 책임의식을 갖도록 하여야 한다.

# 가족생활교육 프로그램 개발과 평가

PART 02

프로그램 개발은 넓은 의미에서 프로그램을 효과적으로 실행하기 위하여 프로그램을 기획(planning)·실행(implementing)·평가(evaluating)하는 모든 활동을 포함하는 일련의 과정이다. 각 과정은 독립적으로 분리되어 존재하는 직선적인 관계가 아니라 서로 밀접하게 연관되어 있는 동적이고 순환적인 과정이다(한국청소년개발원, 1994).

프로그램 개발 과정은 학자들에 따라 다양하게 구분하고 있으나, 일반적으로 3단계 또는 4단계로 설정하는데, 본 서에서는 개발, 실시, 평가의 3단계로 나누어 살펴보고자 한다. 제3장에서는 먼저 프로그램 개발의 기초로 프로그램의 의미와 개발 모형에 대하여 살펴보고, 제4장에서는 프로그램 개발의 기본인 요구도 분석과 프로그램 개발 과정에 대해 알아보며, 제5장에서는 프로그램의 실제 실시 과정과 프로그램의 평가에 대해 살펴보고자 한다.

# CHAPTER 3

# 프로그램 개발의 기초

가족생활교육 프로그램을 개발하고 효율적으로 실시하기 위해서는 먼저 프로그램 개발의 기초가 되는 이론과 실제 및 프로그램 개발 과정에 대한 이해가 필요하다. 본 장에서는 프로그램의 의미와 유형에 대하여 알아보고, 다양한 프로그램 개발 모형을 살펴보겠다.

## 1. 프로그램의 개념

### 1) 프로그램의 의미

프로그램은 여러 방향으로 정의될 수 있기 때문에 다양한 의미를 포함한다. 가족생활교육 분야의 학술문헌에서 프로그램과 더불어 많이 혼용되는 용어로 커리큘럼(교육과정)이 있다. 이 두 용어는 대체로 동의어로 사용되고 있는데, 각 특성을 살펴보면 다음과 같은 차이가 있다.

프로그램은 목적 지향적인 활동을 중심으로 교육내용이 설정되고, 장·단기 활동계획이 단계별로 일목요연하게 제시된다. 또한 비형식적 교육기관에서 사용되므로 규

**표 3-1 프로그램과 커리큘럼의 비교**

| 구분 | 프로그램 | 커리큘럼 |
|---|---|---|
| 주요 관심 | 개인적인 문제와 요구 | 교과목 위주 |
| 학점 | 비학점화 | 학점화 |
| 설계자 | 학습자와 교육자 | 선정된 전문가와 자문위원 |
| 주제 | 학습자의 특정한 요구나 문제해결에 도움이 되는 것 | 전문가에 의해 학습자에게 필요하다고 판단되는 지식 · 태도 · 기술 · 가치 등 |
| 초점 | 문제 · 과제 중심 | 내용 중심 |
| 장점 | 학습자의 개인적 경험을 최대한 이용하며 이를 통해 요구에 즉각 부응함 | 학습목표나 활동이 명백히 제시되며, 학습내용이 체계적이고 조직화된 계열성을 지님 |

출처: 이화정 외(2003). 평생교육 프로그램 개발의 실제. p.13. 재구성.

격화되는 정도가 약하며 다양성과 융통성이 있다. 그에 반해 커리큘럼은 구체적인 목표달성을 위하여 만들어진 구조화된 학습기회로서 정규교육기관(학교기관)에서 사용되며, 규정이나 원칙에 따라 제도화되므로 획일성과 경직성을 나타낸다. 따라서 커리큘럼은 학생들의 기본적인 인지발달과 능력 향상을 목적으로 하여 학문 중심적으로 개발되며, 비교적 장기간에 걸쳐 유지되는 반면, 프로그램은 학습자의 삶과 직접 관련된 실생활을 중심으로 개발되고, 주어진 환경이나 상황 변화, 학습자 요구 등에 따라 융통성 있게 변화된다. 이러한 특성 차이에도 불구하고, 이 두 용어는 상호 교환적으로 사용되고 있으며, 때로는 커리큘럼의 특성이 프로그램에 다소 포함되기도 한다.

뿐만 아니라 프로그램은 아주 좁은 의미에서 특정 주제(예: 성교육, 부부 의사소통 등)를 다루는 교육을 뜻하기도 하고, 아주 넓은 의미로 사용하여 특정 시설이나 활동을 포함하기도 한다(Arcus 등, 1993).

## 2) 프로그램의 유형

### (1) 제1유형: 개발주체별·구성범위별·활동내용별 프로그램

#### ① 개발주체별 유형

프로그램을 누가 개발하였는가에 따라 국가 프로그램과 기관 및 단체 프로그램으로 구분된다. 국가 프로그램은 국가가 주체가 되어 개발하는 것으로, 정책적인 성격이 강하다. 반면에 기관·단체 프로그램은 기관이나 단체의 활동을 위해 개발하는 프로그램으로 기관과 단체의 기본이념을 보다 잘 반영할 수 있도록 독창적인 프로그램 개발이 가능하며 사업적인 성격을 갖는다.

#### ② 구성범위별 유형

프로그램의 주제를 전개하는 방식에 따라 단일 프로그램, 연속적 단계 프로그램, 통합적 프로그램, 종합적 프로그램으로 구분한다.

- **단일 프로그램**: 하나의 주제를 추구하는 데 초점을 맞추어 단순하고 간결한 한 가지 활동으로 구성하는 프로그램으로, 하나의 내용을 한 번만 제시하는 일회성 프로그램이다.
- **연속적 단계 프로그램**: 하나의 주제를 여러 회기로 나누어 일정한 순서에 따라 연결한 프로그램으로, 여러 회기를 거치면서 하나의 단일 목적이 달성되도록 구성한다. 각 회기는 이전 회기의 내용을 기초로 하기 때문에 선·후 내용이 종적 체계를 이루며, 일반적으로 초보적이고 단순한 내용에서 복잡하고 어려운 내용으로, 구체적이고 세부적인 활동에서 추상적이고 일반적인 활동으로, 부분적인 활동에서 전체적인 활동으로 전개된다.
  프로그램의 각 회기들은 그 자체로서는 미완성이기 때문에 독립적으로 사용하기는 어렵다. 예를 들어, 부부의사소통 프로그램의 경우 1회기에는 자신과 배우자의 의사소통 유형을 분석하고, 2회기에 듣기에 대한 내용을 다룬 후 3회기에 말

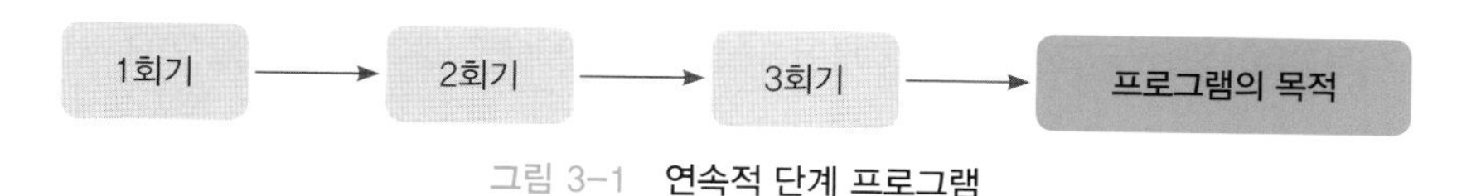

그림 3-1 **연속적 단계 프로그램**

하기 기술을 학습함으로써 참가자들이 의사소통의 의미와 기술을 확실히 이해하고 습득할 수 있도록 구성한다.

- **통합적 프로그램**: 한 가지 주제로부터 세분화된 여러 내용이나 비슷한 성격의 여러 내용들을 하나의 체계 속에서 적절하게 연결하여 구성한 프로그램이다.
  연속적 단계 프로그램과 달리 통합적 프로그램은 각 회기들이 독립된 개별 프로그램으로 구성되면서 서로를 보강하는 횡적 체계를 이룬다. 즉, 각 회기의 기본적인 성격은 그대로 유지하면서 관련된 내용을 적절히 연결함으로써 서로 모순되지 않으면서 하나의 목표를 효과적으로 달성할 수 있다. 예를 들어, 예비부부(신혼기)대상 4회기 교육 프로그램에서 '함께 만족하는 아름다운 성', '미래를 위한 재무설계', '부부 공동의 역할수행', '열린 대화'를 각 회기로 구성할 경우, 회기별 주제는 각기 다르지만 이것을 통합하면 '행복하고 건강한 부부관계의 형성과 유지'라는 프로그램의 목적을 달성하게 된다.

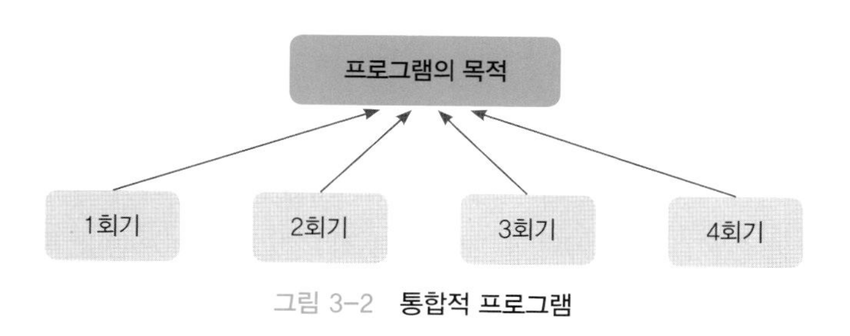

그림 3-2 **통합적 프로그램**

- **종합적 프로그램**: 여러 영역의 프로그램들을 모아서 같은 구조 속에서 종합적으로 전개하는 프로그램으로 마치 오케스트라처럼 여러 유형의 프로그램이 한 구조 속에서 다양하게 전개되면서 하나의 종합적인 기능을 하는 구조적 통합의 형태를 취한다. 이러한 형태의 프로그램에는 비교적 편성 규모가 큰 프로그램이나 행사형 프로그램 등이 해당된다. 예를 들면, 건강가정지원센터에서 1인가구를 위

하여 교육, 상담, 문화체험, 캠페인을 통한 정보제공 등의 다양한 프로그램들을 장기간에 걸쳐 함께 제공하는 것이 이에 해당된다.

③ 활동내용별 유형

교육 프로그램의 활동내용에 따라 결혼준비교육 프로그램, 부부교육 프로그램(신혼기, 중년기, 노년기), 부모교육 프로그램(유아기, 청소년기, 성인기), 성교육 프로그램, 의사소통교육 프로그램, 노인교육 프로그램, 재혼준비교육 프로그램, 죽음준비교육 프로그램 등으로 다양하게 분류된다.

### (2) 제2유형: 보일(Boyle, 1981)의 분류

① 개발 프로그램

잠재적 학습자나 지역사회 혹은 사회가 가지고 있는 중요한 문제가 무엇인지를 파악한 후 그 문제를 해결하거나 대처하는데 도움을 주기 위해 개발하는 프로그램으로 목표 달성 여부에 따라 프로그램의 효과가 평가된다. 최근에는 급속한 사회변화로 인하여 개발 프로그램의 중요성이 더욱 커지고 있다.

② 기관 프로그램

기관이 주체가 되어 개발하는 프로그램으로 개인의 능력 신장과 발달에 초점을 둔다. 기관 프로그램의 목표와 내용 구성은 전문가나 학문적 지식을 기초로 하여 개발되며, 학습자들이 내용을 쉽게 습득하도록 구조화된다. 따라서 학습자들은 프로그램의 개발 과정에는 참여하지 않고, 수업과정에서 교육자가 제시하는 대로 그 내용을 습득한다. 프로그램의 효과는 수업내용에 대한 학습자의 숙달 정도에 따라 평가된다.

③ 정보 프로그램

정보를 가지고 있는 자와 그 정보를 필요로 하는 자 사이의 정보교환을 목표로 하는

표 3-2 **프로그램의 유형 비교**

| 단계 | 개발 프로그램 | 기관 프로그램 | 정보 프로그램 |
|---|---|---|---|
| 주요 목표 | 개인·집단·지역사회의 문제 파악과 해결 | 개인의 지식·기술·기초능력의 신장과 발달 | 정보 교환 |
| 목표의 원천 | 주로 고객의 욕구나 문제로부터 개발 | 교과나 지식영역, 교육자로부터 개발 | 연구결과, 개정된 법률 또는 규정으로부터 출발 |
| 지식의 사용 | 문제해결에 사용 | 교육내용이나 지식 숙달에 사용 | 즉시 쓰일 수 있는 내용 전달에 사용 |
| 학습자 참여 | 문제나 욕구, 프로그램의 범위와 성격 결정에 참여 | 수업에 참여 | 정보획득자로서 참여 |
| 프로그래머의 역할 | 욕구분석에서 평가에 이르기까지 전 교육과정을 촉진·홍보 | 수업과정을 통해 지식을 보급하는 역할 | 정보요구에 대해 해답을 제공하는 역할 |
| 효율성의 기준 | 문제해결의 질과 개인·집단·지역사회의 문제해결 모색 정도에 따라 결정 | 교육내용에 대한 학습자의 숙달 정도에 따라 결정 | 참여자 수와 정보 보급양에 따라 결정 |

출처: 송정아 외(1998). 가족생활교육론. p. 123.

프로그램으로 기업체의 소비자 상담 프로그램이나 금융기관의 자동응답안내 프로그램, 새로운 연구결과나 개정된 법률의 변경사항을 알려주는 프로그램 등이 해당된다. 정보 프로그램의 효과는 해당 정보의 이용 정도에 따라 평가되며, 피드백 메커니즘이 없다는 점에서 앞의 두 프로그램과는 다르다.

보일이 제시한 이 세 가지 프로그램 유형은 대부분의 프로그램에서 통합되어 개발·운영된다.

## 2. 프로그램 개발 모형

프로그램 개발은 변화하는 사회에 대한 교육적 대응인 동시에 새로운 변화창출을 위한 교육적 대안을 제시하는 것이다. 즉, 프로그램의 개발은 학습자들이 가지고 있는 잠재적인 문제를 해결하고 그들의 흥미와 욕구에 맞추어 교육적 기회를 제공하는 실천적 움직임이다.

그러므로 프로그램을 개발할 때는 개인 학습자와 학습자집단, 그리고 지역사회의 변화를 지향하며, 프로그램 전개에 있어 학습자의 적극적인 참여가 가장 중요하다는 기본철학을 바탕으로 한다. 특히 성인을 대상으로 하는 프로그램은 비제도적이며, 광범위하게 실시되기 때문에 특정 프로그램 개발 모형을 계속해서 사용하기보다는 지속적인 변화가 필요하다.

### 1) 타일러(Tyler, 1949) 모형

타일러 모형은 교육이 학습자의 행동에 의미 있는 변화를 가져온다는 가정에 입각하여 프로그램 개발 과정을 다음의 4단계로 설명한다.

- **1단계**: 교육 목적 및 목표의 설정
- **2단계**: 학습자의 특성과 주제를 고려한 교육내용과 학습경험의 선정
- **3단계**: 학습경험의 조직
- **4단계**: 목표 달성 정도의 평가

타일러는 프로그램의 지속적인 개선을 위하여 무엇보다 명확한 목적·목표 설정을 중시하였다. 즉, 교육목표를 우위에 두고 프로그램의 다른 측면들은 교육목표를 달성시키기 위한 수단으로 본다. 타일러 모형에서는 교육목표 설정의 기준으로 학습자와 사회에 관한 연구결과와 전문가의 견해 등을 제시하였다.

목표를 결정한 후에는 두 번째 단계로 목표 달성을 위해 필요한 학습경험을 선정한다. 타일러는 이때 고려해야 하는 다섯 가지 원리를 다음과 같이 제시하였다.

첫째, 학습경험은 기대된 행동을 실천할 수 있는 기회를 제공하는가?

둘째, 행동을 수행함으로써 얻는 만족감이 있는가?

셋째, 기대된 행동변화를 가져올 수 있는가?

넷째, 여러 가지 학습 경험들이 목표를 충족시킬 수 있는가?

다섯째, 하나의 학습 경험으로부터 여러 가지 결과를 얻을 수 있는가?

다음은 세 번째 단계로 선정된 학습경험을 조직하여 구체적인 활동계획을 정하는데, 계속성·계열성·통합성의 세 가지 기준에 따른다. 계속성은 활동의 첫 단계부터 마지막 단계까지 모든 활동이 끊어짐 없이 이어지도록 구성하는 것이고, 계열성은 각 단계의 활동들이 그 이전 단계의 활동과 다음 단계의 활동에 연결되도록 하는 것이며, 통합성은 각 단계의 활동내용은 서로 다르지만 모든 단계의 활동을 수행함으로써 전체적인 교육목표를 달성할 수 있도록 구성하는 것이다.

마지막은 프로그램 평가 단계로 타일러는 프로그램의 효과성 평가를 위하여 특히 행동의 변화를 체계적으로 평가할 것을 강조하였다. 한편, 프로그램 평가 결과는 프로그램의 수정 및 보완을 위한 자료로 반영되어 1단계부터 4단계까지의 과정이 다시 순환된다.

### 2) 렌즈(Lenz, 1980) 모형

렌즈는 프로그램 개발 과정을 5단계로 설명하고 있다.

- 1단계: 학습자들의 욕구와 관심 평가
- 2단계: 프로그램의 내용 선택
- 3단계: 마케팅 캠페인의 개발
- 4단계: 프로그램의 실시
- 5단계: 피드백의 수집과 분석

렌즈는 프로그램 내용을 선택할 때 학습자들의 욕구와 흥미를 분석하여 프로그램의 주제를 선정해야 하며, 다양한 견해의 균형을 이루기 위해서 학제적인 교육내용을 선택하는 것이 바람직하다고 하였다. 또한 프로그램 홍보를 강조한 마케팅 캠페인 개발 단계에서는 프로그램(Product), 비용(Price), 장소(Place), 홍보(Promotion) 등의 4P가 교육 참여에 중요한 영향을 미치는 변인이므로, 이 네 가지 사항을 반드시 제시하도록 하였다. 프로그램의 실시 단계에서는 교육대상자에 따라 교육시기와 강의 속도, 교육환경을 고려해야 하며, 마지막 단계에서 수집·분석된 피드백은 차후 프로그램 개발의 기초자료로 활용해야 한다.

### 3) 휴스(Hughes, 1994) 모형

휴스는 성인교육 철학에 입각하여 가족생활교육 프로그램 개발 모형을 다음의 4단계로 설명하고 있다(그림 3-3).

- 1단계: 프로그램 내용 구성
- 2단계: 프로그램 조직화
- 3단계: 프로그램 실시
- 4단계: 프로그램 평가

첫 번째 내용 구성 단계는 프로그램 개발의 기초 단계로, 명확한 이론적 견해, 주제 그리고 적용기술과 관련된 연구의 근거를 제시하며, 가족을 둘러싼 직접적인 환경과 보다 큰 사회체계가 어떻게 가족에게 영향을 미치는지를 고려하여 교육내용을 선정한다. 따라서 이 단계에서는 현재 실시되고 있는 가족생활교육 프로그램의 내용을 충

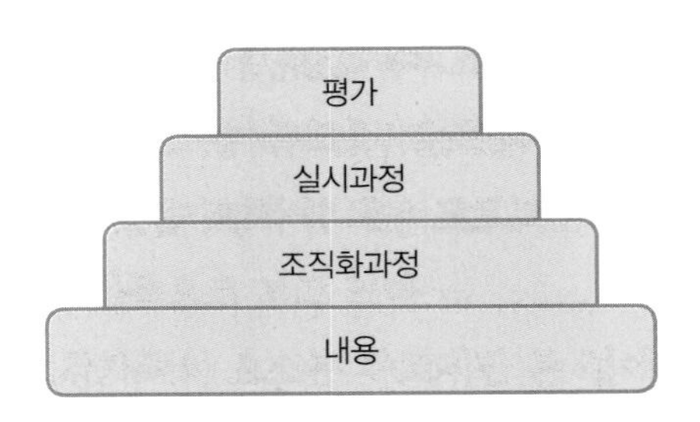


그림 3-3 **휴스의 가족생활교육 프로그램의 모형**

출처: Hughes(1994). A Framework for Developing Family Life Education Programs. Family Relations, 43(1), p. 75.

분히 검토하여야 한다.

두 번째 조직화 단계에서는 구체적인 교육목표를 설정하고, 교육과정을 촉진하기 위해 효율적인 교육방법을 선정하며, 프로그램의 홍보까지 포함한다. 다음으로 프로그램 실시 단계에서는 가족생활주기의 단계, 가족유형, 성별, 사회계층 등을 고려하여 적절한 교육대상자를 선정한 뒤 프로그램을 실제로 수행한다. 마지막 단계로는 프로그램의 효과를 평가해야 하는데, 휴스는 다음과 같이 평가를 연속적으로 실시할 것을 제시하였다.

- 프로그램 설정 단계에서 학습자들의 욕구가 고려되었는지에 대한 평가
- 프로그램 실시과정에서 각 회기의 종결부에서 수집한 일일 평가
- 단기간의 목표달성 여부에 대한 평가(사전·사후 평가)
- 프로그램 종료 후 프로그램의 장기간 영향력에 대한 추후 평가

휴스 모형은 프로그램 개발 과정에서 환경의 영향력을 고려하고, 평가단계를 연속적인 과정으로 규정한 점이 특징이다.

### 4) 유영주와 오윤자(1998) 모형

유영주와 오윤자는 프로그램 개발을 위한 기본적인 절차로 계획, 설계, 실행, 평가의 4단계를 제시하고, 이를 보다 구체화하여 다음의 6단계로 세분하였다.

- 1단계: 이론적 개념틀의 정립
- 2단계: 프로그램 계획
- 3단계: 요구조사 및 흥미분석
- 4단계: 프로그램 설계
- 5단계: 프로그램 실시
- 6단계: 프로그램 평가

프로그램 계획 단계에서는 구체적인 프로그램을 설계하기 전에 목표를 설정하고 어떻게 활동을 전개할 것인지에 대하여 대략적인 내용을 수립한다. 이후 프로그램 설계 단계에서는 요구도조사 결과를 반영하여 프로그램의 목적 및 목표, 프로그램 내용·교육방법 등을 구체적으로 선정하며, 프로그램 평가를 위한 기본 계획을 설계한다.

다음 단계에서는 프로그램을 구체적으로 구성하고 실시한 후 마지막으로 프로그램에 대한 평가를 실시하도록 하는데, 평가에는 프로그램 자체에 대한 평가, 프로그램 효과에 대한 평가, 교육자에 대한 평가 등이 포함된다.

유영주와 오윤자의 모형은 이론적 개념틀을 정립하고 학습자들의 요구분석을 프로그램 개발 과정의 중요한 단계에 포함시킴으로써 프로그램 개발 과정을 보다 세분화한 것이 특징이다.

### 5) 헤논과 아쿠스(Hennon & Arcus, 1993) 모형

이 모형은 생애과정을 통한 통합된 교육 프로그램 모델을 다음의 3단계로 설명한다.

- **1단계**: 요구조사
- **2단계**: 교육 프로그램 개발
- **3단계**: 교육의 효과와 영향력의 평가

헤논과 아쿠스는 교육의 질이 학습자의 요구에 대한 정확한 조사에서 기인되므로 질적인 요구분석의 필요성을 강조하였다. 또한 그는 학습자의 요구조사 결과뿐 아니라 전문가들에 의해 밝혀진 요구도 함께 고려하여 교육내용에 균형을 이루는 것이 중요하다고 하였다.

두 번째 단계에서는 이론과 요구도 조사에 근거하여 프로그램을 개발하는데, 이 때 효율적인 교수법과 방법론에 대해서도 관심을 기울여야 한다. 마지막 단계에서는 프로그램의 효과를 평가한다. 헤논과 아쿠스는 이 단계에서 평가를 제대로 실시하기 위해서 프로그램 개발 초기 단계에서부터 평가를 위한 방법을 고려해야 한다고 강조하였다.

### 6) 클라크와 브레도프(Clarke & Bredhoft, 2003) 모형

클라크와 브레도프는 계획의 수레바퀴(1998)를 제시하면서 프로그램 개발 과정을 6단계로 설명하였다.

- 1단계: 프로그램 철학 – I believe that(나는 ____을 믿는다)
- 2단계: 프로그램 목표 설정
  – What I want(내가 프로그램을 통해 궁극적으로 원하는 것은?)
- 3단계: 프로그램 내용 구성 – End product(프로그램의 내용 선정)
- 4단계: 프로그램 조직
  – How to do it(내용을 어떻게 조직하고 어떤 방법으로 실행할 것인가?)
- 5단계: 프로그램 수행 – Carry out the plan(프로그램의 실시)
- 6단계: 프로그램 평가 – Evaluate(평가)

이상의 6단계는 연속적으로 진행되는 일련의 과정이며, 각 단계는 다음 단계를 위하여 반드시 선행되어야 한다. 마지막 단계에서 수집된 평가 결과는 다시 다음 프로그램의 철학적 근거로 활용된다.

### 7) 월스(Walls, 1993) 모형

월스는 발달론적 입장에서 프로그램 개발과 실시에 대해 지침을 제시하였다. 그의 모형에서는 교육내용을 구성하기 전에 학습자들의 발달 단계를 평가하여 그들의 발달적 욕구를 충족시켜 주어야 하며, 이와 함께 새로운 발달 단계로 나아가는 데 자신감을 제공하는 내용으로 프로그램을 설계하도록 지시하고 있다. 즉, 월스는 학습자들의 발달적인 욕구에 의해 프로그램이 제시되어야 하며, 이 발달상의 욕구가 프로그램에 의해 충족되었는지가 프로그램의 질을 결정하게 된다는 점을 강조하였다.

### 8) 한국청소년개발원(1994) 모형

한국청소년개발원은 프로그램 개발 과정을 프로그램 계획·설계·실행·평가의 4단계로 설명하면서, 각 단계가 각각 독립적으로 분리되는 것이 아니라 서로 밀접하게 연관되어 주기적으로 반복되는 순환적인 과정임을 강조하였다(그림 3-4).

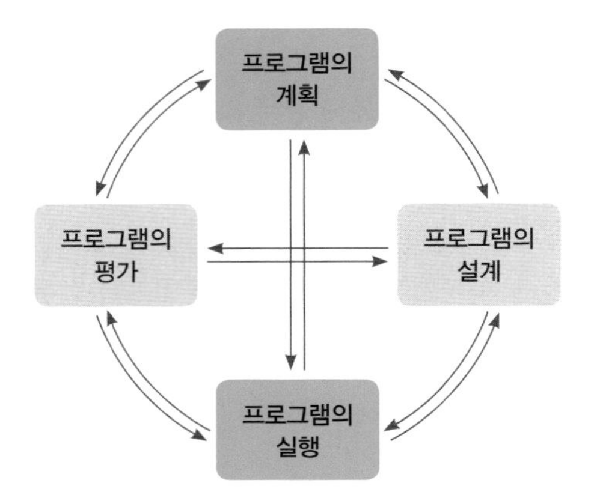


그림 3-4 **프로그램 개발 과정과 단계들 간의 상호작용**

출처: 한국청소년개발원(1994). 프로그램의 개발과 운영. p. 31.

이상의 프로그램 개발 모형들을 종합하면, 가족생활교육은 이론적 개념틀을 정립하여 학습자들의 요구를 바탕으로 프로그램을 개발하고, 학습자들의 특성에 알맞은 교육방법으로 프로그램을 실시하며, 교육목적의 달성 여부를 평가하는 세 과정으로 요약할 수 있다. 그러므로 본 서에서는 이 세 가지 과정에 맞추어 가족생활교육 프로그램의 개발, 실시, 평가의 3단계로 서술할 것이다.

한편, 프로그램을 개발할 때 프로그램의 효과를 높이기 위해서는 다음과 같은 요소들을 고려해야 한다(이화정 외, 2003).

- 프로그램이 객관적 사실에 근거하여 합리적으로 계획되어 있는가?
- 지역사회 및 개인들에게 실제적인 도움이 되는가?
- 지역사회 및 개인의 긴급한 욕구나 문제에 대응하는 프로그램인가?

표 3-3 **통합적 접근에 의한 가족생활교육 프로그램 개발 과정**

| 개발 단계 | 프로그램 개발 | | | | 프로그램 실시 | 프로그램 평가 |
|---|---|---|---|---|---|---|
| | 이론적 개념틀 정립 | 프로그램 계획 | 요구조사 및 흥미분석 | 프로그램 설계 | | |
| 주요 내용 | | 계획의 유형<br>계획의 과정 | 요구분석 방법<br>요구분석 실시<br>요구분석 평가 | 목적, 목표, 설계<br>내용선정 조직<br>교육방법 선정<br>평가의 기본계획 | 실시준비단계<br>실시단계<br>정리단계<br>실시방법 | 평가 방법 평가<br>프로그램 자체평가<br>프로그램 효과평가<br>교육자 평가<br>수정, 보완 후속 조치 |

출처: 한국가족관계학회편(1998). 가족생활교육에서 재구성.

- 같은 지역사회 내에 유사한 프로그램이 중복 실행되고 있지는 않은가?
- 프로그램에 동원될 수 있는 인적·물적 자원에 대한 조사는 충분했는가?

이처럼 프로그램을 개발할 때는 관련되는 제반요소들을 모두 고려해야 하며, 개발 과정에 잠재적인 학습자들의 다양한 참여가 이루어져야 한다.

# CHAPTER 4

# 프로그램 개발

프로그램 개발(program development)은 프로그램 개발자가 미래의 교육활동을 위해 준비하는 미래지향적인 활동으로, 잠재적 학습자 집단의 특성 등 프로그램과 관련된 제반 상황을 분석하여 이를 기초로 프로그램의 기본 방향을 설정하고 프로그램을 설계하여 실시하고 그 효과를 평가 후 프로그램을 개정하는 일련의 과정을 말한다(한국청소년개발원, 2005). 본 장에서는 프로그램 개발 과정 중 프로그램 계획과 설계에 관하여 살펴보았다.

## 1. 프로그램 개발 과정

프로그램 개발 과정은 학자마다 다양하게 규정하고 있다. 그 중 본 책에서는 프로그램 개발 과정을 프로그램 개발, 실시, 평가의 세 단계로 구분하고자 한다.

첫째, 개발 단계는 프로그램의 기본 방향을 설정하고 프로그램을 구체적으로 설계하는 단계로 잠재적 참가자 분석, 프로그램 개발의 타당성 분석, 프로그램의 기본 방향 설정, 참가자의 요구 및 필요를 분석하여 프로그램을 계획한다. 이 과정에서 확인된 잠재적 참가자의 요구 및 필요에 맞게 프로그램의 목적과 목표를 설정하며, 프로그램 내용을 선정·조직하고 지도방법을 체계화하는 설계 과정이 포함된다. 둘째, 실시 단계는 완성된 프로그램을 실제 적용하고 전개하는 단계이며, 셋째, 평가단계는 실시된 프로그램이 의도한 대로 잘 수행되었는지를 판단하는 과정이다.

## 2. 프로그램 개발 단계

프로그램의 개발을 위한 구체적인 단계는, 1) 프로그램을 위한 이론적 개념틀 준비, 2) 프로그램 계획, 3) 요구조사 및 흥미분석, 4) 프로그램 설계, 5) 프로그램 실시, 6) 프로그램 평가(유영주·오윤자, 1998. p. 60)로 진행된다. 본 장에서는 프로그램의 개발 과정 중 1) 이론적 개념틀 정립, 2) 프로그램 계획, 3) 요구조사 및 흥미분석, 4) 프로그램 설계 과정에 관하여 살펴보고자 한다.

### 1) 이론적 개념틀 정립

프로그램은 참가자들의 다양한 욕구와 목적을 달성하기 위해 설계된다. 이러한 욕구와 목적을 달성하고 프로그램의 방향 설정을 명확하게 하기 위해서 이론적 개념틀이 밑받침되어야 한다. 본 책 1장의 가족생활교육의 이론적 관점들이 기본적인 개념틀이 될 수 있으며, 성인 학습자 및 다양한 잠재적 참가자를 이해하고 프로그램의 효과를 높일 수 있는 학습 이론 등이 함께 고려되어야 한다.

### 2) 프로그램 계획

#### (1) 프로그램 계획의 개념

프로그램 계획은 어떤 목적으로, 언제, 어디서, 어떤 내용으로, 어떻게 교육시킬 것인

가족생활교육 프로그램 개발의 예시

BOX 4-1

**중년기 주부 대상 '성인자녀와의 관계향상을 위한 가족생활교육 프로그램' 개발과정**

| 1. 성인 자녀와의 관계 향상을 위한 '가족생활교육 프로그램 개발' | | | | 2. 프로그램 실시 | 3. 프로그램 평가 |
|---|---|---|---|---|---|
| 1) 이론적 개념틀 정립 | 2) 프로그램 계획 | 3) 요구조사 및 흥미분석 | 4) 프로그램 설계 | | |
| 중년기 주부대상 가족생활교육프로그램 개발을 위한 이론적 고찰:<br>• 성인발달이론<br>• 가족발달론적 관점 | • 프로그램 계획: 잠재적 참가자의 요구 등을 기초로 프로그램 계획<br>• 프로그램의 필요성 및 타당성 확인<br>• 교육목표 설정, 교육 내용 및 실시방법, 평가방법에 대한 계획 수립 | 중년기 주부대상 가족관계향상을 위한 교육 요구도 분석: 분석결과 – 요구도 순위<br>1위. 자녀와의 관계<br>2위. 주부 자신 | 1. 교육목표 설정<br>• 중년기 주부 자신: 자아존중감 향상, 심리적 복지감 증진<br>• 자녀와의 관계 만족도 향상: 가족생활의 질 향상, 가족과 사회의 통합<br>2. 교육내용 선정<br>예비연구 결과를 반영한 8단계의 프로그램 내용선정:<br>1단계. 오리엔테이션<br>2~3단계. 중년기 주부를 위한 기초교육<br>4~8단계. 자녀와의 관계향상을 위한 교육<br>3. 평가방법 설정<br>• 질적 평가: 개인별 면접<br>• 양적 평가: 사전, 사후 측정도구 선정 (자아존중감, 심리적 복지감, 자녀관계 만족도) | • 교육대상: 막내자녀가 고졸 이상의 연령인 45세 이상 59세 이하의 중년기 주부 8인 대상<br>• 교육기간: 일주일에 한두 번씩 두 달 동안 실시<br>• 교육장소: S대학교 | • 개인별 면접을 통한 프로그램 전반에 대한 질적 평가<br>• 사전·사후검사 비교분석: 자아존중감, 심리적 복지감, 자녀관계 만족도 |

출처: 한국가족관계학회편(유영주 · 오윤자, 1998). 가족생활교육, p. 61.
송말희(2006). 가족생활교육 프로그램 개발 – 중년기 주부를 대상으로 – p. 68. 재구성.

지에 대해 장기적·단계적 활동을 개략적으로 수립하는 것으로, 도달하고자 하는 성과를 예견하고 그것을 실현하기 위한 일련의 수단을 준비하는 과정이다. 교육목적을 달성하기 위하여 모든 과정을 마칠 때까지 요구되는 교육내용의 선정과 조직, 시설, 자원, 지원체제, 기간 등의 물리적인 환경뿐만 아니라 프로그램의 실행과 평가 등에 관한 전체적인 계획을 포함한다(유영주·오윤자, 1998).

프로그램을 계획함으로써 안전한 실행과 효율성 증대를 기대할 수 있고 참여자들의 관심을 높일 수 있으므로 프로그램 계획은 실제 프로그램을 개발하여 실시하기에 앞서 반드시 선행되어야 하는 작업이다(황성철, 2005).

### (2) 프로그램 계획의 유형

프로그램은 목적, 이론적 기초, 실행환경 등에 따라 다양한 방법으로 계획될 수 있다. 계획 유형은 요구 중심, 문제해결 중심, 자원 활용 중심, 참여 중심 계획의 4가지 유형으로 분류된다. 이러한 다양한 방법들은 상호배타적이라기보다는 최선의 프로그램을 만들기 위해 서로 절충하여 사용할 수 있다(정현숙, 2007).

- 요구 중심 계획은 계획을 세우기 전에 잠재적인 학습자들의 요구를 사전에 측정하여 프로그램 계획에 반영하는 것으로, 잠재적 학습자뿐 아니라 전문가의 요구도 반영한다.
- 문제해결 중심 계획은 학습대상자로 예상되는 사람들이 가지고 있는 문제들을 분석하여 문제 발생 원인을 찾고, 이를 근본적으로 해결하기 위한 프로그램을 계획하는 방법이다. 다양한 문제들 가운데 가장 심각한 문제부터 해결한다.
- 자원 활용 중심 계획은 관련 지역이나 집단(기관)이 보유하고 있거나 구할 수 있는 인적·물적 자원을 최대한 활용할 수 있도록 계획하는 것으로, 교육시설이나 인적 자원을 먼저 고려하여 이에 적합한 교육계획을 세우게 된다. 이 과정에서 사전에 관련 지역이나 집단(기관)의 자원에 대해 정확하게 조사해야 한다.
- 참여 중심 계획은 프로그램에 관련된 사람 모두 프로그램 계획에 참여하는 방법으로, 민주적으로 의사결정을 함으로써 참여자들이 책임과 의무를 인식할 수 있

다. 또한 관련 집단의 요구와 문제, 자원이 모두 고려되기 때문에 가장 합리적인 방법이라고 할 수 있다.

#### (3) 프로그램 계획의 과정

프로그램 계획 시 프로그램 개발의 필요성과 타당성을 확인한 후, 학습자의 요구를 파악하여 목표를 설정하고 활동 계획을 수립한다(유영주·오윤자, 1998. p. 65).

- **요구 및 문제(issue) 파악**: 프로그램 개발을 위한 요구 및 문제 파악
- **목표설정**: 실현 가능한 구체적이고 현실적인 목표 설정
- **우선순위 활동 제시**: 문제를 예방·해결하는데 필요한 활동을 우선순위로 제시
- **활동상의 문제점 분석 및 해결책 제시**: 활동을 실시할 때 나타날 수 있는 문제들을 예상하고, 이에 대한 대안적 해결책 제시 및 우선순위 결정
- **구체적 목표 설정**: 우선 순위로 선정한 대처 전략에 대한 구체적인 세부 목표 설정
- **목표달성을 위한 단계별 활동(교육) 계획 수립**: 세부 목표들을 단계별로 달성하기 위해 '실천 계획표'를 만들어 누가, 언제, 무엇을 추진할 것인가 결정

### 3) 프로그램 요구분석

#### (1) 요구분석의 개념과 중요성

프로그램에 대한 잠재적인 참가자의 요구를 제대로 파악할 때, 프로그램의 효율성이 높아지고 참가자들의 프로그램 참여를 촉진시킬 수 있기 때문에 프로그램의 개발 시 참가자의 문제와 요구를 분석하여 이를 프로그램에 반영하는 것은 매우 중요하다.

따라서 프로그램을 설계하기에 앞서 잠재적 참가자의 교육요구를 정확히 파악하기 위한 체계적인 요구분석 과정이 필요하다. 교육요구는 개인과 사회로부터 기대되는 학습능력수준과 잠재적 학습자들의 실제 학습능력수준 사이의 차이를 의미한다(Knowles, 1981).

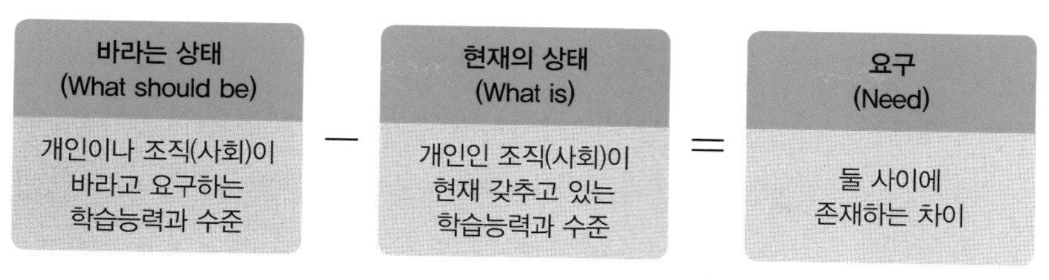


그림 4-1 **교육요구의 도식화**

출처: 한국청소년개발원(1994). 프로그램의 개발과 운영. p. 59. 일부 수정.

요구도 조사 및 요구분석을 통하여, 참가자들이 무엇을 필요로 하는지, 지역에서 실행해야 할 특별한 교육내용이 무엇인지 등에 관한 제반 자료를 조사하고 분석함으로서 프로그램에 반영할 정보를 얻을 수 있다. 또한 요구분석을 할 때 참가자 개인의 요구, 집단이나 기관의 요구, 사회의 요구가 모두 고려되어야 한다(한국청소년개발원, 1994).

① 개인의 요구

개인이 자신이나 가족·집단·사회를 위해 갖추어야 하는 학습능력 및 수준으로, 개인의 현재 상태와 집단이나 사회가 기대하는 상태 간의 차이를 말한다. 개인의 요구에는 개인이 바라는 것뿐만 아니라 그가 속한 집단이나 기관이 개인에게 기대하는 수준과 관련 분야의 전문가들로부터 개인이 갖추어야 한다고 요구되는 수준까지 포함된다.

② 집단(기관)의 요구

교육기관 또는 학습자가 속해 있는 집단의 요구도 프로그램에 반영되어야 한다. 집단의 요구란 효율적인 집단 운영과 임무수행을 위해 집단원들을 변화시키려는 기대를 의미하는 것으로, 가족생활교육 프로그램에서는 일반적으로 가족의 요구를 측정하여 반영한다. 예를 들어 부모교육 프로그램 개발 시 부모뿐만 아니라 자녀들을 대상으로 요구도 분석을 할 수도 있다.

③ 사회의 요구

프로그램을 개발할 때는 학습자들이 속한 지역사회의 요구도 파악하여 반영해야 한다. 지역사회의 요구를 파악하기 위해서는 지역에 대한 문헌 고찰과 지역 주민들을 대상으로 하는 면담을 실시하고, 지역의 인적·물적 자원과 제도 및 조직까지 포괄적으로 조사해야 한다(한국청소년개발원, 1994).

프로그램을 개발할 때는 이상의 세 가지 요구들을 골고루 반영하여야 하며, 요구들 간의 조화도 이루어져야 한다.

### (2) 요구분석 방법

요구분석을 위해 정보를 수집하는 방법은 매우 다양하다. 잠재적인 참가자 집단이나 기관의 종사자들과 지속적으로 교류하면서 그들의 의견을 통해서 또는 사회에서 일어나는 각종 사건 보도나 문제에 대한 기록을 통해서, 그리고 지역사회의 실태조사나 각 분야 전문가들의 연구결과를 통하여 필요한 정보를 얻을 수 있다.

한편, 참가자나 집단(기관)의 요구를 반영하여 프로그램의 목적을 구체적으로 선정하고자 할 경우에는 대상자들에게 직접 요구도 조사를 실시하는 것이 효과적이다. 수집된 모든 요구를 프로그램 개발에 반영하지는 않아도 된다.

요구조사는 크게 형식적인 방법과 비형식적인 방법으로 구분할 수 있다.

① 형식적 방법

형식적인 방법에는 질문지법과 면접이 일반적으로 사용된다.

질문지법

질문지법은 요구조사를 할 때 가장 많이 쓰이는 방법으로, 대상자의 요구를 현장에서 직접 수집할 수 있고 우편과 인터넷으로도 수집이 가능하다. 질문지를 사용하면 단시간에 많은 대상자들을 접할 수 있으므로 적은 비용으로 많은 자료를 얻을 수 있다. 또한 넓은 분야에 걸쳐 대단위 집단의 경향을 알 수 있다는 점도 질문지법의 장점이다.

그러나 질문 범위 내에서만 자료수집이 가능하고 응답의 진실 여부를 확인하기가 어려우며, 질문을 간단 명료하게 해야 한다는 한계점이 있다(송말희, 2006).

질문지를 만들 때에는 무엇을 어떻게 물어볼 것인지에 대하여 사전에 신중히 고려해야 한다. 질문지법 활용 시 다음 사항에 주의해야 한다.

① 프로그램 개발에 꼭 필요한 정보는 무엇이며, 어떤 대상을 선택하고 방법을 사용하는 것이 효과적인가를 고려한다.
② 질문형식 중 조사대상과 질문내용에 따라 적절한 형식을(개방형 질문, 폐쇄형 질문) 선택한다.
③ 질문은 일관성 있어야 하며 명확하고 간단해야 한다. 응답을 유도해서는 안 된다. 또한 '그리고', '~거나', '또는' 등을 사용해서는 안 되며 한 문장에 한 가지 질문만 하여야 한다.

#### 면접

면접은 응답자를 직접 대면하여 응답을 구하는 방법으로 전화통화로도 이루어진다. 면접법은 조사 대상자가 질문지에 응답하기 힘든 상황일 때, 또는 질문지를 사용하여 수집하기 어려운 내용을 다루거나 자세한 의견을 구하고자 할 때 유용한 방법이다. 또한 질문자가 바로 응답을 들을 수 있으므로 응답률이 매우 높다는 장점이 있다.

면접을 실시할 때에는 '구조화된 질문지'를 사용하여 상황에 따라 질문이 변경되는 일이 없도록 할 수도 있고, 응답자의 반응에 따라 자유롭게 면접을 진행할 수도 있다. 그러나 어떤 방법을 사용해도 면접자의 숙련 정도에 따라 수집되는 정보의 양과 질이 달라지며, 때로는 면접자의 표정이나 말투 등이 응답에 영향을 미칠 수도 있다. 그러므로 면접자의 자질 여부에 따라 수집할 수 있는 정보의 양과 질은 달라진다.

면접법은 시간과 비용이 많이 소요되기 때문에 다수의 사람들을 대상으로 진행하기는 어렵지만, 다양하고 자세한 자료를 수집하는 데 있어서 질문지법보다 효과적일 수 있다.

#### ② 비형식적 방법

비형식적 방법으로는 일상생활에서 여러 사람과의 대화를 통하여 질적 자료를 수집하는 비형식적 대화법과 여러 가지 기록을 찾아서 활용하는 비활동적 측정법 등이 있다. 비형식적 방법은 자료 수집을 위한 시간과 인력이 부족할 경우에 주로 사용한다.

### 비형식적 대화

프로그램 개발자가 일상생활 속에서 교육대상자나 동료들, 전문가, 복지기관 종사자, 성인교육 종사자 등과의 교류를 통해 교육요구에 관한 정보를 수집할 수 있다.

특히 프로그램 개발자와 잠재적인 참가자 간에 지속적으로 교류하면서 자연스럽게 정보를 얻을 수 있어 매우 효과적이다(이기숙, 2010). 그러나 프로그램 개발자가 교류하는 정보제공자들이 편중되거나 교육대상자에 대하여 제대로 파악하지 못할 수도 있으므로, 수집된 정보의 정확성과 타당성에 대한 검증이 필요하다.

### 비활동적 측정

각종 기록물이나 관찰결과도 학습자들의 교육요구를 알아보는 중요한 수단이 될 수 있다. 기록물을 사용하는 비활동적 측정은 직접적인 조사로는 수집될 수 없는 자료를 얻을 수 있어(이기숙, 2010), 면접이나 질문지법을 통해 수집된 자료를 보완하기 위한 방법으로 종종 사용된다.

비활동적 측정에는 기록물 및 대중매체 보고 자료를 활용하는 방법과 관찰법 등이 있다.

- **기록물**: 인구조사 보고서나 정부기관의 보고서, 연감 등을 활용할 수 있고, 지역사회단체(기관)의 조사 보고서 등의 기록물을 통하여 지역사회의 교육요구를 알아볼 수 있다.
- **대중매체 보도 자료**: 신문, 잡지, TV, 인터넷 등을 통해 알려진 자료를 분석하여 사회에 관한 대중의 관심사나 사회문제 등을 규명하고, 이를 기초로 교육요구를 파악할 수 있다.
- **관찰법**: 잠재적인 학습자들의 행동이나 그들을 둘러싼 가족과 지역사회의 현상을 직접 보고 들으면서 필요한 정보나 상황을 알아내고 활용할 수 있다. 프로그램 개발자나 개발기관은 프로그램 목적과 활용 가능한 인적·물적 자원 등을 고려하여 다양한 요구조사 방법 중 가장 효율적인 방법을 선택해야 한다.

## 4) 프로그램 설계

### (1) 프로그램의 목적 및 목표 설정

#### ① 목적과 목표의 개념

프로그램 설계를 위해 선별된 요구는 프로그램의 목적과 목표로 전환되어 프로그램 결과를 가시화하고 평가기준을 제시한다. 프로그램 목적은 수행 후 기대되는 변화의 방향을 제시한 것으로 포괄적으로 표현되어 실제 측정하기 어려운 경우도 있다. 목표는 목적을 근거로 하여 목적을 달성하기 위한 구체적이고 측정 가능한 내용으로 작성하며, 목적의 측정지표가 된다.

프로그램의 목적(goals)은 상위개념이고 목표(objective)는 하위개념이다. 상위 목표와 하위 목표는 연계적이어야 하며 하위 목표는 반드시 상위 목표 내에 포함되는 의미 및 과정적 행동/활동 등으로 표현되어야 한다(신라대학교 가족상담센터, 2007).

**목적**

목적(goal, aims, purpose, ends)은 최종적으로 도달하고자 하는 장기적이고 광범위한 교육활동의 방향성을 제시하는 것으로, 국가나 지역사회에서 요구하는 타당하고 바람직한 가치, 행동양식, 규범들이다. 프로그램의 궁극적 목적이나 의도이며 포괄적·일반적·추상적·이념적·장기적인 특성이 있다.

**목표**

목표(objective)는 목적을 달성하기 위하여 단계별로 성취해야 할 단기간, 소범위의 구체적 교육활동으로, 목적을 실현하기 위한 활동으로 기술되며 목적을 보다 구체적으로 심화시켜 표현한 것이다. 또한 목표는 교육 참가자가 실행과정에서 성취해야 할 행동특성을 반영한 개념으로 부분적·구체적·단기적인 특성과 특수성을 가지며 상세하게 기술되어야 한다(가영희 외, 2011).

#### ② 목적 및 목표 설정

프로그램의 목적은 프로그램의 궁극적인 지향점을 제시하는 것으로 누구의(대상), 어떤 문제/요구를, 어떻게 바람직하게 변화시킬 것인가(내용과 수행 방법)로 표현된다.

가족생활교육 프로그램 목적과 목표 예시

BOX 4-2

**프로그램명**

| | |
|---|---|
| 1. 주제 | 성인자녀와의 관계향상을 위한 가족생활교육 프로그램 |
| 2. 프로그램 목적 | 중년기 주부와 자녀간의 성숙한 관계 맺기를 도와 가족의 화합을 이룩하여 가족생활의 질을 높인다.<br>(대상-누구의) (어떤 문제/요구를) (어떻게 변화시킬 것인가) |
| 3. 교육방법 및 내용 | 중년 주부들이 바람직한 의사소통을 통해 자녀와 성숙한 관계를 맺는 방법을 교육한다.<br>(교육내용) (교육방법) |
| 4. 프로그램 목표 | 1) 의사소통에 대한 이해를 증진한다.<br>2) 자녀와의 효율적인 의사소통기술을 실천할 수 있다.<br>• 자녀에게 효율적으로 부모의 의견을 전달할 수 있도록 말하기 기술을 익힌다.<br>• 자녀를 이해할 수 있도록 효과적인 듣기 기술을 익힌다. |

즉, 프로그램 목적 진술에는 표적 집단(누구의), 현재의 문제영역(어떤 문제를), 바람직한 미래 상태(어떻게 변화할 것인가)가 나타나야 한다.

또한 프로그램의 목표는 학습자가 달성해야 하는 바람직한 변화를 제시하는 것으로, 교육의 방향을 제시하고 학습경험 선정의 기초를 제공하여 목표달성 수준에 따른 교육효과 평가의 기준을 제공할 수 있다(이연숙, 1998; Boyle, 1981 재인용).

예를 들면 중년기 주부 대상 '성인자녀와의 관계향상을 위한 가족생활교육 프로그램'의 목적을 '중년기 주부와 자녀간의 성숙한 관계 맺기를 도와 가족의 화합을 이룩하여 가족생활의 질을 높인다.'로 설정한다면, 프로그램 목적을 성취할 수 있는 교육방법 및 내용으로 '중년 주부들이 바람직한 의사소통을 통해 자녀와 성숙한 관계를 맺는 방법을 교육하는 것'으로 선정하고, 교육목표는 '㉠ 의사소통에 대한 이해를 증진한다. ㉡ 자녀와의 효율적인 의사소통기술을 실천할 수 있다' 등으로 정할 수 있다(송말희, 2006).

### 목표 설정 원리

교육목표 설정의 원리는 다음과 같다(박우미 외, 1998).

첫째, 프로그램의 목표는 국가·사회의 기본 이념과 일치하고, 이념적 목적과 교육방법이 일치하며 철학적으로 일관성이 있어야 한다.

둘째, 교육목표는 교육내용의 선정·조직과 평가의 기준이 될 수 있도록 구체적이고 명료한 행동적 용어로 진술되어야 한다.

셋째, 교육의 궁극적인 목적인 전인(全人)의 육성이 반영되도록 교육목표는 편협하지 않게 포괄적으로 설정되어야 한다.

넷째, 교육목표는 행동화될 수 있어야 하고 실현가능성이 있어야 한다.

다섯째, 교육목표는 교육자와 학습자에게 내면화되어야 하며 교육활동에 있어 준거 기준이 되어야 한다.

여섯째, 교육목표는 고정불변의 것이 아니라 가변성이 있어 상황에 따라 변화될 수 있어야 하고, 교육내용 선정 및 조직, 교수–학습과정, 평가과정 등 전 과정에 걸쳐 검토되고 필요에 따라 변화되어야 한다.

### ③ 목표 진술

학습자가 수업목표(instructional objectives)를 정확하게 인식하면 학습효과가 증대되고 평가 시 신뢰도와 타당도를 높일 수 있다. 그러므로 목표는 명확하게 진술하는 것이 좋고, 학습자 행동으로 진술되어야 한다.

- 목표 작성 시, 교육을 통해서 달성하고자 하는 것을 구체적으로 기록하고 학습자가 학습할 내용과 실천해야 할 행동이 모두 포함되도록 하며 학습자의 행동이 명시적 동사로 제시되어야 한다.
- 목표는 수업과정에서 의도하고 있는 행동(도착점 행동), 그 행동을 수행하게 될 조건(조건), 그리고 학습결과를 받아들일 수 있는 도달조건(기준)의 세 가지 요소가 포함되도록 기술한다.

**예시** 자녀와의 관계에서,

부모가 문제를 소유했을 때, (조건) 나–전달법을 이용하여 (기준) 부모 자신의 의사를 전달할 수 있다. (도착점 행동)

### (2) 프로그램의 내용 선정과 조직

프로그램의 목표가 설정되면 다음 단계는 목표를 달성하기 위하여 프로그램의 내용과 교수·학습방법을 선정하고 조직한다.

#### ① 프로그램의 내용

가족생활교육 프로그램에서 주로 다루는 교육내용은 가족생활주기별 부부관계와 부모자녀관계 등과 같은 가족관계, 성장 단계별 자녀의 이해, 결혼 및 부모됨의 준비, 중년기 및 노년기 발달의 특성, 의사소통 기술 및 갈등해결, 가족자원관리, 가족문화 등이다(본 책의 2장 참고).

가족생활교육 프로그램 내용은 학습자의 요구를 반영하여 구성할 수 있다. 예를 들어 다양한 규범적 발달(결혼, 부모됨, 은퇴 등)을 다룰 수도 있고, 비규범적 생활사건(예상치 못한 죽음, 실업, 장애 등)을 중점적으로 교육할 수도 있다. 또는 특정 연령층을 대상으로 하는 교육의 경우 연령에 따른 변화의 이해와 적응에 관한 내용을 선정할 수도 있다(청소년 대상 자아탐색과 진로교육, 성공적인 노화를 위한 노년기 교육 등).

현재 우리 사회의 가족생활교육을 보면, 부모교육과 관련된 프로그램은 많이 개발되었으나, 가족윤리나 가족정책 등에 관한 프로그램의 연구와 개발은 아직 미흡한 실정이다. 이와 같이 교육주제와 내용이 편중되어 있을 뿐만 아니라 현재 실시되고 있는 가족생활교육은 여성을 대상으로 하거나 주로 여성이 참여하는 경우가 많다.

앞으로 교육내용을 다양하게 개발하고 효과적으로 조직하여 이러한 한계를 극복하고, 남성교육을 좀 더 활성화해야 한다. 더 나아가 남성과 여성이 함께 하는 교육과 최근 증가하고 있는 다양한 가족을 위한 교육 프로그램을 개발하고, 교육 수혜에서 소외되는 계층 및 연령이 없도록 소수를 위한 특화된 교육도 실시되어야 한다(신라대학교 가족상담센터, 2007).

#### ② 프로그램의 내용 선정

프로그램 내용을 선정할 때 고려해야 할 일반적인 원칙은 다음과 같다.

- **교육목표와의 일관성**: 프로그램 내용은 목적/목표가 제시하는 내용과 일관성이

있어야 하고 다양한 하위목표를 달성할 수 있어야 한다.

- **교육대상자의 욕구 충족**: 프로그램 내용 선정 시 교육대상자의 흥미와 필요, 능력 수준을 고려하여 교육내용을 선정한다.
- **지도 가능성의 검토**: 프로그램이 현실적으로 지도 가능한가를 검토해야 한다. 프로그램 실시기관의 시설, 도구와 학습자들의 능력과 이전 활동 경험 등을 점검한다.
- **일목적 다경험(一目的 多經驗)과 일경험 다목적(一經驗 多目的)의 원리**: 하나의 목표를 달성하기 위하여 다양한 경험을 활용하는 '일목적 다경험'의 원리와 한 가지 경험을 통해 여러 목표를 달성할 수 있는 '일경험 다목적'의 원리가 적절하게 활용되어야 한다.
- **실용성에 대한 고려**: 사회적 요구에 적합하여 사회에서 적용될 수 있는 내용과 활동이어야 하고 실생활에 활용할 수 있어야 한다.
- **지역성에 대한 고려**: 각 지역의 특성을 반영하여 프로그램의 내용을 선정하는 것이 좋으며, 지역성의 고려는 교육의 효과뿐만 아니라 지역문화 전통 계승이라는 점에서도 중요하다(송정아·전영자·김득성, 1998).

### ③ 프로그램의 내용 조직

프로그램의 내용을 조직할 때는 계속성·계열성·통합성·균형의 원리를 고려한다.

- **계속성의 원리**: 중요한 내용이나 기술은 한 번의 교육으로 그치지 말고 계속 반복·제시하여 숙련되도록 연습·훈련한다.
- **계열성의 원리**: 내용의 종적 조직에 관한 원리로, 선정된 내용 간의 단계성과 상호관련성을 고려하여 단계적으로 학습할 수 있도록 조직한다. 선행(先行)경험이나 배운 내용을 기초로 후속(後續) 경험과 내용이 전개되어 점차적으로 깊이와 넓이를 더해 갈 수 있도록 조직한다. 일반적으로 계열성의 원리는 학습 내용 간에 밀접하게 연결되어 있을 때 적용할 수 있으며, 단순하고 구체적인 것에서 복잡하고 추상적인 것으로, 쉬운 것에서 어려운 것으로 계열화할 수 있다.

- **통합성의 원리:** 내용 조직의 횡적 원리로서, 프로그램을 조직할 때 분류되어 있는 소주제들이 서로 분리·독립된 것이 아니라 보다 넓은 범주나 다른 주제와 함께 통합되어 공통목표 성취에 기여하도록 조직하여야 한다. 뿐만 아니라 교육을 통해 배운 내용을 주변의 일들에 적용하여 활용할 수 있도록 한다(한국청소년개발원, 1997).

프로그램 내용이 선정되고 내용 조직이 구체화 된 후에는 회기별 강의안을 작성한다. 회기별 강의안에는 회기의 세부 목표와 주제를 기술하며, 일반적으로 각 회기는 도입-전개-정리 단계로 설계한다. '도입'단계에서는 지난 회기 회상 및 과제 점검, 본 회기 안내 등을 하고, '전개'는 보통 강의와 활동으로 구성되며 프로그램이 연속적으로 진행될 수 있도록 강의와 활동을 적절히 배치해야 한다. '정리' 단계에서는 프로그램 내용의 주요 핵심 부분을 요약하고, 학습한 내용에 대한 이해와 습득 정도를 확인하고 평가한다(이기숙, 2010).

### (3) 교육방법의 선정

프로그램 목적과 목표, 회기별 주제 및 내용들이 정해지면, 그 내용을 교육 참여자/학습자에게 전달·학습하기 위해 다양한 교육방법 중 효율적인 방법을 선정한다. 교육방법은 학습의 목표, 집단의 규모, 학습자의 특성, 활용자원의 가용성, 교육자의 능력 등에 따라 달라질 수 있다. 즉, 학습자의 특성과 수준에 적합한 지도매체와 교육자의 경험과 능력에 적합한 지도법을 선택하여 학습자가 교육내용을 잘 이해할 수 있도록 진행해야 한다.

일반적으로 주제에 대한 기본 지식을 전달하여 학습자의 이해를 높이기 위해서 '강의'를 하고, 지식 이해를 바탕으로 학습자의 경험에 적용하기 위해서 다양한 교재교구와 기법을 활용하여 '활동'을 한다. 활동 내용은 참가자의 주체성과 자주적인 활동을 촉진하는 것이 바람직하며, 경험적인 활동과 역동적인 집단과정을 체험하도록 하는 것이 교육효과를 높일 수 있다(정현숙, 2007). 즉 교육자의 일방적인 강의보다는 참가자 스스로 적극적으로 참여할 수 있는 다양한 활동을 많이 제공하면 교육의 효과

교육방법 선정의 원리

BOX 4-3

- **현실성의 원리**: 교육방법은 지역적·시대적·사회문화적인 상황에 적합한 것이어야 한다. 실생활에서 구체적으로 적용할 수 있는 방법이어야 하고 활동결과 역시 실제로 활용할 수 있어야 한다.
- **다양성의 원리**: 다양한 방법들을 이용하면 교육의 효과를 높일 수 있다.
- **적절성과 효율성의 원리**: 교육방법을 선택할 때 시간적·경제적인 면 등에서 최적성과 효율성을 고려해야 한다.
- **자발성의 원리**: 프로그램 진행에 학습자들이 자발적으로 적극 참여해야 교육효과가 높아진다.

출처: 한국청소년개발원(1997). 프로그램 개발과 운영.

를 높일 수 있다.

집단의 크기도 교육방법 선정에 영향을 미치는데, 30명 이상이면 토론의 효과는 떨어진다. 따라서 대규모 집단의 경우 교수자 주도형 기법이 적절하다. 학습동기가 강제적인가 혹은 자발적인가는 학습자의 흥미와 동기유발에 영향을 미치며 또한 교육방법을 선정하는 데 영향을 미친다. 학습자들이 자발적인 동기를 가지고 참여할 경우, 개인적인 목표를 가지고 동료와의 토론을 통해 수업을 잘 수행할 수 있다.

그 외에 교육실시 시간에 따라 교육을 탄력적으로 진행하도록 한다. 이른 아침이나 오후 늦은 시간에 교육하는 경우, 교육자는 강의 속도에 변화를 주어 운영하거나 교육방법을 다양하게 활용하고, 더 많은 상호작용을 촉진하여 참가자들이 능동적으로 참여하도록 유도한다. 또한 유머를 많이 활용할 수 있도록 노력해야 한다(이연숙, 1998). 활용할 수 있는 자원이 많고, 교육자의 능력에 적합한 효율적인 교육방법을 선정하면 교육효과가 높아질 것이다.

### (4) 프로그램 평가의 설계

평가는 결과 자료를 근거로 교육활동의 효율성을 검토하고 판별하는 체계적인 과정이다(이연숙, 1998). 평가는 순환적·재생적·계속적인 과정이므로 지속적이고 종합적으로 전개되어야 한다. 프로그램 평가는 교육의 질, 효율성, 가치를 측정하는 것으로 프로그램의 영향, 교육의 결과 추정, 현재와 미래의 프로그램 설계에 대한 의사결정의 활성화, 정책결정 촉진, 기존의 자료나 프로그램을 개선하기 위해 실시한다.

평가 설계는 평가 목적에 따라 평가 준거를 설정하고 적절한 평가 모형을 선정하여 의도하는 평가목적을 달성하기 위하여 설계하고 준비하는 단계로 평가 범위, 평가 모형, 자료수집 방법, 분석방법 등이 명시되어야 한다(한국청소년 개발원, 1997).

프로그램에 대한 평가를 실시할 때, 다음 내용들이 평가되어야 한다.

- **노력성**: 얼마나 많은 활동을 했고 서비스를 제공했는가?
- **효과성**: 프로그램이 의도했던 목표를 달성했는가?
- **효율성**: 최소의 자원으로 최대의 성과를 달성했는가?
- **적합성**: 요구에 비해 성과의 정도는 적합한가?
- **공정성**: 서비스가 지역별·연령별·성별·소득별로 공평하게 분배되었는가?
- **충격효과성**: 프로그램과 관련된 지역사회 전체에 변화를 주었는가?

### (5) 프로그램 강의안 작성

프로그램 강의안은 프로그램의 목표를 효과적으로 달성하기 위하여 교육목표, 내용, 과정, 행동, 자료, 평가 등을 구체적이고 세밀하게 조직적으로 제안한 계획서이다. 교육자는 교육내용과 방법에 대해 지속적으로 연구하여야 하고 같은 내용이라도 교육참가자들의 필요, 능력, 흥미, 지역적인 특수성 등을 고려하여 강의안을 작성하여야 한다.

프로그램 강의안의 편성은 교육내용의 수준과 양, 교육시간 등에 의해 차이가 있지만 기승전결의 흐름을 응용하여 도입 부문, 전개 부문, 심화(발전) 부문, 정리 부문 등의 4단계로 작성하기도 하고 도입, 전개, 정리의 3단계로 작성하기도 한다.

#### ① 회기별 프로그램 강의안 작성

프로그램의 각 회기는 도입−전개(심화/발전)−정리의 단계로 진행된다. 도입 단계에서는 학습동기를 유발하고 본 회기 활동에 대하여 소개하는 시간으로 총 학습시간의 5~10% 배정하며 10분 내외가 적당하다. 전개 및 심화 단계는 교육목표를 달성하기 위한 강의 또는 활동을 주로 하는데 총 학습시간의 80~85%를 차지하도록 한다. 이 단계에서의 활동/강의도 체계적으로 기승전결 흐름으로 구성되어야 한다. 마지막 정리 단계에서는 교육 및 활동의 핵심 요약과 평가가 이루어지고 연속적인 프로그램인 경우 과제 제시나 다음 회기에 대한 예고를 한다. 일회성 프로그램이 아닌 다회기 프로그램의 경우 1회기의 도입단계와 마지막 회기의 종결 단계에 더 많은 시간이 필요하다.

가족생활교육 프로그램의 경우, 보통 한 회기가 1~2시간 정도인데 참가자들의 학습능률을 높이기 위해서는 시간적 배려를 충분하게 하여야 한다. 교육자는 원칙적으로 지도안에 따라 회기 진행과 시간 배분을 해야 하지만 학습자들의 상태, 수업분위기 등을 고려하여 융통성 있게 조정할 수 있다.

### ② 프로그램 강의안 작성양식 및 예

프로그램 강의안 작성은 일정한 양식이 있는 것은 아니며, 프로그램의 형태, 교육 내용, 교육자의 개성에 따라 작성할 수 있다. 또한 실시기관에 따라 특정 형식의 강의안을 작성하기도 한다. 강의안 양식의 예를 〈표 4-1~3〉에 제시하였다.

일반적으로 강의안에는 ① 프로그램(회기) 제목, ② 프로그램(회기) 목표, ③ 교육내용: 강의 및 활동(또는 교수-학습)의 세부적인 내용, ④ 평가방법이나 과제 등이 제시되고 소요시간과 자료 및 지도상의 유의사항을 표기한다.

표 4-1 **예시 1: 프로그램 강의안**

| 수준 | 시간 | 목표 | 전개 내용 |
|---|---|---|---|
| 도입 | 10분 | 조성한다 | 동기유발, 학습의욕 고취, 학습자의 상황파악 |
| | | 의욕 고취 | 의욕형성 경험의 상기 |
| 전개 | 40분 | 하게 한다 | 과제의 제시, 목표의 명시, 과제해결의 방법 |
| | | 하고 싶게 한다 | 목표 과제의 파악, 과제해결에의 노력, 새로운 내용의 발견 |
| 심화<br>(발전) | 60분 | 생각하게 한다 | 해결의 실마리 제공, 새로운 내용의 이해 |
| | | 익숙하게 한다 | 해결방법 모색, 해결의욕 고취, 새로운 내용의 적용 모색 |
| 종결<br>(정리) | 10분 | 정리한다 | 평가(성과와 과제), 방향 제시 |
| | | 확인한다 | 성과확인, 향상 의욕 간직 |

출처: 한국청소년개발원(1997). 프로그램 개발과 운영. p.165. 재구성.

표 4-2 **예시 2: 중년기 주부와 성인 자녀와의 관계 향상 프로그램**

| 단계명 | 제2단계: "나는 지금 어디에?" | |
|---|---|---|
| **교육진행절차** | **교육 내용** | **비고(준비물)** |
| 목표<br>(5분) | 1. 중년기의 신체적·심리적·가족관계적 특성에 대해 이해한다.<br>2. 중년기에 대한 올바른 이해를 통해 자신에게 일어나는 변화를 수용하고 적응한다.<br>3. 생의 회고를 통해 자아평가의 기회를 갖는다. | 이름표, Work-book, 녹음기, 필기도구 |
| 강의<br>(20분) | 1. 중년기의 특성: 개인적으로 중년기의 연장, 사회적으로는 중년 인구의 증가에 의해 중년기의 중요성이 부각됨을 설명한다.<br>1) 신체적 특성: 노화의 시작, 폐경 경험 등<br>2) 심리적 특성: 시간전망·성역할의 변화<br>3) 가족관계의 특성: 샌드위치 세대, 빈둥우리 증후군<br>2. 중년기 위기감 대(對) 적응의 시기: 중년기가 발달단계의 자연스러운 한 단계로, 성숙과 발달의 계기가 되는 시기임을 강조하다. | 중년기의 신체적·심리적·가족관계적 특성에 관한 챠트 |
| 활동·실습<br>및 토론<br>(100분) | 1. 과제였던 '중년 후기 가족: 위기의 여자'에 대한 토론: 자신이 공감하는 부분에 대해 구체적으로 이야기 하도록 한다.<br>2. 자신의 폐경경험에 대해 돌아가면서 이야기 하도록 한다.<br>3. 인생평가 해보기: 지금까지 가장 행복했던 시기, 가장 불행했던 시기가 언제였는지 그리고 중년기인 지금은 어느 정도인지 이야기 하도록 함으로써 각 개인의 life story를 들어본다.<br>4. 인생지각 척도를 통해 인생에 대해 어떻게 지각하고 있는지를 알아봄으로써, 긍정적인 인생관 고취의 필요성을 인식시킨다. 아울러 자아존중감의 중요성을 인식시키면서 다음 3단계의 내용과 연계시킨다. | 지난 주 과제를 활동 1로 확인, 피드백하기<br><br>Work-book의 예<br>Work-book의 인생지각 척도 |
| 종결<br>(25분) | • 평가: 교육일지 작성<br>• 과제: '나는 누구인가'에 대한 세 문장 이상 만들어 오기(또는 "지금까지 나는 __게 살았다.", "나는 __ 사람이었다."에 대해 세 문장 이상 만들어 오기) | Work-book |

출처: 송말희(2006). 가족생활교육 프로그램 개발, p. 99.

표 4-3 **예시 3: 다양한 가족의 이해 프로그램**

**프로그램명: 신혼기 부부교육 프로그램 '함께 만드는 춘(春)향(香)가(家)'**

2회기. "지금 우리는?": 부부관계 점검 및 건강하고 행복한 부부관계를 위하여

목표 1. 부부관계의 제 측면을 점검하여 현재 상황을 파악한다.
2. 건강하고 행복한 부부관계를 위한 요소들을 이해한다.
3. 부부역할의 융통성, 역할공유의 중요성과 열린 대화의 중요성을 이해하고 실천을 다짐한다.
4. 가족의 뿌리는 부부관계이며 신혼기 부부관계가 이후 부부관계의 질을 결정지음을 인식하여 현재의 부부관계를 건강하게 유지하기 위해 노력한다.

| 전개 | 주제 | 내용 | 준비물 |
|---|---|---|---|
| 도입<br>(10분) | • 회기 소개<br>• 부부관계만족도에 대한 이야기 나누기 | 1. 본 회기의 내용을 간략하게 소개한다.<br>2. "지금 행복하십니까?" 또는 "부부관계에 만족하십니까?"에 대해 이야기를 나눈다. | 이름표, 워크북, 필기구, 화이트보드, 빔프로젝트, 잔잔한 음악 등 |
| 강의<br>및<br>활동<br>(100분) | 현재 부부관계 점검<br>• 관계망 점검<br>• 다름의 수용 | **활동 1: 배우자, 자녀, 부모 등과의 친밀감 측정해보기**<br>• 신혼기의 건강한 부부관계를 위해서는 원가족, 친지 등과의 적절한 분리가 필수임을 이해한다.<br>**활동 2: '다름은 문제가 아니랍니다.'**<br>• 신혼기 부부 갈등의 주요원인인 '다름'이 문제가 아님을 인식하고 다름을 수용한다. | |
| | 건강하고 행복한 부부관계를 위하여<br>• 건강하고 행복한 부부관계의 요소<br>• 열린 대화, 융통성 있는 역할 수행의 중요성 이해 | **활동 3: 건강하고 행복한 부부관계를 위한 요소들은?**<br>• 참가자들이 서로의 생각을 발표함으로써 참가자들이 중시하는 요소들을 알아본다.<br>**강의 1: 건강하고 행복한 부부의 특징 및 강점**<br>**활동 4: 어떻게 부부역할을 수행하고 계신가요?**<br>• 성별고정관념에서 벗어나 동반자로서의 부부, 일과 가정의 양립의 중요성을 이해한다.<br>**강의 2: 신혼부부의 역할관계 향상을 위한 지침**<br>**활동 5: 우리 부부의 의사소통은?**<br>• 부부 의사소통의 현재 상황을 점검하고 향상을 위한 방안을 모색한다.<br>**강의 3: 부부 의사소통 향상을 위한 지침**<br>**활동 6: 배우자 칭찬하기**<br>• 칭찬은 관심에서 비롯되며 배우자에게 힘을 주고 부부관계를 향상시킴을 이해한다. | |
| 종결<br>(10분) | • 실천 다짐<br>• 교육내용 정리 | **활동 7: 건강하고 행복한 부부관계를 위한 나의 다짐**<br>• 부부관계의 변화·향상을 위해 '나'부터의 실천을 다짐한다.<br>• 본 회기의 내용을 간략하게 정리하고, 목표를 다시 한 번 강조한다.<br>• '건강하고 행복한 부부관계를 위한 나의 다짐'을 반드시 실천할 것을 당부한다. | |

출처: 전종미, 송말희, 김영희, 박상훈(2014). 함께 만드는 춘향가, 신혼기 부부 교육 프로그램(서울특별시건강가정지원센터).

CHAPTER 5

# 프로그램 실시 및 평가

프로그램의 성공을 위해서는 프로그램 홍보를 통해 잠재적인 학습자의 참여를 유도하고, 프로그램을 효율적으로 실시하며, 평가를 통해 지속적으로 개선해 나가는 과정이 필요하다. 본 장에서는 프로그램의 홍보와 실시 및 평가에 관하여 살펴보았다.

## 1. 프로그램 홍보

### 1) 홍보의 개념

프로그램의 홍보는 개발한 프로그램의 목적과 내용이 무엇인가를 다양한 매체를 활용하여 잠재적인 학습자에게 알리고 참여를 촉진시키는 제반활동을 말한다. 프로그램을 잘 만들어도 홍보가 제대로 되지 않아 프로그램이 실시되지 못 한다면 프로그램은 그 의미를 잃게 된다. 따라서 프로그램의 완성도를 결정짓는 홍보의 중요성은 아무리 강조해도 지나치지 않다.

홍보는 잠재적 학습자들을 프로그램에 직접 참여하게 하는 결정적인 요소로서, 프로그램을 성공적으로 실시하기 위해서는 홍보를 통해 잠재적인 학습자들에게 프로그램의 목적, 내용, 실시방법 및 참가방법 등에 대해 널리 알리는 것이 매우 중요하다.

렌즈(Lenz, 1980)는 성인교육 프로그램 개발 과정을 5단계[1]로 설명하면서 3단계를 마케팅·캠페인 개발 단계로 설정하여 홍보의 중요성을 강조하였는데, 교육 참가에 영향을 미치는 중요변인으로 4P(Product, Price, Place, Promotion)를 제시하였다.

즉, 잠재적인 학습자들은 '어떤 프로그램(product)인지, 비용(price)은 적당한지, 장소(place)는 편리한 곳인지, 어떻게 홍보(promotion)하는지'에 따라 프로그램 참여를 결정하게 된다.

마케팅의 핵심 구성요소

BOX 5-1

- **교육 프로그램(product)**: 기관에서 실시할 교육 프로그램이나 서비스. 참가자의 변화하는 요구 및 필요를 충족시키기 위한 프로그램이 필요하다. 성인학습자들은 현재 지향적이기 때문에 학습자의 즉각적인 요구에 기초하여 프로그램을 선별해야 한다.
- **장소(place)**: 프로그램 실시 장소. 프로그램을 어느 장소에서 진행하느냐는 잠재적 참가자의 참여에 직접적인 영향을 미친다. 잠재적 참가자들이 접근하기 쉬운 장소를 선정한다.
- **가격(price)**: 교육비, 예치금 등 참가자들이 지불하는 비용. 적정한 비용을 결정하는 것은 복잡하고 어려운 문제이며 교육 참여를 결정하는 중요한 요소 중 하나이다.
- **홍보(promotion)**: 프로그램을 잠재적 참가자에게 알리고 참여를 유도하는 것. 다양한 커뮤니케이션 기법을 활용(TV, 신문, 현수막, 포스터, 게시판, 전화, 메일, 트위터, 페이스북 등)하여 참여를 촉진한다. 잠재적 참가자의 관심을 집중시키고 참여를 촉진·유도하기 위한 전략과 노력이 필요하다.

## 2) 홍보의 원칙 및 고려사항

### (1) 홍보의 원칙

- 홍보는 프로그램의 목적, 내용, 방법, 시간, 장소, 대상을 6하 원칙에 맞추어 정확하게 제시한다.
- 홍보는 가급적 단순하며 흥미롭고 간단명료해야 효과적이다. 따라서 명확한 내용을 쉬운 표현을 사용하여 친숙하게 설명한다. 홍보는 잠재적인 학습자들에게

1) 렌즈(1980)의 성인교육 프로그램 개발의 5단계: ① 학습자들의 욕구와 관심 평가 단계, ② 프로그램 내용선택 단계, ③ 마케팅·캠페인 개발 단계, ④ 프로그램 실시 단계, ⑤ 피드백 수집과 분석 단계(본 서 '3장 프로그램 개발 모형' 참고)

홍보 전략: AIDEMA의 법칙

BOX 5-2

- Attention(**주의**): 사람들의 주의를 불러일으키고 눈길을 끈다.
- Interest(**관심**): 사람들에게 더 많은 관심을 갖게 한다.
- Desire(**욕구**): 사람들의 욕구를 불러일으켜 충동을 유발시킨다.
- Memory(**기억**): 사람들에게 기억시켜 그들의 관심이 요구(need)가 되도록 한다.
- Action(**행동**): 사람들로 하여금 실제로 행동(프로그램에 참여)하도록 한다.

프로그램에 대한 정보를 제공하는 것이지, 학습자의 학습요구를 억지로 창출하거나 조작하는 것이 아니다.

- 신뢰감을 떨어뜨리는 과대홍보는 삼간다.
- 시기적으로 적합한 홍보 타이밍을 포착하고, 유사 프로그램의 개강시기도 고려한다.

### (2) 홍보 시 고려사항

프로그램을 홍보할 때는 홍보 원칙과 함께 다음의 사항도 고려해야 한다.

- 대상이 되는 학습자에게 알맞은 일상적인 용어를 사용한다. 예를 들어 청소년 대상 교육이라면 청소년들의 수준에 맞는 언어와 청소년들이 좋아하는 유행어를 활용하여 홍보하는 것이 효과적이다.
- 홍보물은 수강대상자들이 볼 수 있거나 자주 이용하는 장소에 비치한다. 예비부부교육 프로그램이라면 인터넷을 활용한 홍보가 효과적일 수 있고, 노인 대상 프로그램은 노인복지관이나 아파트 노인정 등을 방문하여 홍보하는 것이 효과적일 수 있다.
- 두 가지 이상의 홍보방법을 사용한다. 개별 방문, 인터넷, 기관 홈페이지, 신문, 포스터 등 다양한 매체를 활용하는 것이 효과적이다. 저소득층의 경우 교육에 참여하는 것이 익숙하지 않은 경우가 많아 개별 방문을 통해 프로그램을 홍보하여 참여를 유도하고 중류층에게는 전화나 인터넷 홍보가 효과적이다.
- 홍보의 시점(timing)이 중요하다. 홍보를 너무 일찍 하면 잊어버릴 수도 있고, 너

무 늦게 하면 준비할 시간적인 여유가 없어서 참석하지 못할 수도 있다. 보통 한 달 전부터 지속적으로 홍보하는 것이 좋다. 예를 들어 자녀를 맡겨야 할 곳을 찾아야 하는 부모들은 시간이 촉박하면 교육에 참여의사가 있어도 현실적으로 참여하지 못하는 상황이 된다.

- 사람을 통한 홍보를 한다. 이전 교육에 만족했던 수강생들이 다른 사람들에게 소개하여 참여하게 하는 입소문을 통한 홍보는 매우 효과적이다.
- 궁금한 사항을 문의할 수 있는 전화번호나 홈페이지, 메일주소 등을 제시한다. 또한 프로그램의 후원자나 관련 단체를 밝힘으로써 프로그램에 대한 신뢰도를 높일 수 있다.
- 실제적인 정보가 포함된 내용을 추가로 공지하여 추가등록을 유도한다. 실제적이고 눈길 끄는 정보 제공을 통해 비수강생들의 관심을 높일 수 있다. 이전 프로그램이나 활동에 대한 설명을 사진과 함께 제시하여 추가등록을 유도한다. 또한 연속적 프로그램인 경우, 한 번 결석한 참가자는 교육에서 이탈했다는 생각이 들면 참여를 포기할 수도 있으므로, 강사나 진행자는 결석한 사람에게 개별적으로 연락하여 강의진행이나 과제, 다음 회기 주제 및 준비물을 안내하고 격려하여 교육에 참여할 수 있도록 도와주어야 한다.
- 홍보를 통하여 참석을 100% 유도할 수 없다는 점을 인식한다. 일반적으로 우편물을 통한 광고 시 수령대상자의 2% 정도 참여한다고 한다. 그러므로 다양한 방법으로 집중적이고 지속적인 홍보를 해야 한다.
- 최소한의 비용으로 가능한 한 많은 잠재적 학습자가 참여하게 한다. 홍보비용 등을 고려하여 잠재적인 학습자들이 교육에 많이 참여할 수 있도록 홍보방법이나 시간, 장소 등을 적절하게 계획·실행한다. 최근에는 인터넷을 이용하여 비용을 들이지 않고 홍보를 하는 경우가 많다.
- 교육에 참여함으로써 참가자들이 어떤 이익을 얻을 수 있는지를 설득력 있게 홍보한다. 홍보는 사람들의 관심을 끌 수 있어야 하고, 프로그램에 참여함으로써 어떤 욕구가 충족될 수 있는가를 설득력 있게 설명할 수 있을 때 효과가 높다.
- 홍보를 위한 프로그램 안내서에는 다음과 같은 항목들이 포함되어야 한다.

프로그램 안내서에 포함되어야 하는 항목

BOX 5-3

- **프로그램명**: 단순하고 외우기 쉽고, 인상적인 것으로 선정한다.
- **개요**: 강사이름, 교육장소, 교육기간, 교육시간, 비용, 교재비, 신청방법 등을 제시한다.
- **과정설명**: 처음 몇 단어를 읽어 보고 더 읽을 것인가를 결정하므로 첫 한두 단락은 특히 매력적이고 흥미로워야 한다. 사실에 근거한 정확한 내용을 전달하고 강좌내용의 개요를 충실하게 설명한다.
- **강사**: 강사의 약력 등을 제시한다.

### 3) 홍보매체 선정의 기본원칙

홍보매체를 선정할 때는 다음 원칙들을 고려하여 가장 적당한 매체를 선택하도록 한다(이화정·양병찬·변종임, 2003).

- 홍보매체의 특성을 고려하여 주 매체를 선정하고, 주 매체의 단점을 보완할 수 있는 보조 매체를 다양하게 활용한다.
- 무료 홍보수단(지역신문, 구청 홍보지 등)을 보조 매체로 최대한 활용한다.
- 홍보내용이 간단한 것은 청각매체를 활용하고('눈보다는 귀'), 복잡한 내용은 시각매체('귀보다는 눈')를 활용한다.
- 프로그램 실시 대상자의 교육수준이 낮은 경우에는 청각매체를, 교육수준이 높을 때에는 시각매체를 활용하는 것이 효과적이다.
- 광범위하게 홍보할 수 있는 매체를 선택한다.
- 내용을 정확하게 전달할 수 있는 매체를 선택한다.
- 빠르게 정보전달이 가능한 동시성 있는 매체를 선택한다.
- 학습요구를 촉발시킬 수 있도록, 내용전달이 가능한 매체를 선택한다.
- 적은 경비로 최대의 효과를 얻을 수 있는 매체를 선택한다.

### 4) 홍보매체의 특성

오래 전부터 이용해 온 우편 발송부터 최근 많이 활용되고 있는 인터넷 홍보까지 홍보매체는 매우 다양하며 각각의 특성과 장단점이 있다. 따라서 참가대상자, 교육내용 등을 고려하여 적절한 방법을 선택하여야 한다.

- **우편물**: 안내지, 뉴스레터 등을 우편으로 발송하는 방법으로 과거에 많이 사용하였다. 전국적인 홍보가 가능하나 투입 비용에 비해 효과가 적다. 그러나 대상자가 명확한 경우나 참여 가능성이 높은 사람들을 선택하여 홍보할 때는 효과적이다. 우편물이 중복 발송되지 않도록 주의한다.
- **신문·잡지의 광고**: 불특정 다수를 대상으로 광범위한 홍보가 가능하며, 교육내용이 전문적일수록 홍보효과가 크다. 그러나 비용이 많이 드는 단점이 있다.
- **지역신문**: 일반적으로 지역신문이나 지방자치단체 소식지는 비용이 저렴하거나 무료로 활용할 수 있다. 특정 지역에만 홍보할 수 있다는 한계가 있지만, 지역의 특성을 고려한 프로그램일 경우 효과적인 방법이다.
- **라디오와 TV 등의 대중매체**: 광범위한 홍보가 가능하지만 시청각을 이용한 매체이기 때문에 인쇄된 지문과 달리 다시 보거나 다시 듣기 어렵다는 제한점이 있다.
- **인터넷**: 컴퓨터와 인터넷 보급이 확대되면서 현재 많이 이용되고 있는 방법으로, 동시에 많은 사람에게 홍보가 가능하고 경제적이다. 최근에는 문자나 메일 발송, 인터넷상의 카페나 트위터, 블로그, 페이스북 등을 이용하여 홍보하기도 한다. 문자나 메일은 개인정보를 알고 있을 경우 가능하고, 인터넷 카페는 일반적으로 회원으로 가입했을 경우에 홍보가 가능하다는 단점이 있다.
- **전화**: 잠재적 학습자들에게 직접 전화를 하는 것은 특히 관심이 많지 않은 학습자들의 참여를 유도할 수 있는 좋은 방법이다. 전화 홍보하는 사람의 전달방법에 따라 수신자들의 관심과 참여를 촉진할 수 있다. 그러나 최근에는 빈번한 스팸전화 등으로 전화 수신을 거부하는 경우도 많다.
- **구두(口頭)**: 직접적인 접촉을 통해 구두로 프로그램에 대한 내용을 설명하는 것이다. 가장 확실하고 정확한 홍보방법으로 대화를 나누면서 반복적인 설명을 하고 질문에 즉각적인 답을 함으로써 설득력 있게 홍보할 수 있다. 과장된 광고는

피하고 기획된 프로그램을 잠재적 학습자가 잘 이해하도록 안내한다.

- **기타**: 팸플릿과 안내책자도 자주 사용되는 홍보매체이나 제작비용을 고려하여야 한다. 현수막을 활용할 경우 시각적인 도안과 인상적인 문구로 높은 홍보효과를 낼 수 있다. 한편 소규모 프로그램이나 전체 프로그램 중 개별 회기를 홍보할 때는 광고지나 포스터 등을 활용하기도 한다. 광고지와 포스터는 그림과 글씨를 적절히 이용하고, 명도가 높은 색을 이용하거나 주의를 끄는 배색을 사용하는 것이 좋다.

## 5) 프로그램 참여를 증가시키는 전략

### (1) 루드와 홀(Rudd & Hall)의 학습활동 참여 증진 요소

루드와 홀(1974)은 성인학습자의 학습활동 참여를 증가시키는 요소로 주제의 타당성, 편리성, 개인의 관여, 프로그램의 질을 제시하였다(이연숙, 1998 재인용).

#### ① 주제의 타당성(relevance)

프로그램 선정 및 계획 시 지역사회 성원의 요구를 고르게 반영하면 참여율이 높아진다. 한편 일반 대중 대상의 평범한 프로그램보다 특정 대상의 요구가 반영된 주제를 선정하여 실제적이고 구체적인 내용으로 프로그램을 개발하면 참여율이 더 높다.

#### ② 편리성(convenience)

학습자의 상황을 고려하여 시간, 장소 등을 정한다. 또한 교육 시간을 정규적으로 정해놓아야 학습자가 시간계획을 세울 수 있다. 교육 시 자녀를 위한 육아서비스나 찾아가는 교육 등의 편의를 제공하면 참여율을 높일 수 있다. 교육은 1~2주 간격으로 진행하는 것이 좋다.

③ 개인의 관여(personal involvement)

학습자가 프로그램 개발이나 운영에 참여하는 정도와 프로그램의 참여율은 정적 상관관계가 있다. 프로그램 계획 시 직접 참여한 사람들이나 그룹에서 특정 과업을 맡은 사람(그룹 대표, 총무 등)의 참여율이 높다. 또한 프로그램 참여율을 높이기 위해서는 집단 내에서 친밀감과 편안함을 느끼도록 배려해야 한다. 예를 들어 학습자 개개인의 이름을 외워서 부르거나 학습자의 반응에 관심을 표현하면 소속감이 높아지고 참여율이 높아진다. 그러나 교육자가 학습자의 개인적인 경험을 과도하게 노출·관련시키는 것은 피해야 한다.

④ 프로그램의 질(quality)

프로그램 참여율은 프로그램의 질과 관계가 있지만, 어떤 프로그램을 질 좋은 프로그램으로 생각하는가는 개인마다 다를 수 있다. 일반적으로 학습자가 프로그램을 가치 있다고 여기지 않거나, 요구가 충족되지 않았을 때, 성인학습자를 존중하지 않거나 학생처럼 대할 때, 또는 교육내용이 이미 익숙한 내용인 경우에 참여율이 낮아진다.

### (2) 켈러(Keller)의 학습동기화 모형

켈러는 학습동기를 증진시키는 방법으로 동기화 모형(ARCS모형)을 제시하였는데, 주의(A), 관련성(R), 자신감(C), 만족감(S)을 학습동기화의 주요 요인으로 보았다.

주의(Attention)는 호기심, 주의 환기 등의 개념으로 특히 호기심은 학습자의 주의력을 이끄는 필요조건이다. 관련성(Relevance)은 교육내용이 자신의 생활이나 관심영역과 관련이 있다고 생각될 때 교육에 적극적으로 참여하게 되므로, 교육내용과 방법을 학습자들의 요구나 가치와 관련시켜야 함을 말한다.

한편 자신감(Confidence)은 학습자가 자신감을 가질 때 학습동기가 유발되므로 성공에 대한 자신감과 기대를 갖도록 하는 것이며, 만족감(Satisfaction)은 노력의 결과가 학습자 자신의 기대와 일치하고 교육내용이 만족스럽다면 학습 동기가 계속 유지될 수 있으므로 강화와 자기통제를 통해 만족감을 높이도록 하는 것이다. 이들 요소들을 기초로 한 구체적인 전략은 〈표 5-1〉과 같다(한상길, 2001).

표 5-1 ARCS이론의 학습동기 유발방법

| 구분 | 전략의 구체적인 내용 | |
|---|---|---|
| 주의(A) 환기 및 집중을 위한 전략 | 지각적 주의 환기의 전략 | • 시청각 효과의 활용<br>• 비일상적인 내용이나 사건 제시<br>• 주의분산의 자극 지양 |
| | 탐구적 주의 환기의 전략 | • 능동적 반응 유도<br>• 문제해결 활동의 구상 장려<br>• 신비감의 제공 |
| | 다양성의 전략 | • 간결하고 다양한 교수 형태 사용<br>• 일방적 교수와 상호작용적 교수의 혼합 사용<br>• 교수자료의 변환추구<br>• 목표-내용-방법이 기능적으로 통합 |
| 관련성(R) 증진을 위한 전략 | 친밀성의 전략 | • 친밀한 인물 혹은 사건의 활용<br>• 구체적이고 친숙한 그림의 활용<br>• 친밀한 예문 및 배경지식의 활용 |
| | 목적지향성의 전략 | • 실용성에 중점을 둔 목표 제시<br>• 목적의 선택 가능성 부여<br>• 목적지향적인 학습형태 활용 |
| | 필요나 동기와의 부합성 강조의 전략 | • 다양한 수준의 목적 제시<br>• 학업성취 여부의 기록체계 활용<br>• 비경쟁적 학습상황의 선택 가능<br>• 협동적 학습상황 제시 |
| 자신감(C) 증진을 위한 전략 | 학습의 필요조건 제시의 전략 | • 수업의 목표와 구조의 제시<br>• 평가기준 및 피드백의 제시<br>• 선수학습 능력의 판단<br>• 시험의 조건 확인 |
| | 성공 기회 제시의 전략 | • 쉬운 것에서 어려운 것으로 과제 제시<br>• 적정수준의 난이도 유지<br>• 다양한 수준의 시작점 제공<br>• 다양한 수준의 난이도 제공<br>• 무작위의 다양한 사건 제공 |
| | 개인적 조절감 증대의 전략 | • 학습의 끝을 조절할 수 있는 기회 제시<br>• 학습속도의 조절 가능<br>• 원하는 부분으로 재빠른 회귀 가능<br>• 노력이나 능력에 성공 귀착<br>• 선택가능하고 다양한 과제의 난이도 제공 |
| 만족감(S) 증진을 위한 전략 | 자연적 결과 강조의 전략 | • 연습문제를 통한 적용 기회 제공<br>• 모의상황을 통한 적용 기회 제공<br>• 후속학습 상황을 통한 적용 기회 제공 |
| | 긍정적 결과 강조의 전략 | • 적절한 강화 계획의 활용<br>• 의미 있는 강화의 강조<br>• 정답을 위한 보상 강조<br>• 외적 보상의 사려 깊은 사용<br>• 선택적 보상 체제 활용 |
| | 공정성 강조의 전략 | • 수업목표와 내용의 일관성 유지<br>• 연습과 시험내용의 일치 |

출처: 한상길(2001). 성인평생교육. pp. 26-27.

## 2. 프로그램의 실시

### 1) 프로그램 실시의 개념

프로그램의 실시는 교육자의 교수행위와 학습자의 학습행위, 그리고 운영요원의 운영 및 관리행위에 의해 이루어진다. 특히 교육자의 능력과 자질에 의해 프로그램의 성패가 좌우되므로 교육자는 프로그램에 대한 전문적인 지식을 소유하고 있어야 하고, 상황에 따라 격려자·공동학습자·활동조정자·촉진자 등의 역할을 해야 한다. 또한 학습자들의 개성을 존중하고 받아들일 수 있는 수용성과 그들의 성장가능성을 인정하는 긍정적인 태도를 지녀야 한다.

### 2) 학습자 조직

#### (1) 학습자 조직방법

웰드론과 모어(Waldron & Moore)는 성인교육 시에 학습자를 조직하는 방법으로 개인적 방법, 집단적 방법, 대중적 방법이 있다고 하였다.

- **개인적 방법**(individual method): 학습자가 다른 학습자들과 독립적으로 학습자료를 이용하여 스스로 학업을 수행하는 방법으로 독학, 인턴십, 개인교수 등이 있다.
- **집단적 방법**(group method): 학습자를 다양한 규모의 집단으로 편성하여 학습하는 방법으로 학습활동은 다른 사람들과의 관계 속에서 이루어진다. 집단을 구성하는 방법에 따라 청중, 학급, 집단토론, 과제집단, 개인교수집단 등으로 구성된다.
- **대중적 방법**(mass method): 인쇄매체인 신문, 잡지, 서적, 팸플릿 등과 전파매체인 라디오, TV, 영화 등의 대중매체를 이용하는 방법이다. 최근에는 인터넷의 중

학습자 조직방법의 유형

BOX 5-4

1. **개인적 방법**
   - **독학(independent study)**: 개인이 독자적으로 학습하는 방법으로 교사와 대면적인 접촉 없이 교육이 이루어지며, 교육적인 접촉은 주로 통신을 이용한다. 독학은 학습자가 자기 자신의 속도로 학습할 수 있고, 학습장소와의 거리에 상관없이 학습할 수 있다는 장점이 있으나 교육자와 학습자 사이에 피드백이 즉각적으로 이루어지기 어렵고, 교육을 이수하기 위해서는 매우 높은 수준의 동기가 요구된다는 단점이 있다.
   - **인턴십(internship)**: 현직학습(on-the-job learning)이 이루어지기 전에 행해지는 형식적 학습으로 이전에 학습한 개념들을 실제상황에서 적용하는 방법이다.
   - **개인교수(tutoring)**: 교사와 학습자가 1:1의 관계로 이루어지는 수업으로 학습자가 새로운 개념을 습득할 수 있도록 도와주고 그 개념을 실천하는 것을 보조해주며 획득된 개념을 완벽하게 적용할 수 있도록 지도해준다. 교정과 실천을 통해 학습자가 즉각적인 피드백을 받을 수 있어 효과적이지만 비용이 많이 든다.

2. **집단적 방법(Mckenzie & Jone의 집단배치 방법)**
   - **청중(audience)**: 32명 이상으로 구성된 대규모 집단으로 교육자가 주로 강의하고 학습자들은 경청하는 방식으로 진행되어 의사소통의 흐름이 일방적인 단점이 있다.
   - **학급(class)**: 학습자 개인과 교육자 간의 상호작용이 가능하지만, 학습자들 간의 생산적 상호작용이 거의 허용되지 않는 15~32명의 참가자들로 구성되는 집단을 말한다.
   - **집단토론(group discussion)**: 학습자와 교육자 간의 상호작용뿐만 아니라, 학습자 간의 상호작용도 가능한 4~14명으로 구성된 소규모 집단이다.
   - **과제집단(project group)**: 집단토론과 규모가 비슷하지만, 주어진 시간에 의미있는 결과물(output)을 만들어내기 위해 집단성원 모두가 함께 참여한다는 점이 다르다.
   - **개인교수집단(tutorial group)**: 학습자들이 적극적으로 참여함으로써 교육자와 학습자 간에 충분한 대화가 이루어지는 1~3명으로 구성된 집단이다.

3. **대중적 방법**
   - **인쇄매체(신문, 잡지 등)**: 기록성과 보존성이 높고 언제, 어디서나 이용가능하며 언제든지 반복이 가능하다는 장점이 있다. 또한 상대적으로 비용이 저렴하다.
   - **전파매체(라디오, TV 등)**: 동시에 다수에게 교육이 가능하나 설비가 갖추어져야 하므로 초기 비용이 많이 들고, 일방적인 전달매체이기 때문에 학습내용의 효율성 확인을 위한 평가가 힘들다.

요성이 매우 높아져 기관이나 시설의 홈페이지에서 교육내용의 지속적인 업데이트를 통해 교육이 이루어지기도 하며, 인터넷상의 다양한 카페 가입을 통해 관심주제에 관해 지식을 얻거나 정보를 공유하기도 한다.

### (2) 학습자 조직방법 선정 시 고려사항

개인적·집단적·대중적 교육방법 중 어떤 방법을 선택할 것인지는 다음과 같은 요인들을 고려해서 선정해야 한다.

- **교육목표**: 교육목표에 따라 참가자의 규모를 제한할 필요가 있다. 예를 들어 교육목표가 복잡한 문제를 해결하고 정보를 교환하며 태도를 변화시키거나 아이디어를 창출해내는 것이라면 집단적 방법 중 특히 학습자간의 상호작용이 원활한 집단토론 유형으로 학습자를 조직하는 것이 좋다.
- **학습주제**: 학습주제가 기술의 습득이라면 시범, 실기, 즉각적인 피드백 및 수정이 가능한 개인적인 방법을 활용하는 것이 좋고, 가치·도덕·감정 등의 정의적인 변화를 요구하는 경우라면 새로운 아이디어를 찾아내고 상호 간에 토론이 가능한 집단적 방법을 선정하는 것이 좋다.
- **교육시설**: 공간이 부족하다면 개인적인 방법을 사용할 수 있고, 보완적으로 미디어를 통한 대중적인 방법을 사용할 수 있다.
- **학습자 특성**: 신체적인 조건이나 여러 가지 사정으로 교육 장소에 출석하기 힘든 경우 독학이나 대중매체, 인터넷 등을 이용할 수 있고, 교육에 직접 참여를 원하는 학습자들은 집단적 방법으로 조직하는 것이 효과적이다.

## 3) 프로그램 실시

프로그램을 성공적으로 실시하기 위해서는 효과성·효율성·매력성이 보장되어야 한다. 효과성을 높이기 위해서는 프로그램이 목적을 달성할 수 있도록 구성되고 실시되어야 한다. 이는 프로그램을 개발할 때 전체 회기가 목적 달성을 위해 기승전결로 이루어져야 함을 의미하며 교육자는 프로그램의 목적과 전체 회기의 흐름에 대한 명확한 이해를 바탕으로 프로그램을 실시해야 교육효과를 높일 수 있다.

효율성은 투입된 자원과 성과를 대비시켜 경제성을 확인하는 것으로 목적/목표에 도달하기 위해 시간, 노력, 비용을 최소화하는 가장 적절한 방법을 활용하였는가가 그 기준이 된다. 한편 학습자들은 프로그램이 매력적일 때 흥미를 느끼고 계속 참여하게 되므로, 프로그램은 참가자들이 매력을 느껴서 계속 참여할 수 있도록 실시되어야 한다. 이를 위해서는 프로그램 개발단계에서 참여자들의 요구가 충분히 반영되어야 하며 그들이 원하는 학습방법의 활용과 교육자의 적극적인 피드백 등이 요구된다.

### (1) 프로그램 실시과정

프로그램이 목표를 달성하고 만족스런 결과를 가져오기 위해서는 체계적인 진행이 필요하며 일반적으로 준비, 실시, 정리의 3단계로 진행된다.

- **준비 단계**: 다양한 방법을 통한 지속적인 홍보와 함께 인적 체제(교육자, 학습자, 진행자 등)와 프로그램 실시 조건(교육장소 및 좌석 배치, 필요한 기자재 준비, 기록 준비, 참가자들에 대한 통지 등)을 정비하고 당일 프로그램을 전개할 지도안과 그에 대한 확인 작업을 한다.
- **실시 단계**: 프로그램의 궁극적인 목표가 실현되는 핵심 단계로 각 회기는 도입, 실행과 심화, 종결의 과정으로 진행된다. 여러 가지 상황 변화(기상조건, 교육자의 사정, 참가자들의 상황변화 등)에 대한 적응이 요구된다.
- **정리 단계**: 프로그램 실시를 통해 얻은 성과와 그 의미를 기록·정리하여 프로그램에 대한 체계적인 평가를 하고 추후 자료로 활용하는 단계이다. 참가자들의 만족도 결과와 교육자와 운영자의 평가를 바탕으로 프로그램의 장단점과 보완점, 개선되어야 할 점 등에 관한 프로그램 최종보고서는 추후 프로그램 실시 시 기초 자료로 활용된다.

프로그램의 세부 진행과정

BOX 5-5

**1. 도입 단계**

교육을 위한 준비 단계로 학습자의 학습의욕을 고취시키는 시간으로 동기유발 단계, 개시단계, 오리엔테이션 단계, 준비 단계라고도 한다. 도입 단계에서는,

① 기자재 점검, 자리 배치, 워크북, 이름표, 간식 준비, 교육자의 참석 점검 등 프로그램 실시를 위한 준비를 한 후 참가자들을 환영하는 친근한 분위기를 조성한다.
② 교육자 또는 각 회기별 교육자, 프로그램 운영을 담당하는 보조자를 소개한다.
③ 참가자들의 자기소개 시간을 갖는다. 이와 함께 구체적인 참여 동기나 교육내용과 관련된 사항(결혼지속연수, 자녀/배우자 연령, 맞벌이 여부 등)을 확인하여 교육효과를 높인다.
④ 프로그램 실시 전에 운영상의 알림사항에 대해 공지한다.
⑤ 프로그램 전체 과정에 대하여 간략하게 소개한다.
⑥ 참가자들이 편안히 즐길 수 있는 ice-breaking 시간을 가져 부담감이나 불안감을 없애고 라포를 형성한다.
⑦ 사전평가를 실시한다.
⑧ 프로그램 실시에 대한 관심을 환기시킨다.

**2. 실행과 심화의 단계**

프로그램의 목표가 명확히 인식되고, 그에 따른 계획에 의해 프로그램을 진행하는 단계이다. 프로그램을 실행할 때에는,

① 프로그램 운영에 있어서 교육자는 탄력성을 가져야 한다. 예를 들어, 참가자들이 몰입하는 활동에는 시간을 좀 더 배분하거나, 발표를 꺼리는 참가자가 있을 경우 드러나지 않게 발표에서 제외하는 역량 등이 필요하다.
② 교육자는 상황에 따라 격려자 · 공동학습자 · 활동조정자 등 다양한 역할을 수행해야 한다.

**3. 종결(정리) 단계**

각 회기에서 교육하고 학습한 내용을 총괄하고 결론짓는 단계이다. 종결 단계에서는,

① 각 회기의 교육적 효과를 강화할 수 있도록 과제 제시, 각 회기의 목표에 대한 재인식, 일일평가 등을 한다.
② 프로그램 참여에 대한 확신을 갖게 하고, 그 결과를 강조한다.
③ 프로그램의 목표 달성에 대한 확인과 생활 속에서 적용할 것을 격려한다.
④ 사후평가를 실시하고 필요할 경우 추후 평가 일정을 확인한다.
⑤ 수료증을 수여한다.
⑥ 프로그램의 효과를 유지하기 위해 자조모임을 구성하는 경우도 있다.

## (2) 프로그램 실시방법

프로그램의 목표를 달성하기 위해서는 다양한 방법이 활용될 수 있는데, 학습 지도방법은 학자에 따라 다양하게 분류되고 있다. 크랜튼과 웨스턴(Cranton & Weston), 차

갑부(1995)는 교수자 중심, 상호작용, 개별화, 경험학습의 네 가지로 분류하였고, 이연숙(1998)은 학자들의 분류를 종합하여 교수자 주도형 학습, 토론형 학습, 체험형 학습, 보조형 학습으로 분류하였다. 각 유형에 속한 학습방법은 다음과 같다.

① 교수자 주도형 학습방법

교육자로부터 학습자에게 일방통행적인 의사소통이 이루어지며, 교육자가 학습자에게 정보를 전달하는 일차적인 책임을 지고 있다. 비교적 단기간 내에 능률적인 학습이 가능하나 지식전달에 편중되기 쉬우며 수동적인 학습이 되기 쉽다. 학습방법으로는 강의법, 강연, 질문법, 시범법 등이 있다.

- **강의법**(lecture): 교육자가 학습자에게 학습내용을 직접 언어로 전달하는 형태로, 일방적인 전달방식이다. 정보가 복잡하거나 높은 수준의 사고가 요구되는 경우, 또는 학습자의 참여가 필수적이거나 학습자들의 수준이 평균 이하일 때는 부적절한 방법이다. 시청각 자료를 함께 활용하거나 학습자들의 참여(질문, 의견 발표)를 유도하고, 강의 요약본을 제시하면 교육 효과를 높일 수 있다.
- **강연**(speech): 특정한 사람이 어떤 주제에 관해 구두로 발표하는 것으로, 많은 사람들이 참여할 수 있다는 장점이 있지만 한 사람의 사상과 견해만 제시되고 청중이 발표할 기회가 없다는 단점이 있다.
- **질문법**(questioning method): 교육자의 질문에 대한 학습자 답변, 학습자의 질문에 대한 교육자 답변의 과정을 거친다. 일반적으로 강의법이나 다른 방법과 병행하며 학습을 점검하기 위한 기법으로 사용한다. 그러나 집단의 규모가 클 때는 이용하기 어렵다.
- **시범법**(demonstration method): 교육자가 어떤 기능이나 작업과정을 학습시키기 위해 작업의 요령과 동작을 제시하는 방법이다. 특수한 기능을 훈련시키거나 기본적인 절차를 중시하는 경우에 효과적이다. 말이나 글보다 학습과정을 더 분명하게 제시할 수 있다.

### ② 토론형 학습방법

구두표현을 통하여 집단원 간의 의견을 발표함으로써 개인이 해결할 수 없는 문제를 공동의 사고로 해결하는 방법이다. 학습자들이 자신의 의견을 자유롭게 발표하고 다른 사람의 의견을 듣는 건설적이고 협동적인 문제해결 과정을 통해 자유와 협동의 정신을 기르는 데 목적이 있다. 참가자가 비교적 적고, 상호작용이 가능할 때 유용한 방법이다. 배심토론, 대화식토론, 강단식토의, 공개토론, 원탁토의법 등이 있다.

- **배심토론**(panel discussion): 집단의 구성이 많아서 모든 학습자가 발언할 수 없을 때 활용하는 방법으로, 다양한 견해를 가진 대표자(배심원) 4~6인을 선정하여 사회자의 안내에 따라 배심원들이 토의하는 방법이다. 토론과정에 청중을 참가시켜 질문의 기회를 제공하기도 한다.
- **대좌식 토론**(debate meeting): 논제에 대하여 서로 상반되는 의견을 가진 두 집단이 각 집단의 견해를 주장하면서 토론을 전개하는 방법으로, 토론의 성격상 서로 대립되기 쉬우므로 사회자는 공정을 기해야 한다.
- **강단식 토의/단상토의**(symposium): 논제에 대해 전문적인 학식을 가진 2인 또는 그 이상의 연사가 각기 다른 의견을 발표하고, 이 의견을 중심으로 연사와 청중 사이에 질의응답으로 토론을 전개하는 방법이다.
- **공개토론**(forum discussion): 1~2명의 연설자가 10~20분의 공개연설을 하고 연설 내용을 중심으로 연설자와 청중 간에 질의응답으로 토론을 전개하는 방법으로 연설자의 연설 내용이 청중과 관련이 있을수록 활발한 토론이 전개된다.
- **원탁토의법**(round table discussion): 좌담 형식으로 운영되며, 참가자는 보통 10명 내외가 적당하지만, 5~6명으로도 가능하다. 참가자들이 공통적으로 해결의 필요성이 있다고 공감하는 의제를 선정하면 활발한 토론이 된다. 참가자들이 자유롭게 발언할 수 있는 분위기를 조성하고 사회자는 모든 이들이 토론에 참석하도록 유도해야 한다.

최근 가족생활교육에서는 교육자의 일방적인 강의보다는 참가자들의 참여가 중시되는 토론형 학습방법을 주로 사용한다. 특히 가족관련 영상자료, 책 등을 활용한 토론을 통해 참가자들 간의 경험의 공유, 공감, 나아가 생각이나 가치의 나눔 등을 이끌어내 교육의 효과를 높이기도 한다.

③ 체험학습법

학습자들이 직접 경험하면서 깨닫는 학습형태이다. 집단과제, 현장학습, 실험실습, 역할극, 연습, 시뮬레이션 및 게임, 침묵학습 등의 방법이 있다.

- **집단과제법**(group project): 학습자들이 어떤 특정한 주제를 집단으로 연구하거나 공동작품을 만들어내는 방법이다. 학습자가 동질적이거나 상호작용을 통해 과제를 완성하는 것이 유익할 때 사용된다.
- **현장학습법**(field or clinical method): 학습자가 자연적 상황에서 실제로 과업을 수행하면서 학습이 이루어진다. 학습자들에게 직접 경험할 수 있도록 해주며, 이론적 지식을 실제생활에서 적용시킬 수 있는 기회를 제공한다.
- **실험실습법**: 실제적인 작업을 통하여 생활기술을 습득시키는 방법으로 학습자들의 창의성과 표현능력을 자극할 수 있고, 의미 있는 그룹활동 경험을 통해 학습자들의 태도 변화를 가져올 수 있다. 그러나 사고학습에는 부적절하며, 학습자의 수에 제한이 따르고 시간조절이 힘들어 잘못 운영되면 시간적·경제적으로 비효율적이 되기 쉬운 단점이 있다.
- **역할극**(role playing): 인간관계의 문제를 해결하기 위하여, 선발된 학습자들이 어떤 사건이나 상황을 자발적으로 연출하는 것이다. 대부분 대본이 사용되지 않지만, 주된 이야기 줄거리와 진행계획을 미리 준비할 수 있다. 보통 10분 이상 소요되지 않도록 하고 역할극 후에는 집단토론을 실시한다.
- **연습법**(drill): 학습한 내용이나 기능을 반복해서 학습시키는 것이다. 운동기능 영역에서 많이 사용되며, 지적 영역의 경우 하급수준에서 효과적으로 사용될 수

있다.

- **시뮬레이션**(simulation) **및 게임**(game): 시뮬레이션은 실제 상황을 정확하게 제시하여, 실제 상황의 규칙이나 원리를 안전한 상태에서 적용해 보기 위해 사용된다. 시뮬레이션과 게임은 인지, 정의, 운동 기능 학습영역의 상급수준에서 사용될 수 있다.
- **침묵학습법**(quiet meeting): 5명 또는 그 이상의 사람들이 10~60분 동안 명상과 제한된 언어 표현만으로 수업을 하는 방법이다. 침묵을 창의적으로 이용하여 사고를 촉진시킬 수 있고, 학습자가 신중한 방법으로 자신의 의견을 표현할 수 있다. 참가자들이 서로 친숙한 사람일 경우 활용할 수 있는 방법이다.

최근 가족생활교육에서는 가족을 위한 음식 만들기, 가면을 이용한 역할극, 나-메시지 익히기 등의 다양한 체험학습법을 활용하고 있다.

#### ④ 보조학습형

학습자들이 원활히 학습할 수 있도록 도와주는 방법으로 동료에 의한 교수법과 컴퓨터 학습법이 있다.

- **동료에 의한 교수법**(peer teaching): 집단성원들 간에 능력 수준이나 과거 경험에 차이가 많을 때 유용하다. 수업내용을 빨리 숙달한 사람이 숙달하지 못한 사람에게 가르치는 방법이다. 특히 노인대상 프로그램을 실시할 때 활용하면 교육효과를 높일 수 있다.
- **컴퓨터 수업**: 컴퓨터가 학습과정에 사용되는 방식은 세 가지가 있다. 교육자가 제작했거나 구입한 프로그램과 학습자가 상호작용하는 방식, 학습자가 컴퓨터에 활용하기 위한 프로그램을 직접 제작하는 방식, 컴퓨터를 이용하여 다양한 정보를 입수하여 학습에 활용하는 방식 등이 있다.

**표 5-2 프로그램 실시방법의 분류**

| 분류기준 | 실시방법 |
|---|---|
| 듣는 것을 주로 하는 방법 | • 강의법(강의, 강연, 설명 등) • 문답법(심포지움 등)<br>• 청각법(라디오 청취, 음악 감상 등) |
| 말하는 것을 주로 하는 방법 | • 발표법(발표, 보고 등) • 토의법(포럼 등) |
| 보는 것을 주로 하는 방법 | • 관찰법(관찰, 조사 등) • 시청법(TV 시청 등)<br>• 견학법(견학, 관람 등) |
| 읽기를 주로 하는 방법 | • 독서법(독서, 신문이나 잡지의 열람 등) |
| 쓰기를 주로 하는 방법 | • 기록법(기록, 작문, 묘사 등) |
| 실천을 주로 하는 방법 | • 극화법(역할극, 연극 등)<br>• 실습법(실험, 실습, 사육, 재배, 레크리에이션 등)<br>• 구성법(그림, 작곡, 작품 제작 등) • 연주법(노래, 악기 연주 등) |
| 혼합에 의한 방법 | 위의 여섯 가지 방법을 상황에 따라 적절하게 혼합하여 전개하는 방법 |

출처: 한국청소년개발원(2005). 청소년 프로그램 개발 및 평가론, p.142.

**표 5-3 지도방법의 유형**

| 유형화 | 하위 유형 기법 |
|---|---|
| 지도대상의 조직에 따른 유형화 | • 개인 지도방법: 도제식 학습기법, 원격교육기법, 현장경험 프로젝트기법, 카운슬링 기법, 인턴십기법 등<br>• 소집단 지도방법: 강의기법, 토론기법, 브레인스토밍, 인간관계훈련기법, 역할연기법, 현장견학기법, 참여훈련기법 등<br>• 대집단 지도방법: 워크숍, 심포지엄, 세미나, 포럼 등의 대집단 토론기법, 대규모 강연·연설기법 등 |
| 지도매체*와 보조물의 성격에 따른 유형화 | • 예시적 교수매체와 보조물을 통한 지도방법: 시청각 매체의 자료 활용<br>• 조작적 교수매체와 보조물을 통한 지도방법: 실물과 실형 실습교재 활용<br>• 확산적 교수매체와 보조물을 통한 지도방법: TV, 라디오 등의 대중매체 활용<br>• 환경적 교수매체와 보조물을 통한 지도방법: 좌석배치와 자연환경물 활용 |
| 지도목적과 내용에 따른 유형화 | • 정보제공과 지식전달을 위한 지도방법: 강의, 교재 학습 등<br>• 태도와 의식 변화를 위한 지도방법: 워크숍, 소집단 토론, 감수성 훈련기법 등<br>• 직업기술과 기능훈련·습득을 위한 지도방법: 실험·실습과 현장견학, 실기훈련, 모의상황 학습법 등 |

* 지도매체(교수매체, educational medium)는 교수 실행과정에서 활용될 수 있는 모든 기기와 출처를 의미한다. 교육출처, 교재, 교육기재, 시청각기재, 교육매체 등으로 불리는 모든 것을 총칭한다. 칠판, 모형과 표본, 그래픽출처, 사진, 동사진, 시청각기재, 컴퓨터 지원학습, 직접 경험하는 것 등이 포함된다(이기숙, 2010).
다일(Dale)은 경험의 추상성과 구체성 정도에 따라 '경험의 원추'를 작성하고, 가장 구체적이고 직접적인 경험(직접·목적적 경험)을 밑면으로 점차 간접 경험으로 배열하여 최상위에 추상성이 가장 높은 매체(언어기호)를 배치하였다. 그는 추상적인 경험과 직접적인 경험이 모두 필요함을 주장하였다(문영은, 2011).

출처: 한국청소년개발원(1997). 프로그램 개발과 운영. p.106.

그 외에 프로그램의 지도 방법은 학습자들이 주로 사용하는 감각기관을 중심으로 분류(표 5-2)하기도 하고, 지도 대상의 조직에 따른 유형, 지도매체와 보조물의 성격에 따른 유형, 지도목적과 내용에 따른 유형으로 구분하기도 한다(표 5-3). 각각의 지도방법에는 장·단점이 있으므로 교육목적, 참가 대상과 교육내용 등에 따라 지도방법을 다양하게 활용하면 교육의 효과를 향상시킬 수 있다.

### (3) 프로그램 실시 시 고려사항

가족생활교육 프로그램은 대규모 일회성 프로그램을 제외하고는 일반적으로 20명 내외의 집단으로 교육을 실시한다. 프로그램을 실시할 때 유의할 사항은 다음과 같다.

#### ① 다양성의 원리

참가자들의 연령, 성별, 계층, 지역, 가족생활주기, 가족유형 등의 다양성을 고려하여 교육방법을 선정하여야 한다. 또한 학습 분위기, 참가자들의 흥미나 관심 정도 등을 고려하여 교육방법의 적절한 변형 등의 융통성이 요구된다. 읽기가 익숙한 집단이 있을 수도 있고 보기가 익숙한 집단이 있을 수 있으며, 강의보다는 실험실습이나 현장학습을 선호하는 집단이 있을 수도 있다. 노인들은 시력 등의 이유로 쓰기를 힘들어하므로 쓰기보다는 발표가 효과적일 수 있다. 따라서 집단의 특성을 고려하여 지도방법을 선택하고, 궁극적으로는 교육목적을 달성하는데 가장 효과적인 지도방법을 선정해야 한다.

#### ② 상호학습의 원리

가족생활교육의 참가자들은 대부분 성인으로 각자 다양한 삶의 경험이 있으므로 서로의 경험을 나누는 자율적인 방식으로 프로그램을 실시하는 것이 좋다. 교육자와 참가자, 그리고 참가자들 사이에 동료 관계를 형성하여 경험을 공유하고 행동의 변화를 촉진하도록 한다.

③ 참여교육의 원리

참가자의 자율적인 참여를 장려하고 지식 전달보다 감정의 소통을 중시해야 한다. 참가자의 자발적인 참여를 통한 상호 간의 경험 공유와 감정 소통은 대규모 집단에서는 이루어지기 어려우므로 공감과 소통이 필요한 교육내용인 경우에는 소집단 수업을 권장한다.

가족생활교육은 주 대상이 주로 성인들이므로 교육자의 일방적인 지식전달보다는 참가자들이 능동적으로 참여할 수 있는 다양한 방법을 적극 활용하여 교육의 효과를 높여야 한다.

BOX 5-6 소집단 수업 운영

- **소집단의 인원**: 합의된 기준은 없지만 학자에 따라 4~6명, 3~7명 또는 6~10명을 적정 인원으로 보고 있으며, 많은 학자들이 10명 내외가 적정 인원임을 주장하고 있다.
- 소집단은 다양한 인간적 경험을 가능하게 하는 사회화 과정의 실험장이며, 집단 속에서 경험하는 상호관계는 각 성원에게 보상을 준다. 즉, 참가자들 간의 상호이해와 수용을 가능하게 하여 참가자들의 만족도 및 안녕에 긍정적인 영향을 준다.
- 지속적인 상호교류와 토론을 통해 창조적인 사고를 기를 수 있으며, 개인의 잠재적 능력과 특성을 개발해 내고 이를 인정하는 과정을 통해 참가자들에게 개별적 성취감과 긍정적 자아개념을 심어 준다. 이를 위해서는 긍정적인 피드백의 제공과 비경쟁적이고 비압력적인 학습분위기가 조성되어야 한다.

## 3. 프로그램 평가

### 1) 프로그램 평가의 개념

프로그램 평가는 프로그램의 질·효율성·가치를 결정하는 것으로, 프로그램의 영향, 결과 추정, 현재와 미래의 프로그램 설계에 관한 의사결정의 활성화, 기존 프로그램의 개선 그리고 정책 형성의 촉진을 위해 실시된다(한국가족관계학회편, 1998).

즉, 프로그램 평가는 프로그램의 효과성이나 목적 달성 여부에 대해 판단하고, 참가자가 프로그램을 어떻게 평가하는지 내용을 이해했는지 등에 대해 살펴보며, 목적 달성에 대한 참가자의 반응을 토대로 프로그램의 질과 적합성을 판단하는 것이다. 한편 교육자는 프로그램을 실시하고 평가한 후, 그 결과를 반영하여 프로그램을 개선하기 위해 노력해야 한다.

### 2) 프로그램 평가의 목적과 필요성

프로그램 평가의 목적과 필요성은 실시기관이나 평가자의 의도 등에 따라 달라질 수 있다.

- 프로그램을 평가하는 주 목적은 프로그램의 목적/목표달성 정도의 파악, 프로그램의 효과와 영향력의 사정, 프로그램의 장점과 가치의 파악 등에 있다. 그 밖에 다양한 파생적인 목적으로 프로그램의 기획과 개발, 프로그램의 개선과 변화, 프로그램의 존속과 폐지 결정, 프로그램의 지지와 인정, 프로그램의 정당화·타당화 등이 있다.
- 프로그램 평가를 통하여 프로그램이 계획대로 잘 진행되고 있는지(혹은 진행되었는지)를 확인할 수 있고, 프로그램의 문제점을 발견하여 개선 방향과 효과적인 교육방법을 모색할 수 있다. 또한 프로그램의 지속적인 실시 여부에 대한 기준을 제시하며, 프로그램과 관련된 기관운영과 관련 정책을 위한 기초자료로 활용된다. 뿐만 아니라 외부의 비판에 대한 변호, 프로그램 보급의 정당화, 프로그램을 위한 지원 등을 위해서도 프로그램 평가가 필요하다.

### 3) 프로그램 평가의 내용

프로그램은 일반적으로 프로그램 자체에 대한 평가, 프로그램 효과성에 대한 평가, 교육자에 대한 평가 등 세 가지 측면에서 이루어진다.

### (1) 프로그램에 대한 평가

프로그램 전체 목적과 각 회기별 목표의 연계성, 각 회기의 목표와 각 회기별 내용의 연관성, 각 회기의 내용과 활동의 연계성, 학습자 수준에 맞는 교육방법과 교육내용 선정 여부, 강의시간과 활동시간 분배의 적절성, 지도방법의 다양성 등에 대해 평가한다.

개발된 프로그램을 대상자들에게 직접 실시하기 전에 전문가에게 자문을 받거나 시범실시를 통해 이상의 내용을 평가한 후 프로그램을 수정·보완하여 프로그램을 보급·실시할 필요가 있다. 또한 프로그램 실시 시, 각 회기나 전체 프로그램의 종료 후에 교육자의 평가나 참가자의 반응을 반영하여 추후 프로그램 실시 시 보완한다.

### (2) 프로그램의 효과성에 대한 평가

프로그램의 목적에 맞게 참가자가 변화된 정도를 측정하는 것으로, 이 변화가 바로 프로그램이 의도한 효과성이다.

각 회기 종료 시 또는 프로그램 실시 전과 종료 후에 실시하여 비교·평가한다. 각 회기 종료 시 참가자가 자기보고 자료를 제출하도록 하여 평가하기도 하고, 교육자가 목적/목표에 대한 참가자의 변화 정도를 관찰하여 평가하기도 한다. 일반적으로 프로그램 실시 전과 실시 후에 참가자들을 대상으로 동일한 설문지를 사용하여 사전·사후 평가를 하고 프로그램 종료 후 추후면접을 통하여 질적 평가를 하기도 한다.

### (3) 교육자에 대한 평가

교육자가 프로그램의 목적 달성을 위해 적절한 역할을 하였는가에 대하여 총체적 차원에서 평가를 실시한다. 참가자들에 의한 교육자에 대한 평가는 교육자에게 피드백되어 추후 프로그램 실시 시 보완과 개선의 자료가 될 수 있다. 참가자들의 평가뿐만 아니라 교육자 스스로 다음과 같은 질문을 하여 자기평가를 한 후, 그 결과를 추후 프로그램 실시와 새로운 프로그램 개발에 반영함으로써 프로그램의 변화와 개선을 도모하고 자신의 단점을 보완해야 한다.

교육자의 자기평가 질문

BOX 5-7

- 학습자들과 함께 성취하고자 했던 구체적인 목표(결과)를 성취했는가?
- 수업내용은 학습자의 요구와 흥미에 적합하였는가?
- 수업내용, 예시, 질문은 학습자가 이해할 수 있도록 하였는가?
- 학습자에게 참여 기회를 많이 제공하였으며, 학습자들이 서로 생각을 나누도록 시간을 할애하였는가?
- 한 가지 이상의 지도방법을 시도하였는가?
- 학습자들이 가장 좋은(나쁜) 반응을 보인 내용과 방법은? 그리고 그 이유는?
- 프로그램 전체의 개선을 위한 건의사항은?

이상의 다양한 평가를 통하여 수집된 자료는 기존 프로그램의 수정과 보완, 그리고 후속 프로그램 개발의 자료로 활용될 수 있다.

## 4) 프로그램 평가의 방법

프로그램 평가는 다양한 방법으로 실시되는데 질적인 평가와 양적인 평가를 사용하기도 하고, 휴스(Hughes)의 4단계 평가과정이 활용되기도 한다. 그리고 평가 목적과 실시 시기에 따라 진단 평가, 형성 평가, 총괄 평가를 하기도 한다.

### (1) 질적 평가와 양적 평가

- **질적 평가**: 비형식적인 대화 또는 구조적이고 형식적인 면접을 통해서 평가를 실시한다. 교육자가 생각하지 못했던 다양한 교육효과를 측정할 수 있고, 프로그램의 장·단점을 구체적으로 밝혀낼 수도 있다. 또한 프로그램에 대한 세부적이고 심층적인 정보를 얻을 수 있는 장점이 있다.
  면접을 할 때는 편안하고 자유로운 분위기를 조성해야 정확한 정보를 얻을 수 있다. 질적 평가는 양적 평가에 비해 시간과 비용이 많이 소모되므로, 프로그램 참가자가 소수일 때 효율적이다.
- **양적 평가**: 설문지를 이용한 방법을 주로 사용한다. 방대한 자료를 쉽게 확보할 수 있고, 질적인 방법에 비해 시간과 비용이 적게 드는 장점이 있지만, 평가결과

를 신뢰하는 데 문제가 있을 수 있다. 설문지는 익명으로 조사하며, 충분한 시간을 제공하고, 질문은 될 수 있으면 구체적으로 명확하게, 한 문항에 한 가지씩 하는 것이 좋다.

프로그램의 목적/목표 달성 여부와 그 효과에 대한 평가는 양적 평가와 질적 평가를 함께 실시하여 객관적인 측면과 주관적인 측면에서 종합적으로 분석하는 것이 좋다.

### (2) 휴스(Hughes, 1994)의 4단계 평가과정

휴스는 프로그램 평가를 프로그램 설정 단계에서의 평가, 일일 평가, 사전·사후 평가, 추후 평가의 연속적인 4단계 과정으로 보았다.

- **프로그램 설정 단계에서의 평가**: 프로그램을 개발할 때 학습자들의 요구가 반영되었는지 평가하는 것으로 이는 잠재적 학습자들의 요구가 프로그램 개발의 기초임을 강조하는 것이다.
- **일일 평가**: 프로그램을 실시할 때 각 회기마다 종결 단계에서 실시한다.
- **사전·사후 평가**: 단기간의 목표달성 여부에 대한 평가로, 프로그램 실시 전에 사전 평가를 하고 프로그램 종료 후에 사후 평가를 한다. 일반적으로 동일 설문지를 이용하여 평가를 실시하는데 설문지가 아니라 단어나 문장(예: 가족, 엄마, 자녀)으로 평가할 수도 있으며 그림으로 평가할 수도 있다.
- **추후 평가**: 프로그램 종료 후에 프로그램의 장기적인 영향력을 평가하기 위해 실시한다. 가족생활교육을 통한 참가자의 행동이나 태도 변화가 교육종료 후에도 생활 속에서 계속 유지되는지를 파악하는 추후평가가 교육종료 시 이루어지는 사후평가보다 더 의미있을 수도 있다.

### (3) 진단 평가·형성 평가·총괄 평가

평가 목적이 행동의 변화인가, 지도전략의 수립인가, 참가자의 목표 달성인가에 따라 진단 평가, 형성 평가, 총괄 평가가 실시된다.

- **진단 평가**: 프로그램 계획 및 실시 이전 또는 실시 중에 이루어지는 진단과 교정 목적의 평가이다. (예: 참가자 대상의 사전평가, 교육내용 관련 사전지식 정도, 가족 간 대화시간이나 대화유형, 결혼만족도 정도 등)

효율적인 평가를 실시하기 위한 3단계 평가 전략

BOX 5-8

**전략 1: 평가 계획을 세운다.**

- 평가 목적을 명확히 하고 평가 결과의 활용방법을 미리 정한다.
- 평가할 내용을 구체화하고(참여 결과나 프로그램 자체), 평가문항을 작성한다.
- 활용할 평가방법을 구체화한다.
- 평가 시기를 결정한다.
- 활용할 분석절차를 구체화한다.
- 평가 실시에 필요한 구체적인 일정 및 예산 등을 결정한다.
- 평가를 실시하고 권고사항을 조직화한다.
- 권고사항에 기꺼이 대응한다.

**전략 2: 평가 목적에 맞는 평가지를 제작한다.**

- 평가도구는 주요 요소(타당성, 신뢰성, 실용성, 객관성)를 반영하여 제작한다. 좋은 평가도구의 요소는 다음과 같다.
  - 평가하고자 하는 내용과 일치되는 타당성
  - 정확한 응답을 얻어낼 수 있는 신뢰성
  - 누구나 쉽게 적용할 수 있는 실용성
  - 누가 평가해도 차이가 없는 객관성
- 평가도구를 제작할 때는 교육목표, 내용, 방법, 시간, 장소, 교육자, 학습자 등의 범주를 고려해야 한다.
- 성별, 연령, 직업, 교육수준, 거주지역, 평생교육 참여 유무 등과 같은 변인에 따라 평가결과를 분석하여 이후 프로그램 차별화를 위한 자료로 활용한다.
- 평가의 내용은 프로그램에 대한 기대감, 만족도, 이해도, 현실성, 목표 달성도, 효과 정도, 교육자에 대한 반응, 프로그램에 대한 반응, 기타 제안이나 건의사항 등으로 구성한다.

**전략 3: 관계자들에게 프로그램의 결과를 보고한다.**

- 결과보고서는 프로그램의 효과를 보고함으로써 더 나은 프로그램 개발과 개선을 위한 기초 자료를 제공해준다.
- 결과보고서는 프로그램 개발자, 교육자, 프로그램 자문위원, 전문가 집단, 후원집단(단체), 기관 관계자 등을 대상으로 한다.

- **형성 평가**: 프로그램 실시 중에 이루어지는 평가로, 프로그램을 개선하거나 변화시키기 위한 환류 목적의 평가이다. 학습의 성취나 수업과정에서의 개선 사항이나 결함을 찾아내어 그것을 보완하기 위해 실시한다. (예: 참가자와 교육자의 회기별 평가)
- **총괄 평가**: 프로그램의 종결과 더불어 최종적으로 이루어지는 판정 목적의 평가로, 프로그램의 목적 달성 여부뿐 아니라 프로그램을 계속 수행할 것인가, 종료할 것인가에 대한 의사결정을 위해 사용된다. (예: 참가자들의 사후 평가, 교육자와 운영자의 최종 평가)

이 세 가지 평가는 평가 목적과 실시 시기가 다르지만 상호 배타적인 관계가 아니며, 세 가지 평가 방법 중 한 가지만 선택하여 사용하기보다는 목적에 따라 병행하여 활용하는 것이 더 효과적이다.

## 만족도 조사

프로그램에 참여해주신 여러분께 진심으로 감사드립니다. 여러분의 소중한 의견을 반영하여 더 나은 프로그램으로 발전시키고자 하오니 바쁘시더라도 정성껏 답해주시기 바랍니다.

다음 문항을 읽고 귀하의 생각과 가장 가까운 곳에 V 표해 주시기 바랍니다.

| 문항 | 전혀 그렇지 않다 | 그렇지 않다 | 보통이다 | 그렇다 | 매우 그렇다 |
|---|---|---|---|---|---|
| 1. 교육내용은 내 수준에 적합하였다. | | | | | |
| 2. 강사는 교육을 잘 진행하였다. | | | | | |
| 3. 교육환경은 만족스러웠다. | | | | | |
| 4. 교육 진행시간은 적절하였다. | | | | | |
| 5. 교육 진행방법은 만족스러웠다. | | | | | |
| 6. 기회가 된다면 또 참여하고 싶다. | | | | | |
| 7. 다른 사람들에게 본 교육 참여를 권하고 싶다. | | | | | |
| 8. 교육내용이 현재 나의 부부관계를 진단하는 데 도움이 되었다. | | | | | |
| 9. 부부관계 향상을 위해 필요한 요소들을 배울 수 있었다. | | | | | |
| 10. 교육내용이 나의 부부관계 향상에 도움이 되었다. | | | | | |

다음 난에 V표하거나 귀하의 생각을 적어 주시기 바랍니다.

| 성별 | 남(　　) | 여(　　) | 연령 | 만 (　　)세 |
|---|---|---|---|---|
| 맞벌이 여부 | 맞벌이(　　) | 외벌이(　　) | 결혼지속연수 | 만 (　　)년 |

교육과 관련하여 개선점이나 바라는 점

향후 참여하고 싶은 교육주제 또는 내용

*끝까지 응답해 주셔서 진심으로 감사드립니다.*

– 한국가족상담교육연구소 –

그림 5–1　**프로그램 평가의 예: 부부교육 프로그램 만족도 검사**

출처: 한국가족상담연구소(2011). 부부관계 향상 프로그램 참가자 만족도 검사 양식.

# 가족생활교육 프로그램의 실제

PART 03

가족생활교육 프로그램의 실제에서는 건강가정·다문화가족지원센터 등 가족 관련 기관에서 많이 활용되고 있는 프로그램을 선정하여, 각 프로그램의 필요성과 이론적 기초를 설명하고, 선행 프로그램들을 조사·분석하였다. 그리고 주제별 프로그램의 예시를 통하여 프로그램에 대한 이해를 돕고 이를 실제 활용할 수 있도록 안내하고자 한다.

CHAPTER 6

# 결혼준비교육 프로그램

## 1. 결혼준비교육 프로그램의 필요성 및 목적

최근 한국사회는 사회경제적인 변화, 가치관의 변화로 결혼기피, 만혼, 저출산, 1인가구 증가 등 결혼과 관련하여 다양한 변화가 눈에 띄게 나타나고 있다.

결혼은 두 사람이 만나 서로에 대한 책임과 의무를 수행하는 것으로 개인의 인생에서 매우 중요한 사건이자 가장 오래된 사회제도 중 하나이다. 하지만 많은 사람들은 낭만적인 사랑에 사로잡혀 결혼생활에 대한 별다른 준비 없이 결혼을 하는 경향이 있고 그로 인해 결혼생활에서 예상하지 못한 많은 어려움을 경험하기도 한다. 따라서 결혼준비교육을 통해 두 사람의 역할과 책임, 조화와 균형 그리고 결혼생활을 위한 기본적인 준비 등 다양한 측면의 이해와 수용이 가능하다면 결혼생활에서 나타날 수 있는 여러 가지 어려움을 미리 예방하는 데 도움이 될 수 있을 것이다. 결혼준비교육은 실제 결혼생활에서 일어날 수 있는 많은 주요 상황들을 미리 예측하여 대처할 수 있게 도와주고 자신뿐 아니라 파트너에 대한 이해를 높임으로써 부부가 가족의 뿌리를 든든하게 내리는데 도움을 준다.

결혼준비교육의 필요성을 좀 더 자세히 살펴보면 다음과 같다. 첫째, 친밀한 관계 형성을 지원하는 것에 초점을 두어야 한다. 국제 경기 침체는 우리나라 경제에도 부정적인 영향을 미치게 되었고 만성적인 청년실업은 N포 세대라는 신조어를 낳았다. 취업준비와 스펙 쌓기에 집중하느라 이성교제의 기회조차 갖지 못한 젊은이들은 이성과의 친밀한 관계 형성을 위한 교육의 필요성을 절감하고 있다(어성연 외, 2010; 조희금 외, 2008). 또한 우리 결혼했어요(2012~2017년, MBC), 하트 시그널(2017년~, 채널 A), 연애의 맛(2019년~, TV조선) 등 다양한 연애리얼리티 프로그램에 많은 사람들이 관심을 보이는 것은 그만큼 연애와 결혼에 대한 호기심과 궁금증이 많다는 것을 의미한다. 그러나 방송에서의 모습은 현실과 동떨어져서 이성교제나 결혼을 고민하는 이들에게 실제적인 정보를 제공하는데 한계가 있다. 따라서 결혼준비 외에도 보다 전문적이고 체계적인 이성교제에 대한 교육도 필요하다. 결혼준비교육은 결혼을 염두에 둔 사람뿐만 아니라 친밀한 관계 형성에 어려움을 겪는 젊은 세대에게도 필요하게 되면서 최근 그 중요성이 더욱 부각되고 있다.

둘째, 사회적 차원에서 결혼준비교육은 이혼 등 가족문제의 예방과 감소를 위한 사회투자 정책의 일환으로 그 필요성이 강조되고 있다. 전체 이혼 중 혼인지속기간 0~4년 이하 신혼기 이혼 비율이 21.0%(통계청, 2020)를 차지하는데 이는 올바른 결혼관과 부부관의 확립이 이루어지지 못한 결과로 볼 수 있다. 그러므로 결혼을 앞둔 커플들의 결혼에 대한 의식, 태도, 행동 측면의 발달과 성장을 돕는 실질적이고 효과적인 예비부부교육이 필요하다. 결혼준비교육은 개인의 건강하고 행복한 결혼생활을 이루는데 도움을 줄 뿐만 아니라 가족문제를 예방하여 문제 발생 후 사후처리를 위한 국가비용의 절감을 가져오고, 가족의 기능을 더욱 강화시켜 사회 통합에도 기여한다.

셋째, 부부교육의 효과를 분석한 많은 연구에서는 결혼 전에 이루어지는 교육이 효과적이며, 교육 효과도 지속적이라고 보고하고 있다(박말순, 1998). 또한 결혼준비교육이 결혼 후 부부의 의사소통과 갈등해결에 효과적임을 보고하였으며, 결혼준비교육을 받은 사람들이 교육을 받지 않은 사람들보다 결혼만족도가 높은 것으로 나타났다(김혜정, 1997; 박미경·김득성, 1997; 오윤자, 2001; 정현숙, 2004).

따라서 가족의 핵심 축인 부부관계가 건강하게 형성·유지될 수 있도록 돕는 결혼준비교육은 가족문제의 예방, 건강한 가족의 형성, 나아가 사회 안정에 크게 기여할 것이다. 결혼준비교육은 결혼을 준비하는 커플뿐만 아니라 친밀한 관계를 맺길 원하는 사람들에게도 필요하며, 행복하고 건강한 결혼생활을 원하는 개인과 사회문제 예방차원에서도 필요하다.

결혼준비교육은 다음과 같은 목적을 갖는다. 첫째, 결혼준비교육의 목적은 '준비'라는 명칭에서도 알 수 있듯이 현재의 목적을 달성하는 것이 아닌 미래를 대비하는 예방적 접근에 기초한 교육이다. 즉, 미래의 결혼생활에서 발생할 수 있는 스트레스나 위험 요소에 대응하여 높은 수준의 가족기능을 유지할 수 있도록 돕는 것이다(Markman & Hahlweg, 1993). 따라서 예방적 차원에서의 결혼준비교육은 결혼 후에 발생할 수 있는 잠재적인 문제를 예방하거나 문제가 발생하더라도 완화시킬 수 있는 정보와 자원을 커플에게 제공하는 것이 주요 목적이다.

둘째, 결혼에 관심이 있는 사람들의 명확한 가치관 확립을 도와준다. 결혼과 가족에 관한 가치관이 정립되지 않은 상태에서의 결혼은 부정적인 결과를 가져올 수 있다. 결혼준비교육은 자신의 결혼관, 가족관, 성/이성에 대한 가치관, 자녀관, 경제관 등의 확립을 돕고 파트너의 가치관도 이해·수용하는 시간을 통해 인생의 동반자를 선택하도록 한다. 삶의 중요한 영역에서의 가치관 정립은 결혼여부를 떠나 매우 중요한 과제이며 이를 도와주는 것이 바로 결혼준비교육이다. 따라서 결혼준비교육 후에 삶의 주요영역에서 파트너의 가치관을 수용하기 어려울 경우 '결혼' 결정을 다시 고민하는 시간이 필요하다. "결혼준비교육은 파혼에 목적이 있다."라고 이야기 하는 이유가 여기에 있다. 즉, 결혼준비교육은 진정한 자신을 발견하고, 인생의 동반자를 찾는데 그 목적이 있다.

셋째, 결혼의 진정한 의미, 부부관계의 중요성, 가족 기능 등 가족생활 전반에 관한 이해를 통해 건강한 가족을 형성하는데 그 목적이 있다. 결혼은 개인적으로 매우 중요한 사건이며, 동시에 이성교제와는 다르다. 하지만 그 의미에 대해서 잘 모르거나 가볍게 여기는 경우가 많다. 교육을 통해 결혼의 진정한 의미, 결혼으로 인한 개인과 가족의 변화, 가족과 사회의 관계 등에 대해서도 이해할 필요가 있다. 또한 부부관계의 중요성에 대해서도 이해하고 부부관계의 건강성이 가족의 기능과 가족의 건강성에 미치는 영향에 대해서도 알아야 한다.

마지막으로 결혼준비교육의 또 다른 목적은 부부관계 기술의 습득에 있다. 부부의 결혼만족도는 부부 개인의 특징이나 사회적 지원보다는 성, 여가생활, 부부간의 헌신과 의사소통 같은 부부간의 관계적 특징에 크게 영향을 받는 것으로 나타났다(정현숙·유계숙, 2001; 김경미, 2009; 황성실, 2012; 손정연, 2014). 결혼을 앞둔 예비부부들은 이러한 기술을 습득할 기회가 한정적이며, 취업준비 등으로 이성교제도 기피하는 젊은이들이 이런 기술을 배울 기회는 거의 없다. 따라서 결혼준비교육은 커플관계 및 부부관계를 형성하고 유지하는데 필요한 기술을 이해하고 실천할 수 있도록 돕는데 그 목적이 있다.

결론적으로 결혼준비교육의 목적은 개개인의 결혼관, 가족관, 이성관, 경제관 등을 확고히 하고, 결혼의 의미와 부부관계의 중요성을 이해하도록 하는 것이다. 결혼과 가족생활에 대한 전반적인 이해를 통해 개개인의 잠재력을 개발하여 건강한 자아, 성숙한 만남, 건강한 부부로 성장할 수 있도록 돕고 미래의 결혼생활에서 발생할 수 있는 문제들에 대한 대처능력을 길러 사회문제를 예방하는데 있다.

## 2. 결혼준비교육 프로그램의 이론적 기초

### 1) 결혼준비교육 프로그램의 개념

결혼준비교육이란 결혼상대가 정해진 사람들이나 미혼자들을 대상으로 성공적인 결혼생활을 할 수 있도록 돕기 위해 행해지는 교육(홍달아기·신현실, 2001)을 말한다. 결혼준비교육의 개념은 광의와 협의로 나누어 볼 수 있는데, 먼저 광의의 결혼준비교육은 구체적인 결혼상대가 정해지기 전에 행해지는 결혼에 대한 포괄적이고 일반적인 교육으로(박미경·김득성, 1997) 과거부터 현재까지 이미 가정이나 학교에서 공식적, 비공식적으로 이루어지고 있는 교육이다.

협의의 결혼준비교육은 광의의 결혼준비교육의 기초 위에 결혼상대가 정해진 커플들을 대상으로 성공적인 결혼생활과 부부 적응 과정을 순조롭게 시작할 수 있도록 돕는 예비부부교육이다. 예비부부교육은 결혼 전에 커플의 대인관계능력을 강화시켜 그들의 미래 가족생활의 기능을 활성화시키도록 돕는 효과적인 교육 방법이며, 동시에 예비부부들의 적응능력을 돕는 부부관계 향상 프로그램이다. 정리하자면, 예비부부교육은 결혼생활에서의 문제를 최대한으로 예방할 수 있도록 잠재능력을 길러 주는 문제예방 차원의 교육이라고 할 수 있다.

### 2) 결혼준비교육의 이론적 접근

우리나라에서 체계적으로 결혼준비교육 프로그램이 개발되기 시작한 것은 1990년대부터이다. 특히 1997년 말에 국제금융위기를 겪으면서 나타난 경제문제와 그로 인한 가족문제가 가족해체로 이어지면서 이혼율이 급증하게 되자 결혼준비교육에 관심을 갖는 사회분위기가 되었다.

결혼준비교육 프로그램은 다음과 같은 이론적 토대를 기본으로 하고 있다.

첫째, 체계로서 가족을 이해해야 한다. 가족 안에는 부부체계, 부모자녀체계, 형제체계 등이 존재하고 각 체계 간·체계 내에서는 빈번한 상호작용이 있으며, 이 대표적 요소는 의사소통이다. 따라서 각 체계에 대한 이해와 체계 간의 상호작용 이해, 의사소통교육은 결혼준비교육의 필수내용이다.

둘째, 건강가족 관점을 이해해야 한다. 건강가족의 관점은 가족의 문제나 병리보다는 가족의 강점과 잠재력, 탄력성, 역량강화 등에 초점을 둔다. 따라서 결혼준비교육을 통해 건강한 가족에 대한 이해, 건강한 가족의 뿌리는 건강하고 행복한 부부관계임을 이해하고 나아가 다양한 가족에 대한 시야를 넓혀 사회 안정에 기여하도록 한다.

셋째, 여성주의 관점을 이해해야 한다. 여성주의 관점은 사회와 가족 안에서의 여성의 역할과 위치에 관심을 둔다. 사회적으로 구축된 성별에 대한 차별적인 시각을 바로잡고 남녀가 평등한 관계 형성을 통해 진정한 삶의 질 향상을 꾀해야 한다. 이러한 토대를 바탕으로 결혼준비교육 프로그램이 개발되어져야 한다.

### 3) 결혼준비교육 프로그램의 내용

페리스(Ferris, 1985)는 결혼준비교육의 시작된 초기부터 1980년대의 학술연구를 중심으로 결혼준비교육의 내용을 분석하였는데, 의사소통 기술, 문제해결 능력, 관계형성 기술 등이 주를 이루고 있다고 보고하였다(Powell & Classidy, 2007 재인용). 또한 스타만과 솔츠(Stahmann & Salts, 1993)가 20여 개의 결혼준비교육을 분석한 결과, 공통적으로 들어가는 내용은 의사소통, 갈등해결, 결혼에서의 역할, 헌신, 재정적 관리, 성생활, 부모교육, 배우자의 원가족과의 관계 형성 등이었다고 보고하였다.

미국 예비부부 프로그램의 대표적인 예인 PREPARE/ENRICH 프로그램 내용을 살펴보면 다음과 같다. 결혼을 약속한 예비부부를 위한 프로그램인 PREPARE(Premarital Personal and Relationship Evaluation)과 결혼생활 향상을 위해 상담을 원하는 부부와 2년 이상 동거한 커플을 위한 ENRICH(Enriching and Nurturing Relationship Issues, Communication and Happiness) 프로그램 내용은 결혼에 대한 기대, 성격, 의사소통, 갈등해결, 재정관리, 여가활동, 가치관, 성관계, 자녀와 부모 됨, 가족과 친구, 역할관계, 정신적 신념 등 12개 영역을 포함하고 있다(21세기 가족문화연구소, 2002).

우리나라에서는 1990년대 가족학자들이 결혼준비교육에 관심을 갖게 되면서 미국의 프로그램을 기반으로 프로그램을 개발, 실시하였다. 한국가족관계학회(1998)에 의하면, 결혼준비교육 프로그램의 주요 주제는 결혼의 올바른 준비(결혼에 대한 기대, 건강한 결혼 동기 습득, 역할 습득)와 관계 기술 향상(친밀감 증가, 성교육, 효율적 의사소통 기술)으로 이루어졌다고 하였다. 지금까지도 이 주제들이 결혼준비교육의 주요 내용이며 대상과 회기에 따라 가정경제적인 측면과 부모교육까지 확대되어 실시되기도 한다.

국내의 커플관계교육 프로그램은 크게 부부를 대상으로 하는 부부교육(또는 부부관계향상교육)과 결혼 이전의 개인이나 예비부부를 대상으로 하는 결혼준비교육(또는 예비부부교육)으로 구분하는 경향이 있다(박지수 외, 2018). 그러나 부부교육과 결혼준비교육의 구성내용을 비교해 보면, 결혼준비교육에서 '결혼식 준비', '결혼의 의미 생각해보기' 등의 내용을 추가적으로 다룬다는 점 외에는 부부교육과 결혼준비교육 간의 뚜렷한 차이가 보이지 않는 것으로 나타났다. 위 연구는 생활과학분야 6종 학술지에 창간호부터 2016년까지 게재된 커플관계교육관련 논문 총 52편(50편의 프로그램)의 내용을 분석한 것이다. 그 결과, 갈등해결과 의사소통(41회기)이 가장 많이 다루어졌으며, 관계 성장을 위한 개인적 자원(27회기), 관계의 시작(21회기), 커플관계의 중요성 인식(20회기), 평등한 역할(15회기), 커플의 성(15회기), 원가족과 친족, 친구(10회기), 재정관리(6회기) 순이었다. 비록 결혼준비교육에 국한된 결과는 아니지만 결혼준비교육의 내용으로 참고할 만하다. 이상의 연구결과들을 종합해보면 결혼준비교육 프로그램에는 의사소통관련 내용이 공통적으로 포함됨을 알 수 있다.

요약하자면, 결혼준비교육에서는 개인영역과 관계영역을 다루고, 결혼과 가족에 대한 가치나 태도, 문제해결이나 의사소통의 기술/태도 등을 다룸을 알 수 있다.

## 3. 결혼준비교육 프로그램의 실제: 선행연구 고찰

### 1) 실태

국내의 2005년 이후 개발된 예비부부 프로그램을 간략하게 정리한 결과는 〈표 6-1〉과 같다.

### 2) 분석

2005년 이후 개발된 결혼준비교육 프로그램 총 7편을 분석한 결과는 다음과 같다.

첫째, 프로그램 대상자는 대학생, 미혼성인남녀, 예비부부 등 다양하였다. 이는 결혼준비교육이 예비부부뿐 아니라 미혼성인에게도 필요하다는 점을 보여주고 있다. 앞으로는 연령대상을 보다 세분화하여 교육을 실시하여 그 효과를 높일 필요가 있다.

둘째, 모든 프로그램에 담긴 공통 주제는 '의사소통'이었다. 앞서 언급한 바 있지만, 의사소통교육은 결혼준비교육 프로그램의 핵심 내용이다. 즉, 의사소통이 결혼생활에서 매우 중요하다는 증거이기도 하다. 또한 교육 대상자가 '부부관계'를 시작하는 사람들이므로 결혼의 의미, 기대, 동기 등 결혼에 대한 내용과 함께 사랑과 성에 관한 내용도 많이 다루고 있다. 그 외 프로그램의 특성에 따라 생활설계, 자신과 상대방에

**표 6-1 결혼준비교육 프로그램**

| 개발자(연도) | 프로그램명(실시대상) | 회기 및 시간 | 목표 | 회기별 주요 주제 | 비고 |
|---|---|---|---|---|---|
| 손정영·김정옥(2005) | 결혼준비교육 프로그램의 개발 및 효과 검증: 결혼탐험 「혼자서 떠나는 여행」(대학생 20명) | 4회기(회기당 2시간) | 자기이해를 통해 미래 배우자에 대한 파트너로서의 긍정적 자질 갖추기, 미래 부부관계의 올바른 관계 설정 및 유지 | 자기이해, 결혼의 동기, 부부간 의사소통, 부부성생활, 결혼준비, 결혼에 관련된 법률 상식 | 개발 ○ 실시 ○ 평가 ○ |
| 정현숙(2005) | 결혼준비교육 프로그램의 개발 및 평가(성인 미혼남녀 18명) | 3회기(회기당 2시간) | 결혼준비 영역별 정보제공, 결혼과 가족의 의미 이해, 결혼과 가족의 사회적 의미에 대한 인식 | 서로 알아가기, 부부의 의미, 부부 성생활, 부부간 의사소통, 부모준비 및 역할 | 개발 ○ 실시 ○ 평가 ○ |
| 박부진·노남숙·남경인(2006) | 가족생활교육과 심리교육을 위한 결혼준비프로그램의 개발: 우리 결혼할까요? (예비부부 6쌍) | 6회기/ 1~4회기: (회기당 2시간) 5~6회: 1박2일 | 서로의 장점과 단점을 인지, 효율적인 의사소통, 갈등관리 기술 습득, 결혼의 의미 이해, 올바른 성지식과 태도 습득, 경제생활에 대한 생활설계 | 집단원들 간의 신뢰감 형성, 자신과 상대방에 대한 이해, 성교육, 가족설계, 갈등관리와 의사소통, 결혼 가상체험 | 개발 ○ 실시 × 평가 × |
| 이성희·김희숙(2007) | 결혼준비교육 프로그램의 적용효과(성인 미혼남녀 24명) | 4회기(회기당 2시간) | 결혼에 대한 기대감을 높이기, 평등한 가족만들기 | 결혼과 가족의 소중함, 결혼준비의 필요성, 생물학적 성차이와 성정체감, 양성평등가족 | 개발 ○ 실시 ○ 평가 ○ |
| 박주희·임선영(2009) | 결혼준비교육 프로그램의 개발에 관한 연구(예비부부 8쌍) | 4회기(회기당 2시간) | 잠재적 가족문제를 예방하고 미래 결혼 생활의 향상을 위한 능력 강화 | 결혼과 가족에 대한 전반적인 이해, 성역할과 부부관계, 의사소통과 갈등해결, 사랑과 성 | 개발 ○ 실시 ○ 평가 ○ |
| 김혜숙·이은정(2011) | 예비부부를 위한 관계향상 프로그램 개발 및 효과: PREPARE 도구를 기초로 (예비부부 6쌍) | 6회기(회기당 2시간30분) | 상호이해와 수용을 증진, 의사소통기술을 향상, 갈등해결을 위한 창조적인 대안을 마련 | 관계 탐색, 관계강점영역과 성장필요영역, 커플관계와 원가족 이해, 의사소통, 갈등과 분노 다루기, 재정관리 및 성장계획 | 개발 ○ 실시 ○ 평가 ○ |
| 이은정·김혜숙(2014) | 버츄프로젝트를 활용한 예비부부의 역량강화 프로그램 효과검증(예비부부 7쌍) | 7회기(회기당 2시간 30분) | 행복한 생활방식을 인지, 실천 자신의 능력을 최대한 발휘할 수 있도록 하는 것 | 관계탐색, 언어의 힘, 겸손과 확신, 대인관계, 삶의 목적, 경청, 성장계획 | 개발 ○ 실시 ○ 평가 ○ |

대한 이해, 결혼준비, 결혼에 관한 법률, 부모준비 등의 내용이 포함되어 있었다.

2000년대는 비교적 많은 결혼준비프로그램들이 개발·실시되었지만, 2010년 이후로 개발된 프로그램은 거의 찾아볼 수 없었다. 그러나 현실적으로 많은 가족관련 기관에서 프로그램이 정기적으로 실시되고 있고 참가자도 계속 늘어나고 있는 상황에

서울가족학교 예비부부교실

BOX 6-1 서울시 건강가정지원센터는 2015년부터 서울가족학교 '예비부부교실' 우리 결혼 할까요? 라는 제목으로 프로그램을 개발하여 25개 지역센터에서 실시하고 있다. 결혼을 앞두거나 관심이 있는 서울 생활영역권인 미혼커플을 대상으로 5회기를 진행하고 있다.

| 회기 | 교육명 |
|---|---|
| 1회기 (120분) | **서로의 차이 이해하기**<br>• DISC를 이용한 서로의 차이 이해하고 적응하기 |
| 2회기 (120분) | **행복한 커플 대화법**<br>• 바람직한 의사소통 방법 |
| 3회기 (120분) | **결혼의 의미와 결혼 준비를 위한 체크리스트**<br>• 결혼의 의미 및 행복한 결혼을 위한 요건 알기<br>• 결혼 체크리스트 (원가족, 건강, 자녀와 가사) |
| 4회기 (120분) | **우리 결혼 설계하기와 재무관리**<br>• 우리의 결혼 설계하기와 합리적 재무관리 |
| 5회기 (120분) | **성평등한 동행**<br>• 성평등한 동행을 위한 성인지 감수성<br>• 성평등한 커플 및 가족관계 형성 |

서 기존의 프로그램들이 계속 활용되고 있는 것으로 유추되므로 사회변화와 참가자들의 요구에 부응하는 프로그램 개발과 보급이 시급하다.

### 3) 제언

앞서 살펴본 선행연구 고찰을 통해 몇 가지 제언을 하고자 한다.

첫째, 여러 연구에 의하면 결혼준비프로그램에 참여의사가 있더라도 '결혼, 예비부부' 등의 제목 때문에 심리적인 부담감을 갖는 것으로 나타났다(박주희·임선영, 2009; 이은정·김혜숙, 2014). 참여를 위해 교육장소를 방문했던 커플이 '결혼'이라는 단어에 거부감을 느끼고 참석을 포기했던 사례도 있었다. 이는 결혼을 결정하지 않은 커플들이 '예비부부' 자격으로 프로그램에 참여하는 것을 피하는 것으로 여겨진다. 따라서 연애를 하고 싶은 개인, 연애를 즐기는 커플, 결혼의 선택을 고민하는 커플, 예비부부

등 대상에 따른 차별화된 프로그램 명을 고민할 필요가 있다.

둘째, '결혼준비교육'의 보급에 관심을 기울여야 한다. 우리나라에서도 기술가정교과서에서 중학교 '가족의 이해(변화하는 가족과 건강가정)', 고등학교 '인간발달과 가족(사랑과 결혼, 부모됨의 준비 등)' 등의 주제로 결혼과 가족에 대해서 다루고 있다. 하지만 더 많은 대상에게 다양한 방법으로 결혼준비교육을 보급해야 한다. 미국처럼 성인을 대상으로 하는 직장, 지역사회 중심의 아웃리치 교육 등 다양한 채널을 통한 교육 방안을 모색해야 할 것이다. 관계 중심교육을 온라인과 오프라인을 통한 다양한 방법으로 아동기부터 실시한다면 교육의 효과는 더욱 높아질 것이다. 모든 교육이 반복과 학습이 필요하듯이 결혼준비교육도 일회성 교육만으로는 큰 효과를 얻기 어렵다. 아동기부터 연령에 적합한 관계 맺기와 관계 유지하기 교육을 체계적이고 전문적으로 실시한다면 더 큰 효과를 얻을 수 있을 것이다.

셋째, 결혼준비교육은 대상자의 교육요구를 파악하여 기관에 따라 적합한 교육 내용을 구성하고 여러 가지 다양한 교수-학습 방법들을 폭넓게 사용해야 한다. 교육에 대한 요구는 시점에 따라 다르고, 빠르게 변화한다. 따라서 요구분석을 통해서 대상자에게 적합한 프로그램을 개발하면, 교육 참여도 촉진하고 교육효과도 높일 수 있다. 또한 체계적인 평가 및 피드백을 통해 프로그램의 질을 개선해나가야 한다.

넷째, 현재 가족관련 기관에서 실시되고 있는 결혼준비교육 프로그램들의 주 내용은 예비부부들을 위한 내용이다. 따라서 결혼을 전제하지 않은 커플들일 경우 참여기회가 거의 없는 실정이다. 또한 공교육에서 실시되는 결혼·가족관련 교육도 그 대상과 내용이 매우 제한적이므로 대상과 내용에서 폭넓은 의미의 결혼준비교육을 위한 고민이 절대적으로 필요하다. 예를 들어 증가하고 있는 비혼자들, 이성교제를 통해 성숙하고자 하는 이들, 다양한 연령의 자녀들에게 건강한 이성관·결혼관·가족관을 심어주고 싶은 부모들 등을 대상으로 내용을 세분화할 필요가 있다. 즉, 광의의 결혼준비교육과 예비부부교육의 차별화가 필요하며 광의의 결혼준비교육의 세분화 또한 시급하다.

## 프로그램 예시 예비부부를 위한 "결혼준비교육 프로그램"의 개발에 관한 연구

박주희, 임선영 (2009), 한국가정관리학회지, 27(2), 29-43.

### ⊙ 목적

예비부부를 대상으로 그들의 잠재적 가족문제를 예방하고 미래 결혼 생활의 향상을 위한 능력을 강화시키는데 도움이 되는 효과적인 프로그램을 제공하는 데 있다.

| 회기 | 주제 | 목표 |
|---|---|---|
| 1회기 | 결혼과 가족에 대한 전반적인 이해 | • 사회체계로서의 가족의 특징을 이해시킨다.<br>• 기능적 가족에 관한 관점을 갖도록 돕는다.<br>• 부부의 세 가지 역할을 이해시킨다.<br>(표현적 역할, 도구적 역할, 부부와 주위 사람들과의 관계)<br>• 결혼준비상태를 점검한다.<br>• 행복한 결혼을 위한 지침을 제시한다. |
| 2회기 | 성역할과 부부관계에 대한 이해 | • 남성과 여성의 특징을 이해시킨다.<br>• 성역할이 부부관계 및 결혼 생활에 미치는 영향을 이해시킨다. |
| 3회기 | 의사소통과 갈등해결 | • 대화의 원리를 파악하도록 돕는다.<br>• 자신의 대화 성향을 파악하도록 돕는다.<br>• 커플 간의 대화 성향을 이해시킨다.<br>• 대화의 기술을 적용하는 방법을 습득시킨다.<br>• 남성과 여성의 성 심리의 차이점을 이해하고 대화상의 왜곡된 메시지를 이해시킨다.<br>• 자기표현을 연습시킨다. |
| 4회기 | 사랑과 성에 대한 이해교육 | • 사랑의 의미와 속성을 이해시킨다.<br>• 커플 간의 사랑의 색깔을 이해시킨다.<br>• 성공적인 사랑을 실현시키는 태도형성을 돕는다.<br>• 성심리를 이해시킨다. |

### ⊙ 구성

프로그램은 총 4회기로 구성되었다. 그 내용은 예방과학의 원리에 기초하여 결혼생활에 내재될 수 있는 잠재적 '위험인자(risk factors)', 결혼생활의 부정적인 결과를 가져올 수 있는 개인, 부부, 가족의 취약성을 증대시키는 요인들을 억제하고 '보호인자(protective factors)', 개인 또는 가족들이 예기치 않은 스트레스 및 문제에 저항하도록 돕는 보호적 요소들의 적용을 위한 기술의 습득으로 "행복한 결혼생활"을 이루는 데 필요한 능력함양의 과정을 핵심적 내용으로 구성되었다.

#### 1회기 결혼과 가족에 대한 이해

| 단계 | 교육 내용 | 비고(준비물) |
|---|---|---|
| 오리엔테이션<br>(50분) | • 진행자 인사, 일정 소개, 사전요구도 조사<br>• 자기소개 | 이름표,<br>PPT 자료,<br>사전요구도 조사지,<br>결혼준비 상태 검사지,<br>필기도구 |
| 도입<br>(15분) | • 결혼준비교육의 필요성<br>• 현대가족의 특징에 대한 이해 | |
| 전개 활동<br>(45분) | • 건강한 가족에 대한 이해<br>– 강의: 부부간의 세 가지 역할을 이해<br>• 기능적 가족이 되기 위한 역할수행에 대한 토론<br>– 기능적 가족이 되기 위한 바람직한 역할 수행의 방법을 제시<br>• 결혼준비상태 검토 | |
| 종결(10분) | • 중요개념 재설명 및 평가 • 다음회기 안내 | |

#### 2회기 성역할과 부부관계

| 단계 | 교육 내용 | 비고(준비물) |
|---|---|---|
| 도입(10분) | • 강사소개 및 강의내용 소개 | 이름표,<br>PPT 자료,<br>성역할 특성 검사지 1, 2,<br>가사분담검사지,<br>필기도구 |
| 전개 활동<br>(100분) | • 성에 대한 이해<br>– 강의: 성역할의 개념에 대한 이해를 바탕으로 남성과 여성의 역할이 문화적 영향에 의해서 불평등하게 분화되어 왔음을 이해<br>– 활동: 성격특성을 점검<br>• 성역할과 콤플렉스<br>– 강의: 남성다움과 콤플렉스, 여성다움과 콤플렉스가 결혼생활에 미치는 영향<br>• 성역할과 부부간의 사랑<br>– 강의 및 토론: 부부간의 사랑을 이해<br>– 부부의 권력, 역할, 의사소통 관계를 이해 | |
| 종결(10분) | • 중요개념 재설명 및 평가 • 다음회기 안내 | |

3회기 **부부간의 의사소통 기술**

| 단계 | 교육 내용 | 비고(준비물) |
|---|---|---|
| 도입(10분) | • 강사소개 및 강의내용 소개 | 이름표,<br>PPT 자료,<br>필기도구,<br>대화진단표 |
| 전개 활동<br>(100분) | • 대화의 원리 이해<br>– 강의: 관계지향적 대화법과 사실지향적 대화법<br>– 활동: 관계지향 대화법 연습<br>• 갈등해결을 위한 부부간의 의사소통 방법 및 남녀 간의 성 심리의 차이 이해<br>– 강의: 갈등해결과 부부싸움의 이해, 부부간의 대화로 갈등을 해결하는 방법, 부부싸움의 규칙, 바람직한 대화 등<br>• 바람직한 대화방법<br>– 강의: 기본적인 태도, 정확하게 말하는 방법, 잘 듣기 등<br>• 실습<br>– 활동: 나의 대화방식을 실습, 자기표현을 연습, 경청기술 활용 연습, 갈등해결 방법과 관계지향적 대화, 나-전달법 등을 실시 | |
| 종결(10분) | • 중요개념 재설명 및 평가 • 다음회기 안내 | |

4회기 **건강한 사랑과 성**

| 단계 | 교육 내용 | 비고(준비물) |
|---|---|---|
| 도입(10분) | • 강사소개 및 강의내용 소개 | 이름표,<br>PPT 자료,<br>필기도구 |
| 전개 활동<br>(100분) | • 사랑의 일반적 특성<br>– 활동: 사랑이라 하면(끝말잇기)<br>– 강의: 열정과 사랑, 사랑의 일반적 특성<br>• 사랑의 조건<br>– 활동: 내가 사랑하는 사람은? 나는? 에 대한 대답을 공유<br>• 사랑의 유형<br>– 강의: 에로스, 루더스, 스토르게, 프래그마, 마니아, 아가페 등 사랑의 유형<br>– 활동: 나의 사랑의 색깔 점검<br>• 사랑의 요소<br>– 강의: 가꾸어가는 사랑, 요소를 제시<br>• 올바른 성, 아름다운 성<br>– 활동: 각본과 성에 대한 태도 점검<br>– 강의: 남녀 간의 성 반응의 차이점을 이해 | |
| 종결(10분) | • 중요개념 재설명 및 평가 • 종결 | |

⊙ 실시

결혼을 계획하는 8쌍의 커플을 대상으로 실시하였다. 총 4회기로 구성되었으며, 각 회기 소요 시간은 휴식시간을 포함해서 120분으로, 총 8시간으로 이루어졌다. 각 회기 진행은 강의, 그룹활동, 소집단 토의 등으로 구성되었다.

⊙ 평가

본 연구의 참여자들을 대상으로 사전·사후 조사를 실시하였으며 조사대상자의 일반적 특성 및 '예비부부를 위한 결혼준비교육' 참여자의 프로그램 실시에 대한 만족도와 사전·사후 조사를 통한 성역할 태도의 변화와 의사소통 수준의 변화에 대한 내용을 검증하였다.

총 78개 문항은 조사 대상자의 일반적 특성 12개, 성역할 태도 17개, 의사소통 25개, 전반적인 만족도 24개 문항으로 이루어졌다. 사전·사후조사의 분석을 위한 본 연구의 자료의 통계적 분석은 SPSS program을 사용하였으며, 주요 통계 분석방법은 Cronbach's $\alpha$신뢰도 검증, 빈도, 백분율, 평균, Paired t−test 등을 이용하였다. 또한 교육자의 전문적 지식과 경험에 기초한 주관적 관점에서 평가되었다. 교육결과 참여자들은 더욱 평등한 성역할 태도를 지향하는 것으로 나타났으며, 의사소통 기술과 문제해결 능력이 향상되었다.

### | 관련자료 |

도서

게리 토마스(2019). 행복한 결혼학교. 도서출판CPU.

박미령(2013). 결혼한다는 것. 북에너지.

배보다배꼽(2019). 결혼문답. 빌리버튼.

염소연(2016).결혼 전에는 미처 몰랐던 것들. 시너지북.

존 가트맨(2017). 행복한 결혼을 위한 7원칙. 문학사상.

영화

〈결혼 전야〉(2013)/118분/감독 홍지영/출연 김강우, 김효진, 이연희

〈나의사랑 나의신부〉(2014)/111분/감독 임찬성/출연 조정석, 신민아

〈컬러플 위딩즈〉(2014)/97분/ 감독 필립드 쇼브롱/출연 프레데릭 벨, 엘로디 퐁탕

### | 관련 사이트 |

건강가정지원센터 www.family.or.kr

## CHAPTER 7

# 1인가구교육 프로그램

본 장에서는 '1인가구'의 가족생활교육에 대해서 다루고자 한다. 1인가구는 고전적 정의 측면[1]에서 가구(家口)이지, 가족(家族)은 아니기 때문에 가족을 대상으로 하는 교육에 포함시키는 것에 이의를 제기할 수도 있다. 하지만 1인가구의 가족생활교육을 다루고자 하는 이유는 다음과 같다.

첫째, 가족생활교육의 대상은 '개인과 가족'이다. 개인의 잠재력 개발 측면에서 1인가구도 가족생활교육의 대상이 될 수 있다. 둘째, 통계청 조사에 따르면, 1인가구는 2015년 27.2%(약 520만 가구), 2019년에는 30.2%(약 615만 가구)를 차지하면서 우리 사회의 주된 가구형태가 되었다. 따라서 1인가구를 하나의 삶의 형태로 다뤄져야 할 필요성이 있다. 셋째, 가족정책을 주도하고 있는 여성가족부, 서울특별시 등 국가적 차원에서도 1인가구를 가족정책의 대상으로 수용하기 때문에 이에 발맞춰 갈 필요성이 있다. 본 장에서는 1인가구 중 새로운 사회적 현상이 되고 있는 '혼자 살려는 사람' 특히 자발적으로 결혼하지 않고 혼자 살겠다는 청년 1인가구를 위한 가족생활교육에 대해서 다루고자 한다.

---

1) 가족(families, 家族): 혈연·인연·입양으로 연결된 범위의 사람들(친족원)로 구성된 집단
가구(household, 家口): 1인 단독 또는 2인 이상이 공동으로 취사, 취침 등을 하며 생계를 영위하는 생활단위
〈출처: 네이버 지식백과〉

## 1. 1인가구교육 프로그램의 필요성 및 목적

1인가구교육 프로그램의 필요성은 다음과 같다. 첫째, 가족의 다양성 측면에서 1인가구를 하나의 삶의 형태로 받아들여야 한다. 지난 20년간 가족과 관련하여 가장 큰 이슈는 가족의 다양성(family diversity)이다. 이른바 전형적 가족(the family) 논의에서 벗어나 새로운 가족(new families)에 대한 논의가 시작되었다. 여기에는 한부모가족, 입양가족, 동거, 동성애 가족 등이 포함되었다. 그러나 이러한 가족 다양성 논의에서도 1인가구는 많이 다뤄지지 않았다. 기존의 논의에서 1인가구는 '비 가족생활(non-family living)' 혹은 '가족이 아닌 가족(non-familial families)' 혹은 '탈가족적 가족(post-familial families)' 등으로 불려왔다(Chandler et. al., 2004). 하지만 이제 1인가구도 하나의 삶의 형태라고 인정해야 하는 시점이다. 과거에는 청년 1인가구를 일시적 현상이지 지속적인 과정이라고 생각하지 않았기 때문에 1인가구의 생활에 관심을 기울이지 않았다. 그렇지만 현재는 청년 1인가구가 공동거주(co-habitation)를 하기 전 단계이거나 커플 해체(de-coupling) 이후에 주로 발생하는 일시적인 현상이 아니라 비혼, 노동시장 내 불안정성과 직업경력 유연성의 영향으로 이어지면서 인생 전반에 걸친 생활의 형태가 되었다. 따라서 1인가구가 보다 질 높은 삶을 영위할 수 있도록 가족생활교육이 필요하다.

둘째, 1인가구의 증가로 인한 맞춤형 가족생활교육이 필요하다. 사회학자 에릭 클라이넨버그(Eric Klinenberg, 2013)는 1인가구의 성장은 세계적인 추세라고 말하며, 증가 원인을 여성의 지위상승, 통신혁명, 대도시의 형성, 고령화라고 주장했다. 즉, 많은 사회구성원이 결혼과 전통적인 의미에서의 가족 형성을 매우 늦추거나 아예 하지 않으며, 급격하게 늘어난 수명으로 노인이 된 뒤에도 오랜 기간 혼자 살게 되는데 이러한 요인들이 서로 맞물려 인류역사상 처음으로 1인가구의 비약적인 증가를 가져왔다고 하였다(이상화, 2013). 세계적인 증가추세와 같이 우리나라도 2000년에는 1인가구가 전체의 15.5%를 차지하였지만 20년이 채 지나지도 않은 시점에서 30.2%를 차지할 정도로 빠른 증가추세를 보이고 있다(통계청, 2019). 이는 우리나라의 1인가구가 기존 예상보다 더 빠르게 증가하고, 인구성장률이 마이너스가 되는 시점 이후에도 지속적으로 성장할 전망이다(정인·강서진, 2019). 이처럼 1인가구가 가파르게 증가하고 있지만 사회경제적, 가족적, 개인적인 측면에서 준비하지 않으면 여러 가지 어려움을 경험 할 수도 있다. 이들을 대상으로 삶의 질을 높일 수 있는 교육을 실시하여 1인가구들이 건강하고 행복한 삶을 영위하게 할 필요가 있다.

셋째, 청년 1인가구의 삶에 대한 새로운 패러다임이 필요하다. 청년 1인가구의 증가현상은 과거에는 찾아보기 어려웠다. 이들의 삶을 경험한 사람도 적고, 과거의 경험을 통해 배울 기회도 거의 없다. 따라서 가족생활교육을 통해 자신의 삶의 가치를 높이는 것, 시간 관리, 여가 활용과 선용, 생애설계, 관계망 형성과 유지 등 다른 가족과는 차별화 된 새로운 생활양식을 배울 필요가 있다. 이를 통해 청년 1인가구가 잠재력을 발휘하여 삶의 질을 향상시킬 수 있는 가족생활교육이 필요하다.

청년 1인가구의 가족생활교육의 목적은 이들이 생활 속에서 직면하는 여러 가지 문제에 대하여 미리 준비하고, 그들이 가진 잠재력을 개발할 수 있도록 돕는 것이다.

## 2. 1인가구의 정의와 현황

### 1) 1인가구의 정의

1인가구(one person household)는 '혼인여부와 상관없이 독립된 주거에서 혼자 생계를 유지하는 생활단위'를 말한다(통계청, 2018). 통계청이 1인가구라는 용어를 사용하기 시작한 것은 2005년부터인데, 이후 각종 통계조사에서도 통용되기 시작했다. 1인가구와 쉽게 혼용되는 '독신가구'는 혼인 여부에 보다 강조점이 있기 때문에 엄밀히 구분할 필요가 있다. 따라서 1인가구란 주거가 독립되고, 동거인이 없으며, 혼자 생계를 유지한다는 세 가지 요건이 충족되어야 한다(이준우, 장민선, 2014).

'혼인·혈연·입양으로 연결된 사회적 단위'로서의 가족 정의에서 1인가구는 가족에 포함되지 않았다. 하지만 가족의 모습이 다양해지고, 가족의 기능도 거주 단위를 넘어서 수행되고 있는 상황에서 가족과 1인가구의 경계가 점차 무너지고 있다. 또한 언론에서는 사회적 고립, 경제적 어려움, 주거의 불안정 및 안전문제 등 1인가구의 어려움이 보도되고 있다. 이러한 점이 1인가구가 최근 가족정책의 주요한 대상이 된 이유이기도 하다. 여성가족부는 '건강가정기본법일부 개정(2018.01.16.)'을 통해 그간 법령의 대상에 포함되지 않았던 1인가구의 지원 근거를 마련하였으며, 2018년 8월 제3차 건강가정기본계획(2016~2020년) 보완 시에도 1인가구 지원 대책을 포함한 바 있다. 이에 따라 전국의 건강가정·다문화가족지원센터를 통해 생활준비교육, 사회적 관계망 형성 지원 등 1인가구 대상 프로그램을 확대해 나가고 있다.

### 2) 1인가구의 현황

우리나라에서는 1인가구가 2015년 27.2%(약 520만 가구)로 주된 가구형태가 되었고, 2019년에는 30.2%(약 615만 가구)를 차지하면서 1인가구가 전체 가구 중 가장 높은 구성비를 보이고 있다(통계청, 2020). 2005년 이전 가장 주된 유형의 가구는 4인가구였으나, 2010년에는 2인가구, 2015년 이후로는 1인가구가 가장 주된 가구유형이다.

또한 앞으로도 1인가구의 숫자는 점차 늘어날 것으로 예측되고 있다. 장래가구추계조사(통계청, 2017)에 따르면, 2025년 31.9%, 2035년 34.6%를 차지하고, 2045년에는 36.3%(809만 8천 가구)를 차지하여 2015년 대비 9.1%(291만 9천 가구) 증가할 것으로 전망하였다.

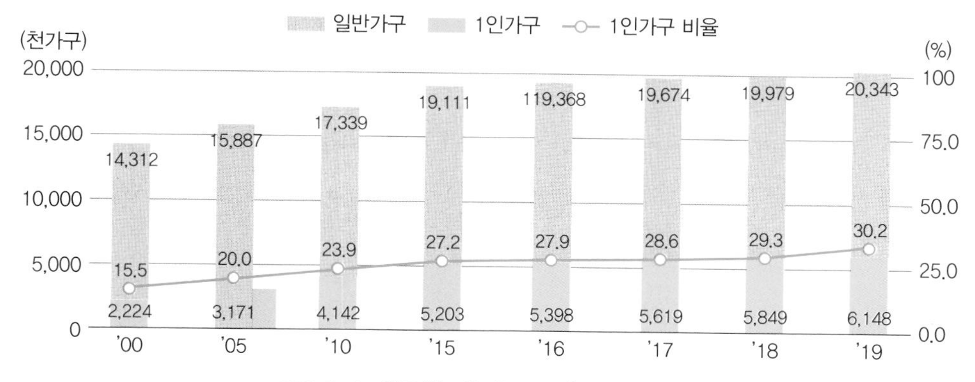


그림 7-1 **연도별 1인가구 규모(2000~2018)**

출처: 통계청(2020). 2019 인구주택총조사(등록센서스 방식).

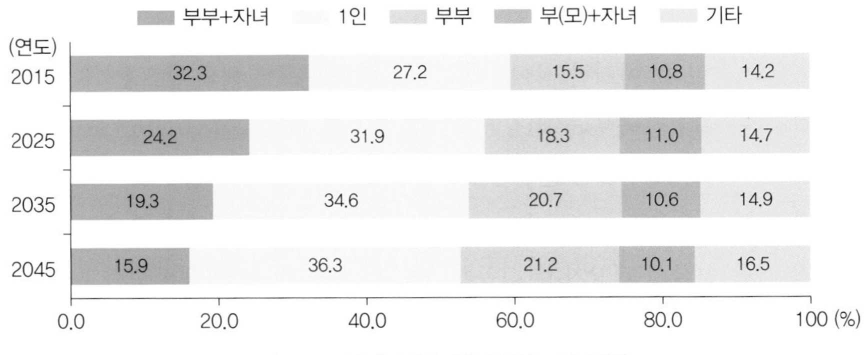


그림 7-2 **장래가구추계(2015년~2045년)**

출처: 통계청(2017). 장래가구추계.

청년 1인가구의 변화 추이를 살펴보면, 2000년에는 25~29세 청년 중 1인가구 비중이 7.8%로 가장 높았으며, 다음으로 30~34세 5.7%, 20~24세 5.1%, 35~39세 4.3%, 40~44세 4.2%였다. 2005년에는 25~29세 11.2%, 30~34세 8.9%, 20~24세 7.3%, 35~39세 6.5%, 40~44세 5.7%로 전반적으로 상승하였다. 이후 2010년도에 이러한 상승세가 유지되었으며 2015년도에도 25~29세 17.2%, 30~34세 14.8%, 35~39세 11.1%, 20~24세 10.8%, 40~44세 10.2% 등으로 매우 높아졌음을 알 수 있다.

표 7-1 **청년층 1인가구 변화추이(2000~2015년)**

| 구분 | | 20~24세 | 25~29세 | 30~34세 | 35~39세 | 40~44세 |
|---|---|---|---|---|---|---|
| 2000년 | 전체 인구수 | 3,848,186 | 4,096,978 | 4,093,228 | 4,186,953 | 3,996,336 |
| | 1인가구수 | 196,448 | 317,752 | 233,682 | 181,582 | 165,931 |
| | 1인가구 비중 | 5.1 | 7.8 | 5.7 | 4.3 | 4.2 |
| 2005년 | 전체 인구수 | 3,662,123 | 3,671,847 | 4,096,282 | 4,112,785 | 4,123,041 |
| | 1인가구수 | 268,041 | 410,775 | 363,655 | 265,793 | 235,831 |
| | 1인가구 비중 | 7.3 | 11.2 | 8.9 | 6.5 | 5.7 |
| 2010년 | 전체 인구수 | 3,055,420 | 3,538,949 | 3,695,348 | 4,099,147 | 4,131,423 |
| | 1인가구수 | 272,226 | 490,847 | 426,747 | 364,095 | 313,421 |
| | 1인가구 비중 | 8.9 | 13.9 | 11.5 | 8.9 | 7.6 |
| 2015년 | 전체 인구수 | 3,385,936 | 3,027,896 | 3,611,034 | 3,783,589 | 4,215,921 |
| | 1인가구수 | 367,152 | 519,871 | 533,193 | 420,129 | 428,605 |
| | 1인가구 비중 | 10.8 | 17.2 | 14.8 | 11.1 | 10.2 |

출처: 통계청 (2000, 2005, 2010, 2015). 인구총조사.

미혼 청년들이 생각하는 1인가구에 대한 견해를 살펴보면(최효미 외, 2016), 미혼 청년들은 1인가구에 대해서 전반적으로 능력개발(90.0%), 간섭받지 않음(89.7%), 일과 직장에 몰두할 수 있음(87.3%), 가족부양 책임 없음(84.3%), 자유로운 이성교제(78.4%) 등 자유롭고, 자신의 시간을 원하는 곳에 쓸 수 있다는 점에서 찬성하는 것으로 나타났다. 그러나 혼자 사는 미혼에 대해 늘 경제적인 불안감이 있다는 의견에는 47.4%만 찬성하였다. 1인가구에 대한 청년들의 생각은 대체로 긍정적이며, 연령이 낮을수록, 남성에 비해 여성의 경우에 이에 대한 선호가 더 뚜렷하게 나타났다. 따라서 향후 20대 여성이 경제적 독립이 가능해지는 시점에는 1인가구가 훨씬 늘어날 가능성이 있으며, 점차 학업이나 직장 등과 같은 상황적 분가보다 자유로운 삶을 지향하는 자발적 분가가 크게 확대될 것으로 보인다.

## 3. 1인가구의 특성

청년 1인가구의 특성은 다음과 같다.[2]

첫째, 1인가구는 경상소득 분포에서 최하위 10%에 속하는 비율이 매우 높으며, 지난 10년간(2006년~2016년) 이 비율은 증가[3]했다. 균등화 된 경상소득을 기준으로 하위 10분위에 포함되어 있는 1인가구는 20.8%, 2016년 21.7%로 증가한 반면, 2인이상 가구는 각각 8.5%, 8.1%로 감소하였다. 한편 상위 10%에 속하는 1인가구의 비율도 2006년 10.9%, 2016년 11.8%로 증가한 반면, 2인이상 가구는 9.9%에서 9.7%로 감소하였다. 이는 청장년층 1인가구의 빈곤 문제가 심각한 반면에, 고소득 1인가구도 증가하고 있음을 보여주는 것으로 1인가구의 소득 양극화가 2인이상 가구보다 더 심각함을 의미한다. 또한 본인의 주관적인 생활수준을 '하층'으로 응답한 비율이 45.4%로 가장 높고, 다음은 '중간층'이라고 43.5%가 응답하여 1인가구가 체감하는 전반적인

2) 1인가구의 특성에서 제시된 자료는 홍승아 외(2017). 1인가구 증가에 따른 가족정책 대응방안 연구, 한국여성정책연구원 자료를 바탕으로 작성하였음

3) 2006년과 2016년 가계동향조사의 연간자료를 활용하여 1인가구(19세~49세)의 경제생활 실태를 파악

생활수준은 보통 이하가 대다수임을 알 수 있다. 경제적인 활동을 이제 막 시작했거나 혹은 준비 중인 청년들이 다수이므로 경상소득 자체가 낮은 것은 당연할 수도 있지만, 1인가구가 생활수준이 낮다고 인식하는 것은 청년 1인가구의 위험요인으로 작용할 수 있다.

둘째, 생활시간 구조분석에 따르면 청년 1인가구의 여가시간은 지난 10년간(2004년~2014년) 전반적으로 감소하였는데, 이는 교제활동이 위축된 것도 하나의 원인으로 보인다. 2004년의 경우 1인가구 남성과 여성은 평일 하루 평균 1시간 넘게 교제활동(지인과의 만남 등)을 하며 여가를 보냈지만, 2014년에는 남성 37분, 여성은 45분으로 지난 10년간 20~30분 정도 평균 교제시간이 감소한 것으로 나타났다. 이는 경제적인 이유가 원인으로 지적되고는 있지만 교제활동의 위축은 사회적 고립으로 연결될 수 있는 위험요인이다. 연령별로는 20대는 교제활동 시간이 상대적으로 더 많았고, 30대와 40대로 갈수록 미디어나 여가활동에 보내는 시간이 더 많아졌다. 즉, 나이가 들수록 직접적인 대면 교류보다 혼자서 즐기는 여가활동을 더욱 선호하는 것으로 볼 수 있다.

셋째, 1인가구의 결혼관은 다인가구에 비해 유연한 태도를 보이고 있다. 생애주기 관점에서 보면, 청년 1인가구는 1인가구 생활의 형태로 고정될 수도 있지만 향후 이들의 결혼과 관련된 변화가 다양하게 진행될 것으로 예측된다. 미래 결혼관련 질문에서 '결혼을 해야 한다'는 응답이 38.4%(31.6%+6.8%)[4], '결혼을 하지 말아야 한다'는 응답은 6.2%(4.6%+1.6%)[5]였으며, '결혼을 해도 좋고 하지 않아도 좋다'는 응답은 53.3%로 가장 높게 나타났다. 또 다른 조사에 따르면, 결혼 의향이 없는 1인가구는 20대 남성 4.2%, 여성 8.2%, 30대 남성 6.3%, 여성 13.9%, 40대 남성 18.6%, 여성 29.5%로 증가하고 있다(정인·강서진, 2019). 즉, 1인가구는 일반가구에 비해 결혼에 대하여 훨씬 유연한 태도를 가지고 있는 것으로 보인다. 또한 동거, 독신, 이혼, 재혼 등에 대해서도 다인가구보다도 훨씬 허용적이었다. 따라서 청년 1인가구의 선택은 다양하며 그들의 미래 모습을 예측하기는 어렵다. 이들은 결혼 이후의 삶이 현재의 삶보다 낫다

4) 하는 것이 좋다 + 반드시 해야 한다
5) 하지 않는 것이 좋다 + 하지 말아야 한다

는 보장이 없다면 굳이 결혼을 선택할 필요가 없다고 생각한다. 부모에게서 독립하여 혼자 살면서도 비교적 만족하기 때문에, 이들에게 결혼으로의 이행은 의무라기보다 더 나은 삶을 위한 선택일 뿐이다. 따라서 청년 1인가구는 결혼을 할 수도 있고 동거를 할 수도 있으며 지금과 같은 1인가구의 삶을 지속할 수도 있다.

넷째, 청년 1인가구는 개인화로 특징지을 수 있다. 청년 1인가구의 대부분은 직장 및 학업을 이유로 1인가구를 형성하였으며, 자유로운 의사결정, '나'중심의 삶을 1인가구의 주요 장점으로 꼽고 있다. 가족을 구성하여 부양, 돌봄, 책임을 지기보다는 개인의 자기성취를 중요하게 생각한다. 즉 가족보다는 개인의 성취와 개인의 안녕한 삶의 추구가 더욱 중요한 문제이다(Beck & Beck-Gernsheim, 2001). FGI[6]의 연구에 참여했던 사람들은 자신의 삶을 사는 것, 시간적 여유가 있는 것을 1인가구의 장점으로 꼽았다. 이들의 삶의 방식은 "적게 벌어 최소한으로 쓰기"로 많이 벌기 위해 장시간 일을 하고 야근을 해야하는 시스템에 대해서는 저항감이 컸고, 반면 적은 임금이라도 매월 받고 미래가 불확실하지 않은 직장을 다니면서 나머지 시간은 자신이 활용할 수 있기를 원했다. 즉, 청년 1인가구는 자신의, 자신에 의한, 자신을 위한 삶을 살기 위해 철저히 '개인화'의 모습을 띄고 있다고 할 수 있다. 결국 1인가구의 가장 큰 장점은 자신의 삶을 자신이 설계하기도 실행하기도 용이해 졌다는 점이다.

다섯째, 1인가구는 독립(independency)과 의존(dependency)의 이중적 특성을 갖고 있다. 이들은 '자신의 삶'을 원하고 그 방식을 공간의 독립으로부터 시작하고 있다. 하지만 혼자 살기 때문에 겪는 어려움도 많다. 1인가구가 겪는 어려움은 혼자 식사를 챙겨먹기 어려움, 경제적인 문제, 몸이 아프거나 위급 시 도와줄 사람이 없음, 외로움의 순서로 나타났다. 이로 인해 고립, 외로움, 불안 등 심리적인 문제를 경험하는 경우가 많았다. 혼자 살면서 자유를 즐기지만 연령, 성별, 소득과 관계없이 외로움과 불안을 경험하기도 한다. 이런 사회적 고립과 외로움은 질병 및 사망과 관련성이 높다는 연구결과가 많기 때문에 이런 심리적인 어려움을 해결하기 위한 다양한 지원이 필요하다.

6) FGI: 집단 심층면접(Focus Group Interview)은 통상 FGI로 불리며 집단토의(Group Discussion), 집단면접(Group Interview)으로 표현되기도 한다. 보통 6~10명의 참석자들이 모여 사회자의 진행에 따라 정해진 주제에 대해 이야기를 나누게 하고, 이를 통해 정보나 아이디어를 수집한다(네이버 지식백과).

여섯째, 1인가구는 노후준비에 대한 필요성을 매우 강하게 느끼고 있었다. 하지만 1인가구가 노후준비를 하고 있는 비율은 9.4%에 불과하다. 청년 1인가구는 미래에 결혼할 수도 있지만 혼자서 살 가능성도 높기 때문에 노후준비에 대한 무게감이 다인 가구보다 더 큰 것으로 보인다. 따라서 1인가구가 노후에 대해 구체적으로 고민하고 계획하는 시간이 필요하며 이를 가족생활교육에서 다루어야 한다.

## 4. 1인가구를 위한 가족생활교육 프로그램

### 1) 실시된 프로그램

현재 1인가구를 위한 가족생활교육 프로그램으로 학문적인 기초와 요구조사를 실시해서 개발된 프로그램은 매우 부족한 실정이다. 수도권을 중심으로 건강가정지원센터, 사회복지기관 등에서 문화사업을 중심으로 시작되었으며, 2019년부터는 건강가정지원센터에서 1인가구 사업을 필수사업으로 실시하고 있다.

건강가정지원센터를 중심으로 2016년부터 1인가구를 대상으로 실시된 프로그램을 간략하게 살펴보면 다음과 같다(표 7-2 참고).

건강가정지원센터 이외에도 성북구 성북평화의 집에서는 단절된 이웃과의 관계를 회복하고 새로운 관계를 넓힐 수 있도록 소셜 네트워크 프로그램, 문화예술활동 프로그램, 쿠킹 프로그램 등을 운영하였다. 번동3단지 종합사회복지관은 홀로 사는 남성들이 요리능력을 향상시키고 친구도 사귈 수 있는 '집밥 만들기' 교육을 진행하였다. (사)밸류가든은 온라인 플랫폼을 구축해 목공·철학·고전읽기 등 1인가구의 취향과 재미를 겨냥한 프로그램을 진행하였고 2019년에는 취업난, 생계곤란 등으로 주변과 단절된 청년 1인가구의 자립 지원 및 사회적 교류 촉진, 단절된 관계망을 다시 회복할 수 있는 모임을 지원하는 프로그램도 운영하고 있다.

1인가구를 대상으로 실시되고 있는 프로그램을 정리하면, 프로그램은 3가지 범주로 구분할 수 있다. 첫 번째는 문화프로그램으로, 만들기(목공, 공예품, 생활필수품 등)

표 7-2 **건강가정지원센터 1인가구 프로그램**

| 센타 | 실시 연도 | 프로그램명 (대상) | 회기 및 회기 당 시간 | 회기별 주요 주제 |
|---|---|---|---|---|
| 강남구 건강가정 지원센터 | 2018 | 1인가구 YOLO 놀러와요 우쿨렐레 랄라 (20~30대, 10명) | 9회기 (2시간) | • 우쿨렐레 미니 콘서트 관람<br>• 연주곡 해설과 함께하는 우쿨렐레강의<br>• 아로마 룸 스프레이<br>• 집밥<br>• 홈 트레이닝 |
| 관악구 건강가정 지원센터 | 2018 | 1인가구 탐구생활 아트클래스 (15명) | 2회기 (2시간) | • 나의 자리<br>• 마이홈, 마이하우스, 마이빌딩 |
| | | 1인가구 탐구생활 가죽공예활동 (10명) | 2회기 (2시간) | • 카드지갑 & 클러치 만들기 |
| | | 1인가구 탐구생활 원데이푸드트립 | 2회기 (2시간) | • 세계 가정식 요리 만들기 1,2 |
| 광진구 건강가정 지원센터 | 2017 | 꿈꾸는 싱글라이프 | 2회기 (2시간) | • 재무관리 및 미래설계 교육<br>• 나만의 캔들 만들기 |
| | 2018 | 꿈꾸는 싱글라이프 (20~30대, 1인가구) | 4회기 (2시간 30분) | • 프로 혼밥러를 위한 집밥레시피 Ⅰ, Ⅱ<br>• DISC 검사를 통한 나의 성격유형 알기<br>• 돈 걱정 없는 재무관리 교육 |
| 동대문구 건강가정 지원센터 | 2018 | 1인가구 지원 프로그램 나도 혼자 산다 (20~30대 미혼남녀 40명) | 3회기 (2시간 30분) | • 오리엔테이션<br>• 레크리에이션<br>• 런치타임<br>• 동아리 만들기<br>• 1인가구 재테크교육<br>• 1인가구 요리교실<br>• 동아리 활동 근황 토크<br>• 우수 동아리 포상 |
| 부산 금정구 건강가정 지원센터 | 2019 | 나도 혼자 산다 (20~40대, 15명) | 5회 (2시간) | • 미니멀라이프(정리수납, 공간 활용)<br>• 돈 워리 스쿨(경제교육)<br>• 집밥 쿡(cook)선생(밑반찬 만들기, 닭갈비, 달래콩나물 무침)<br>• 내방꾸미기(석고 방향제 & 별자리 스트링아트 액자 만들기) |
| 서초구 건강가정 지원센터 | 2016 | Simple Life (미혼 1인가구) | 6회기 (2시간) | • 심플라이프를 위한 정리의 기술<br>• 현재를 기억하는 북 메이킹<br>• 셀프인테리어도전, DIY목공 배우기<br>• 목돈 마련해서 부자 되는 경제교육<br>• 숨겨진 나를 표현해보는 꽃다발 만들기<br>• 함께 만들고 함께 나누는 맛있는 밥상 |

(계속)

| 센타 | 실시 연도 | 프로그램명 (대상) | 회기 및 회기 당 시간 | 회기별 주요 주제 |
|---|---|---|---|---|
| 서초구 건강가정 지원센터 | 2017 | 1인가구 공동 커뮤니티 사업 | 동아리를 모집하여 지원하는 프로그램 | • 별별동아리(등산, 동물사랑, 봉사, 사진, 악기, 그림, 운동, 식도락, 커피, 독서 댄스 등) |
| | | 달달한 문화교실 (미혼 1인가구) | 8회기 (2시간) | • 목공예 일일클래스<br>• 나만의 카드 지갑 만들기<br>• 향수 원데이 클래스<br>• 팝아트 초상화 클래스<br>• 아크릴 무드등 원데이 클래스<br>• 크리스마스 천연비누 만들기<br>• 드라이플라워 리스 클래스<br>• 목화솜 플라워 리스 클래스 |
| | 2018 | 1인가구 공동 커뮤니티 사업(미혼 1인가구) | 7그룹(그룹 당 5명~10명) | • 스포츠, 문화, 예술, 역량강화, 사회기여 활동 등, 관심분야 활동 지원 |
| | | 달달한 문화교실 (미혼 1인가구) | 7회기 (1시간30분 ~2시간) | • 인테리어 소품 드림캐쳐<br>• 퍼스널 컬러<br>• 향수만들기<br>• 배쓰밤& 솔트 클래스<br>• 캘리그라피 원데이 클래스<br>• 천연세탁세제 & 섬유유연제 원데이 클래스<br>• 라탄보틀 원데이 클래스 |
| 성남시 건강가정 지원센터 | 2018 | 꽃보다 청춘 (20~30대 1인가구 직장인) | 동아리지원 | • YOLO를 꿈꾸는 즐거운 사람들이 함께 정기적 여가 자율 활동(예: 영화감상토론, 여가문화체험활동 등) |
| 양구군 (강원도) 건강가정 지원센터 | 2019 | 양구에 사는 소확행 (35세 이상 1인가구 10명) | 4회기 (2시간) | • MBTI성격유형 검사<br>• 의사소통(피규어를 이용하여 자신을 표현하기)<br>• 캔들 및 디퓨저 만들기<br>• 영화감상 |
| 양천구 건강가정 지원센터 | 2018 | 여성들의 행복한 라이프 (여성, 15명) | 2회기 (90분) | • 똑! 소리 나는 우리 집 셀프 인테리어(셀프 도배, 타일 교체방법 등)<br>• 뚝딱뚝딱 우리 집 수리하기 (셀프 페인팅 및 몰딩 실습교육 |
| | 2019 | 여성들의 행복한 라이프: 여행 (여성, 15명) | 2회기 (3시간) | • 우리 집 셀프 인테리어(셀프 도배, 타일 교체방법 등)<br>• 우리 집 수리하기(셀프 페인팅 및 몰딩 실습교육) |

(계속)

| 센타 | 실시<br>연도 | 프로그램명<br>(대상) | 회기 및<br>회기 당 시간 | 회기별 주요 주제 |
| --- | --- | --- | --- | --- |
| 제주시<br>건강가정<br>지원센터 | 2018 | 1인가구 PROJECT 소확행(작지만 확실한 행복)<br>(20-40대, 남녀 15명) | 4회기<br>(2시간) | • 반찬 만들기<br>• 정리수납 강의<br>• 무드등 만들기<br>• 1인가구 재테크 |
| 화성시<br>건강가정<br>지원센터 | 2017 | 화성시 안에<br>나 혼자 산다<br>(30~40대, 11명) | 3회기<br>(5시간) | • 요리교실<br>• 재무교육<br>• 내가 직접 만드는 소품 |
| | 2018 | 행복한<br>single벙글라이프<br>(30~40대, 11명) | 3회기<br>(6시간) | • 애니어그램을 통한 자기이해<br>• 재무관리교육<br>• DIY 목공예 |

와 체험하기(요리, 등산 등)로 여가를 활용하는데 도움을 주는 내용으로 가장 많이 실시되고 있다. 두 번째는 경제관련 교육프로그램이다. 1인가구는 경제영역에 많은 관심을 보이고, 경제적 능력은 1인가구의 유지와 삶의 질에 중요한 요인이었다. 이를 반영하듯 실제 경제교육이 많이 이루어지고 있었다. 세 번째는 사회적 네트워크 형성 및 유지에 관한 것으로 사회적 네트워크를 형성하여 1인가구의 사회적 고립을 피하고, 심리적 안정을 돕는 프로그램이다.

프로그램 운영방식은 대부분 단회기(일회성) 프로그램이 많았다. 많은 프로그램이 문화프로그램(만들기, 체험하기)으로 실제로 해보는 프로그램이 대부분이었다. 연속 프로그램인 경우는 문화프로그램, 경제프로그램, 심리검사프로그램을 한 회기씩 진행하면서 형식적으로는 연속적인 모습을 띄고는 있으나 프로그램 내용이 연결된다거나 체계적이지는 않았다. 다만, 구성원, 내용 등이 연속적으로 이루어진 프로그램은 동아리지원(커뮤니티 지원)프로그램이 유일했다. 2017년에는 기존에 있는 동아리를 지원하거나 모집을 해서 지원하는 방식이었다면, 2018년부터는 건강가정지원센터에서 직접 동아리 참여를 원하는 사람을 모집하고 조직하여 운영하고 있다.

### 2) 앞으로 나아가야 할 방향

1인가구를 위한 가족생활교육이 시작된 지 얼마 되지 않았기 때문에 프로그램의 내용이나 형식에서 다양성이 부족하다. 2016년부터 최근까지 1인가구를 위한 교육의 내용은 대부분 문화프로그램이다. 1인가구의 취미생활을 돕는 프로그램이 필요하지만 내용면에서 다양한 프로그램이 필요하다.

이에 따라 1인가구를 위한 가족생활교육이 나아가야 할 방향에 대해서 제안해보고자 한다.

첫째, 가족관계 관련 프로그램을 개발·실시해야 한다. 1인가구로 혼자 살지만 그들에게도 가족은 있다. 떨어져서 생활은 하지만 가족들과 질적인 관계를 유지할 수 있도록 돕는 프로그램이 필요하다. 이는 1인가구의 고립을 막을 뿐만 아니라 가족관계의 향상을 도모할 수도 있다. 따라서 부모-성인자녀를 위한 프로그램, 가족관계향상교육 등 1인가구를 위한 가족관계 프로그램이 개발되어야 할 것이다.

둘째, 1인가구 역량 강화를 위해 관계망 형성을 돕는 프로그램이 필요하다. 서로 마음을 터놓고 이야기할 수 있는 심리적 지지체 형성, 위기 상황에서 함께 협력할 수 있는 지역 공동체 형성 등 1인가구의 삶이 보다 안전하고 안정적으로 유지될 수 있도록 지원하는 프로그램이 필요하다. 현재 일부 프로그램이 운영되기는 하나 보다 장기간 공동체가 유지되고, 운영될 수 있도록 뒷받침을 해야 할 것이다.

셋째, 1인가구를 위한 경제교육프로그램이 필요하다. 1인가구는 다인가구에 비해 경제적으로 넉넉하지 않는 경우가 많다. 그래서 이들은 돈을 적게 쓰는 방식으로 생활하는 경우가 많아 사회적인 고립의 원인이 되기도 하였다. 따라서 1인가구의 직업 창출을 위한 (재)교육뿐만 아니라 현재 가진 자원으로 경제활동을 효율적으로 할 수 있는 방법을 알려주는 맞춤형 경제교육프로그램이 개발되어야 한다.

넷째, 여가선용을 위한 프로그램이 필요하다. 청년 1인가구들은 돈을 많이 벌기 위해 장시간 일을 하고 야근하는 시스템에 대해서 저항감이 컸고, '적게 벌어 최소한으로 쓰기', '소확행'을 추구한다. 따라서 시간을 의미 있게 활용할 수 있는 프로그램이 필요하다. 예를 들어 자원봉사단을 조직하여 다른 사람을 돕거나 지역사회에 기여하는 활동을 기획할 수도 있을 것이다. 여가시간을 잘 활용하여 그들이 삶의 의미를 찾을 수 있는 프로그램을 개발하는 것이 바람직하다.

다섯째, 유연한 삶의 태도를 가진 청년 1인가구를 위해서 다양한 삶의 선택을 위한 정보를 제공할 필요가 있다. 청년 1인가구는 결혼을 하지 않고 비혼인 상태로 계속 1인가구로 살아갈 수도 있고, 결혼을 선택할 수도 있다. 그러므로 이들의 미래 삶에 대한 현명한 선택을 위해 결혼준비교육, 1인가구의 유지, 대안공동체 등에 관한 구체적인 정보를 제시할 수 있는 교육이 필요하다.

여섯째, 심리적인 어려움을 극복할 수 있는 프로그램도 필요하다. 20대~40대 취업 중인 1인가구를 대상으로 한 보고서를 살펴보면(KB금융지주 경영연구소, 2018), 남자 52.8%(1순위), 여자 37.6%(2순위)가 외로움 등 심리적인 요인이 현재의 걱정 요인이라고 답하였다. 1인가구 청년들은 혼자살기 때문에 누리는 자유도 있지만 외로움 등 심리적인 요인으로 인한 어려움을 겪기도 한다. 따라서 외로움을 극복할 수 있는 프로그램, 자신의 감정을 잘 이해하고 다룰 수 있는 프로그램, 사회적 지지체계를 형성할 수 있는 프로그램 등 그들의 심리적인 어려움을 해소하거나 극복하는 데 도움을 주는 프로그램이 개발되어야 한다.

일곱째, 각자의 생활에 필요한 요구를 반영하여 프로그램을 개발할 필요가 있다. 선행연구에 따르면, 남성 1인가구 경우 식사준비와 가사 일에 대한 어려움이 크다고 하며 여성 1인가구는 안전하지 못한 주거환경에 대한 불안과 어려움이 크다고 한다. 그러므로 이들의 어려움과 요구를 반영하여 1인가구를 위한 요리프로그램, 가사 관리 프로그램, 안전하게 자신을 지킬 수 있는 방법을 알려주는 프로그램 등 다양한 프로그램이 개발되어야 한다.

여덟째, 1인가구에 대한 지역사회의 부정적인 인식을 개선시키기 위한 프로그램이 개발되어야 한다. 과거에 비해 1인가구에 대한 부정적 인식이 다소 줄긴 하였으나 아직도 1인가구를 일시적이거나 비정상적인 형태로 바라보는 시각이 많으며, 특히 1인가구 여성은 사회적 편견의 피해자가 되거나 범죄의 대상이 되기 쉽다. 따라서 1인가구에 대한 잘못된 인식과 편견을 변화시켜 1인가구들이 지역사회 내에서 보다 안전하고 편안하게 생활할 수 있도록 지역주민을 대상으로 하는 인식개선 프로그램이 필요하다.

### 프로그램 예시 ⊙ 프로그램 전체 소개 1

용인시 건강가정지원센터에서 청년 1인가구를 위한 평생교육 청일점(청년 일인가구의 모임점) '혼밥하지마'를 모집·운영했다. 본 프로그램은 용인시에 거주하는 2030청년(관내 대학생, 직장인) 중 1인가구를 대상으로 요리동아리를 운영하고 지원하는 프로그램이다. 매주 목요일 저녁 7시에 실시하며 주 1회 총 12회기로 실시했다. 프로그램의 내용으로는 오리엔테이션 1회, 혼밥 요리 만들고 저녁식사하기 8회, 레시피 공유, 블로그 운영, 요리 강연 2회, 총 평가회 1회로 구성되었다. 건강가정지원센터가 커뮤니티 형성, 운영, 지원 등을 모두 책임지며 요리, 여가, 네트워크 형성 등의 다목적 프로그램이라고 할 수 있다.

표 1 **용인시 건강가정지원센터 프로그램**

<table>
<tr><td>1회기</td><td>오리엔테이션, 자기소개, 리더정하기, 역할분담, 메뉴정하기</td><td rowspan="5">7회기<br>8회기<br>9회기<br>10회기<br>11회기</td><td rowspan="5">혼밥요리 함께 만들기, 요리레시피 작성 및 블로그 업로드, 음식 플레이팅, 저녁 식사하며 정보공유 및 다음 모임 논의</td></tr>
<tr><td>2회기</td><td>혼밥요리 함께 만들기, 요리레시피 작성 및 블로그 업로드, 음식 플레이팅, 저녁 식사하며 정보공유 및 다음 모임 논의</td></tr>
<tr><td>3회기</td><td>요리강연1</td></tr>
<tr><td>4회기</td><td rowspan="2">혼밥요리 함께 만들기, 요리레시피 작성 및 블로그 업로드, 음식 플레이팅, 저녁 식사하며 정보공유 및 다음 모임 논의</td></tr>
<tr><td>5회기</td></tr>
<tr><td>6회기</td><td>요리강연 2</td><td>12회기</td><td>총평가회, 자조동아리 운영계획 나누기</td></tr>
</table>

### ⊙ 프로그램 소개 2

본 프로그램의 개발 배경은 다음과 같다. 2018년 1인가구가 「건강가정기본법」(시행 2018. 7. 17.)에 포함되어, 1인가구를 위한 복지 증진과 서비스제공이 법적 범주에서 다루어지게 되면서 건강가정기본법 제 28조에 명시된 건강가정의 생활문화를 고취하기 위한 지원정책 수립 제안에 명시된 내용을 토대로 1인가구의 라이프플랜에 적합하도록 재구성하여 프로그램을 개발한 것이다. 명시된 내용은 ① 1인가구의 선택 ② 1인가구의 생활관 ③ 삶을 위한 자원 관리 ④ 가족관계와 가정의례 ⑤ 건강한 의식주생활 ⑥ 여가와 소비생활 ⑦ 일·생활균형 ⑧ 1인가구를 위한 사회제도 ⑨ 또 다른 가족생활의 선택에 대한 이해 ⑩ 공동체 사회에 대한 기여

등이다. 1인가구의 라이프플랜 프로그램은 총5회기로 구성되며, 대상인원은 10명 이내로 회기별 2시간씩 진행할 수 있다.

표 2 **1인가구를 위한 프로그램 라이프플랜 프로그램 제안**

| 프로그램명 | 함께 살아가는 '나를 위한 라이프플랜' |
|---|---|
| 프로그램 목적 | '공동체 사회와 함께 사는 1인가구'의 삶을 위한 생애계획을 세운다. |
| 대상 및 인원 | 10명 이내 |
| 기대 효과 | • 1인가구 삶과 생활문제에 대한 인식의 확대<br>• 1인가구 삶의 선택에 필요한 정보 제공<br>• 공동체 사회에서 1인가구의 역할 인식<br>• 1인가구로 살아가기 위한 생애계획 세우기 |

| 회기 | 주제 | 내용 | 소요시간 | 준비물 |
|---|---|---|---|---|
| 1 | 행복한 라이프스타일 '홀로 살기' | 행복한 삶의 조건<br>혼자살기위한 서로의 생각들 | 2시간 | 교육자료,<br>워크북,<br>영상콘텐츠 |
| 2 | 홀로 살기 위한 자원관리의 노하우 | 혼자살기 위한 자원과 관리<br>홀로 사는 생활기술 강점과 약점 | 2시간 | |
| 3 | 일과 생활의 조화로움을 찾아 | 일과 생활, 여가의 균형<br>가족, 가족대소사에 대한 생각들 | 2시간 | |
| 4 | 함께 살아가는 사회를 위하여 | 혼자 살아도 함께 사는 것<br>공동체를 위해 기여할 수 있는 것 | 2시간 | |
| 5 | 나의 라이프플랜 | 생애주기와 라이프플랜 포트폴리오 | 2시간 | |

출처: 주영애 · 백주원 · 박현영(2018). 1인가구를 위한 라이프플랜 프로그램의 제안.

### | 관련자료 |

도서

서정렬(2017). 1인가구. 커뮤니케이션북스.
서툰(2016). 1인가구 LIFE 밥숟갈 하나. 미호.
이상화(2013). (1인가구)나 혼자도 잘 산다: 1인가구 450만 나는 대한민국 솔로다. 시그널북스.
후지모리 가츠히코(2018). 1인가구 사회 일본의 충격과 대응. 나남.

영화 & 드라마

〈프란시스 하〉(2014)/86분/감독 노아바움백/출연 그레타 거윅, 믹키 섬너, 아담 드라이버

〈나는 공무원이다〉(2011)/101분/감독 구자홍/출연 윤제문, 송하윤

〈은주의 방〉(2018)/12부작 드라마/연출 장정도, 소재현/출연 류혜영, 서민석

〈회사가기싫어〉(2019)/12부작 드라마/연출 조나은, 박정환, 서주완/출연: 김동완, 한수연

### | 관련 사이트 |

건강가정지원센터(www.family.or.k)

## 1. 부부교육 프로그램의 필요성과 목적

현대 사회 가족의 변화는 부부의 역할과 부부관계를 더욱 중요하게 만들었다. 확대가족에서는 가사와 자녀양육, 가족의 다양한 책임을 가족구성원들이 나누어 맡을 수 있었지만 핵가족에서는 모든 역할을 부부가 책임지게 되었고, 이러한 가족의 변화는 가족 내 부부역할의 중요성을 증대시켰다. 최근에는 가족 가치관도 변화하여 자발적 무자녀 가족이 늘어나는 등 부모-자녀관계가 최우선이었던 과거와 달리 부부관계가 더 중시되고 있고, 평균수명 증가로 노년기에 부부가 함께 할 시간이 더욱 길어지면서 건강한 부부관계는 더욱 중요하게 되었다.

부부는 한 가족의 출발점이며 가족관계를 유지시키는 가장 중요한 축이다. 그러나 부부는 원가족, 가족가치관, 경제관념 및 소비패턴, 자녀양육관 등으로 갈등과 위기를 경험하게 된다. 따라서 부부는 한 팀으로 이를 잘 극복할 수 있도록 협동해야 하며 이는 부부의 중요한 과제이기도 하다. 즉, 서로의 차이를 인정하고 견해를 좁혀 나가면서 건강한 부부관계를 만들어야 한다. 그러나 2017년 이혼의 주된 사유가 '성격차이' (43.1%), '경제문제'(10.1%), '배우자 부정'(7.1%), '가족 간 불화'(7.1%), '정서·육체적 학대'(3.6%), '건강'(0.6%, 기타 및 미상 제외) 등으로 나타났다는(통계청, 2018) 사실은 부부가 예측하지 못했던 여러 어려움들을 잘 극복해 나가는 것이 쉽지 않음을 보여준다. 따라서 건강한 부부관계 정립과 적응을 도울 수 있는 부부교육 프로그램이 필요하다.

부부교육 프로그램은 가족생활주기별로 다루어져야 한다. 신혼기의 경우 원가족 경험과 성장배경이 다른 남녀가 만나 결혼생활에서 조정과 협력이 필요한 시기이므로 이에 대한 부부교육 프로그램이 필요하다. 부부교육을 통하여 의사소통 등 상호교류 패턴을 잘 형성하는 것은 결혼생활 전 과정에 긍정적인 영향을 미칠 수 있기 때문이다.

자녀양육 및 교육기는 부부가 자녀를 함께 양육하기 위한 부부의 협력 뿐 아니라 시간, 에너지, 가사 등의 재조정이 필요한 시기이다. 오늘날 핵가족에서의 부부는 자원을 활용할 수 있는 범위가 확대가족에 비해 좁기 때문에 부부가 대화를 통해 효율적으로 역할을 나누고 공유할 수 있는 방안을 모색할 수 있도록 부부교육이 필요하다.

중년기에도 부부교육이 필요하다. 특히 중년기는 위기의 시기, 전환의 시기로 여겨지며 많은 변화가 발생하여 부부관계의 재정립이 더욱 요구되는 시기이다. 신체적 변화를 비롯하여 자녀의 성인기 도래, 은퇴준비 등 변화된 가족생활을 재배열하고 부부관계를 재정립해야 한다. 이러한 과제들은 잘 준비되어 있지 않을 경우 부부에게 혼란과 어려움을 초래하게 된다. 20년 이상 지속된 혼인관계에 종지부를 찍는 황혼이혼이 증가하는 것은 이러한 중년기 부부의 어려움을 보여준다. 황혼이혼은 이미 2012년 혼인기간 5년 미만의 신혼기 이혼 건수를 앞섰고, 현재에도 꾸준히 증가추세이다(통계청, 2018). 그러므로 중년기 부부의 어려움을 완화하고 문제를 예방하기 위한 부부교육 프로그램이 매우 필요하다.

부부교육은 노년기에도 필요하다. 오늘날과 같은 100세 시대에서는 노년기에 부부가 함께 하는 시간이 길어지므로 친밀하면서도 독립적인 부부관계를 유지하고 건강한 의사소통이 이루어질 수 있도록 해야 한다. 또한 그 동안 살아온 인생에 대한 긍정적인 통합과 배우자 및 본인의 죽음을 준비해야 한다. 이러한 노년기 발달과업을 달성하고 인생을 잘 마무리할 수 있도록 노년기 부부교육이 필요하다.

부부관계는 가족생활주기에 따라 변화를 거듭하는 역동적인 관계이다. 따라서 가족생활주기에 알맞은 부부관계의 재정립과 조율이 필요하며, 각 주기마다 발달과업을 달성할 수 있도록 도와주고 부부간 질적인 상호작용을 유지할 수 있는 체계적이고 연속적인 부부교육이 요구된다.

부부교육은 부부의 강점을 지원하여 부부관계에서 발생할 수 있는 여러 문제를 예방하고 가족생활주기별 건강한 부부관계의 정립을 도와 가족생활의 질을 향상시키는 데 그 목적이 있다. 즉, 가족의 핵심이고 뿌리인 부부가 자신들의 가능성과 잠재력을 개발하고 부부관계의 강점에 초점을 두어 함께 성장할 수 있도록 도와 궁극적으로 부부관계의 질 향상, 결혼생활에 대한 만족감을 높이는 것이다.

## 2. 부부교육 프로그램의 이론적 기초

### 1) 부부교육의 개념

부부교육이란 건강하고 행복한 결혼생활을 영위할 수 있도록 돕기 위해 부부를 대상으로 진행되는 교육의 한 형태이다(이은영, 장진경, 2018). 서로 다른 환경에서 자라난 부부가 가족을 형성하고 함께 생활하면서 다양한 갈등상황을 경험하게 되는데, 이러한 갈등을 잘 해결하고 건강한 부부관계를 맺을 수 있도록 도와주기 위해 부부교육이 필요하다. 여러 학자들은 부부교육의 초점이 부부사이에 발생할 수 있는 여러 종류의 문제를 '예방'하는 데 있으며, 부부체계를 강화하여 행복하고 성장하는 부부관계를 맺도록 도와 건강하고 안정적인 결혼생활이 가능하도록 하는 데 그 목적이 있다고 하였다(Blanchard 외, 2009; 이은영, 장진경, 2018 재인용).

2차 세계대전 후 전쟁의 여파로 발생한 가족들의 심리·사회적 문제 해결을 위해 부부치료 및 가족치료 분야가 시작되었지만 치료적 접근방법만으로는 여러 가족을 지원하는데 한계가 있다는 비판으로 1960년대 초 미국에서부터 부부관계 향상을 위한 프로그램이 개발되기 시작했다(Mace & Mace, 1976). 메이스(Mace,1975)는 부부관계에 대한 예방적이고 성장지향적인 접근을 '부부관계 향상(marital enrichment)'이라는 개념으로 정립하였으며, 이러한 부부관계향상이 치료와 다른 점은 개입 시기의 차이에서 찾아볼 수 있다(이은영, 장진경, 2018). 부부치료는 문제 발생 이후의 개입이 일반적인데 비해 부부교육은 문제발생 이전에 개입하여 부부의 성장, 친밀한 부부관계, 동반자적 관계로 나아갈 수 있도록 돕는다.

### 2) 부부교육 프로그램의 내용

부부교육은 부부관계 향상을 통해 부부 각자의 삶의 질을 높이고 부부와 가족문제를 예방하도록 도와야 한다. 특히 현대의 동반자적 결혼에서는 부부관계의 정서적 측면이 중요하므로 친밀감 증진을 위한 내용이 중요하게 다루어져야 한다.

〈표 8-1〉에서 볼 수 있듯이 부부교육 프로그램은 특정 내용이 어느 한 가족생활주기에만 적용되는 것은 아니다. 예를 들어, 의사소통은 가족생활주기 전반에 걸쳐 다

표 8-1 **가족생활주기별 부부교육의 내용**

| 단계 | 부부교육 프로그램 내용 | |
|---|---|---|
| 신혼기 | • 동반자로서의 결혼<br>• 자신과 원가족과의 분화<br>• 자아상 확립<br>• 자신과 배우자의 성격 이해<br>• 부부상호작용 패턴 형성<br>• 대화 및 갈등해결 기술<br>• 친밀감 증진<br>• 성역할 및 가사분담 | • 부부권력 및 의사결정<br>• 가계/재정관리<br>• 일-가정양립<br>• 시가/처가와의 관계<br>• 부부의 성 이해<br>• 가족계획<br>• 취미와 여가활동 |
| 자녀양육 및 교육기 | • 대화 및 갈등해결 기술<br>• 친밀감 증진<br>• 부부권력 및 의사결정 | • 가계/재정관리<br>• 일-가정양립<br>• 공동육아를 위한 부부간 협력 |
| 중년기 | • 중년기의 신체적·심리적 특성<br>• 부부 성역할 변화<br>• 중년의 위기 대처방법<br>• 삶의 재평가(개인, 가족, 직업)<br>• 의사소통 | • 갱년기 교육<br>• 은퇴준비교육<br>• 지역봉사<br>• 여가활동<br>• 중년기 부부의 성 이해 |
| 노년기 | • 노년기의 건강과 심리<br>• 은퇴적응<br>• 함께 늙어가기<br>• 의사소통 | • 노년의 성생활<br>• 건강한 자아상 확립<br>• 죽음준비 및 배우자 사후 적응교육 |

출처: 송정아 외(1998). 가족생활교육론. pp. 156-167에서 재구성.

루어져야 할 내용이다. 그러므로 부부교육 프로그램의 내용은 각 가족생활주기에 적절하게 구성되어 연속적으로 다루어져야 하며, 그 내용은 다음과 같다.

### (1) 평등한 부부관계

부부관계는 가족을 유지시키는 가장 중요한 축으로 민주적이고 평등해야 한다. 평등한 부부는 심리적으로 친밀할 뿐 아니라, 권력이나 책임을 평등하게 분배한다. 또한 대화와 타협을 통해 공동으로 의사결정을 하며, 효율적인 의사소통, 융통성 있는 역할의 공유가 이루어지고, 가정경제에 대한 공동운영·책임을 갖는다. 이러한 부부관계는 부부간 힘의 균형을 유지해 나가는 과정 속에서 끊임없는 조율과 협상을 필요로 하므로 쉽게 형성·유지되기가 어렵다. 그러므로 부부교육 프로그램을 통해 평등한 부부관계를 맺을 수 있도록 도와야 한다.

### (2) 효과적 의사소통

부부관계의 질은 의사소통에 의해 좌우된다. 의사소통을 통해 부부는 친밀감을 표현하고 의견이 다를 때 조율하며 갈등을 해결할 수 있다. 그러므로 효과적인 의사소통은 건강한 부부관계를 정립하는데 중요한 역할을 한다. 올슨(Olson)과 동료들은 어떻게 의사소통 하느냐에 따라 관계가 더욱 친밀해지거나 악화될 수 있으며, 자기주장과 경청을 통해 부부가 서로의 차이를 이해하고 조율할 수 있어야 한다고 하였다. 특히 성, 원가족 경험 등의 차이로 인해 나타나는 의사소통 방식의 차이는 효과적인 의사소통 기술을 습득함으로써 극복해야 한다고 하였다(Olson 외, 21세기 가족문화연구소 편역, 2002).

한편, 여성가족부의 '가족실태조사'(2016)에서 배우자와의 의사소통 만족도는 전체적으로 여성이 남성보다 낮았다. 이러한 결과는 부부의 의사소통 방식에 차이가 있으며 효과적이고 만족스러운 의사소통에 대한 교육이 필요함을 보여준다. 또한 20대와 나머지 연령대 간에 차이를 보였는데, 30~70대 이상의 의사소통 만족도가 20대보다 낮았다. 특히 40~50대의 만족도 점수는 전체 평균보다 낮아 이 시기 부부관계에 발생하는 어려움이나 갈등을 예측할 수 있다.

표 8-2 배우자와의 의사소통 만족도

(단위: 평균)

| 구분 | 남성 | 여성 |
|---|---|---|
| 20대 | 3.89 | 3.51 |
| 30대 | 3.50 | 3.18 |
| 40대 | 3.30 | 3.08 |
| 50대 | 3.28 | 3.04 |
| 60대 | 3.35 | 3.16 |
| 70대 이상 | 3.38 | 3.17 |
| 전체 | 3.36 | 3.12 |

* 점수가 높을수록 만족도가 높음을 의미함. (1점: 매우 불만족, 5점: 매우 만족)

출처: 여성가족부(2016). 가족실태조사. p.192 표 재구성.

결국 의사소통 교육은 부부의 가족생활주기 전반에 걸쳐 지속적이고 연속적으로 다루는 것이 바람직하며 각 가족생활주기에 적합한 의사소통 교육을 통해 부부의 효과적인 의사소통이 가능하도록 도와 친밀하고 건강한 부부관계 형성에 기여해야 한다. 특히 의사소통의 가장 중요한 요소는 서로에 대한 존중과 배려이므로 부부가 이런 태도를 갖춰 동반자적 부부관계를 형성·유지하도록 해야 한다. 효과적인 의사소통은 부부의 친밀감 향상, 건설적인 관계 유지에 중요한 동력이 되므로 의사소통 교육의 중요성은 아무리 강조해도 지나치지 않다.

### (3) 일·가정 양립과 역할공유

통계청(2018)에 의하면 기혼 여성의 경제활동참가율은 63.4%이며, 맞벌이 가구 비율은 2018년 46.3%로 증가추세에 있다. 이처럼 여성 취업률과 맞벌이 가구 비율이 증가함에 따라 일·가정 양립과 역할공유에 대한 문제가 중요한 화두로 떠오르게 되었다. '워라밸(work-life balance)', '소확행(작지만 확실한 행복)'에서도 알 수 있듯이 일-가족생활의 균형과 소소한 행복감이 개인의 삶의 질과 건강한 가족을 위해 중요한 요소가 되었다. 그러나 일·가정 양립은 쉬운 문제가 아니며 특히 여성에게는 더욱 그러하다. 한국보건사회연구원(2015)의 조사 결과, 기혼취업여성(15~49세)의 일·가정양립

표 8-3 기혼취업여성의 일·가정양립이 어려운 이유 (단위: %)

| 구분 | | 자녀 양육부담 | 가사부담 | 부부간 시간부족 | 자녀와의 시간부족 | 직장일 전념곤란 | 기타 |
|---|---|---|---|---|---|---|---|
| 기혼여성 전체 | 소계 | 46.6 | 34.5 | 2.3 | 11.6 | 3.3 | 1.7 |
| 연령별 | 30세 미만 | 53.2 | 27.0 | 4.8 | 7.9 | 6.3 | 0.8 |
| | 30~34세 | 67.9 | 17.6 | 3.4 | 6.7 | 3.4 | 1.0 |
| | 35~39세 | 63.2 | 18.3 | 1.7 | 12.3 | 3.5 | 1.1 |
| | 40~44세 | 45.0 | 37.1 | 1.1 | 12.8 | 3.1 | 0.9 |
| | 45~49세 | 18.9 | 57.9 | 3.3 | 13.0 | 3.2 | 3.7 |
| 현존 자녀수별 | 0명 | – | 68.5 | 15.7 | 0.8 | 10.2 | 4.7 |
| | 1명 | 58.0 | 22.0 | 2.0 | 13.0 | 3.2 | 1.9 |
| | 2명 | 45.0 | 37.4 | 1.6 | 11.8 | 2.9 | 1.4 |
| | 3명 이상 | 47.8 | 32.8 | 2.5 | 11.5 | 3.7 | 1.6 |

출처: 한국보건사회연구원(2015). 전국출산력 및 가족보건복지 실태조사에서 발췌.

이 어려운 이유로 자녀양육부담(46.6%)과 가사부담(34.5%)이 가장 높게 나타났다. 특히 어린 자녀를 두었을 것으로 예상되는 30대 여성에게서 자녀양육부담이 높게 나타나 부부의 공동육아가 현실적으로 잘 이루어지지 못하고 있음을 알 수 있다. 또한 자녀가 두 명 이상인 경우 자녀 한 명인 경우보다 가사부담에 대한 응답 비율이 상대적으로 높게 나타나 부부간 가사노동이 재분배 되어야 할 필요가 있다(표 8-3). 따라서 부부가 가족 내 역할을 융통성 있게 조율하고 공유하여 일·가정양립이 이루어질 수 있도록 돕는 부부교육이 필요하다. 또한 부부의 역할 수행은 자녀의 성역할 태도에 지대한 영향을 미치므로, 부부교육을 통해 부부의 일·가정 양립을 돕고 자녀에게 바람직한 롤모델이 되며, 더 나아가 부부 각자의 생활 만족도와 가족의 건강성을 높여야 한다.

### (4) 조화로운 시간사용

부부는 생활을 함께하면서 시간도 공유한다. 부부의 여가나 취미활동을 비롯한 여러 활동에 대한 시간사용 방식, 부부 각자의 시간과 함께하는 시간의 조화 등은 부부관계의 질에 중요한 영향을 미친다. '따로 또 같이'라는 말이 있듯이 부부가 함께 할 때의 시간을 어떻게 사용할 것인지, 각자의 시간은 어떻게 사용할 것인지 등 시간사용에 대한 조화나 합의가 이루어지지 않으면 부부관계에 갈등이 발생할 수 있다. 그러므로 부부교육 프로그램을 통해 부부간 적절한 시간 사용이 이루어지고 부부의 조화로운 생활에 기여할 수 있도록 해야 한다.

한편, 시간사용에 대한 부부교육 프로그램의 내용은 가족생활주기별 발달과업 측면에서도 중요하게 다루어져야 한다. 특히 자녀 진수(launching) 후 부부관계를 재정립하는 데 부부의 시간계획과 사용이 중요하므로 중노년기에 알맞은 부부교육 프로그램이 요구된다.

#### (5) 함께 만족하는 성

부부의 성적 적응은 부부관계의 질과 만족도를 좌우하는 주요 요인 중 하나이다. 부부가 함께 만족하는 성생활을 위해서는 애정, 배려, 존중, 신뢰, 책임감 등이 전제되어야 한다. 성관계는 육체적인 활동인 동시에 정서적이고 감정적인 상호작용이 중요하게 작용하는 의사소통의 과정이기 때문이다. 이를 통해 부부는 유대감과 친밀감을 형성하고 관계를 더욱 발전·성숙시킨다. 부부교육 프로그램은 건강한 성생활, 서로의 성에 대한 이해, 성평등한 관계, 정신적·정서적 요소의 중요성 등을 다루어 더욱 친밀하고 건강한 부부의 상호작용이 이루어질 수 있도록 해야 한다.

## 3. 부부교육 프로그램의 실제: 선행연구 고찰

### 1) 실태

최근 개발된 부부교육 프로그램을 고찰하고 그 결과를 토대로 총 4편의 부부교육 프로그램을 간략하게 소개하고자 한다(표 8-4).

표 8-4 **부부교육 프로그램 소개**

| 개발자(연도) | 프로그램명(실시대상) | 회기 및 시간 | 목표 | 회기별 주요 주제 | 비고 |
|---|---|---|---|---|---|
| 유옥(2010) | 결혼생활 만족도 증진을 위한 신혼기 부부 의사소통 프로그램(신혼기 부부) | 6회기(회기당 2시간) | 결혼생활 만족도의 증진과 신혼기 부부 의사소통기술의 향상 | 결혼생활의 기대에 대한 의사소통/자기이해와 배우자 차이에 대한 의사소통/친밀감에 대한 의사소통/의사소통 기법훈련/성에 대한 의사소통/소망에 대한 의사소통 | 개발 ○<br>실시 ○<br>평가 ○ |
| 박수선(2013) | 신혼기 부부관계 향상을 위한 교육 프로그램(결혼한 지 5년 이내의 자녀가 없는 부부) | 4회기(회기당 2시간) | 결혼과 부부역할에 대한 긍정적 가치관을 형성하고 올바른 의사소통방법과 적극적인 갈등대처방법의 학습을 통해 양성평등하고 안정된 결혼생활 적응을 도움 | 나-너 그리고 우리/사랑의 대화Ⅰ(행복을 가져다주는 대화법)/사랑의 대화Ⅱ(결혼생활 갈등대처법)/일도 가정도 행복하게(일-가정 양립과 균형) | 개발 ○<br>실시 ○<br>평가 ○ |
| 박정윤, 이희윤, 한은주(2014) | 은퇴 전·후 중년기 부부관계강화를 위한 프로그램(은퇴 전후의 중년기 부부) | 5회기(회기당 2시간) | 은퇴 전후의 중년기 부부관계 향상과 행복한 가족관계 유지 | 노후설계/건강한 가족관계-부부관계강화, 성인자녀와의 관계적응/생산적 여가생활-시간관리, 여가계획 | 개발 ○<br>실시 ○<br>평가 ○ |
| 고재욱(2011) | 노년기의 부부관계 개선 프로그램(노인 부부) | 33회(회기당 2시간) | 노년기의 부부관계 개선을 통한 부부의 생애사적 삶의 의미 창출과 부부간 친밀감 향상 | 자아존중과 자기인식 및 배우자 이해/갈등과 위기극복/의사소통/부부 여가공유/부부의 여생 준비/부부여가활동/새롭게 태어나는 부부관계/자조모임 | 개발 ○<br>실시 ○<br>평가 ○ |

## 2) 분석 및 제언

최근 개발된 부부교육 프로그램을 고찰한 결과 다음의 몇 가지 특징을 알 수 있다.

첫째, 각 프로그램은 부부관계 향상을 위하여 다회기의 다양한 영역으로 구성되어 있다. 부부관계는 역할, 의사소통, 갈등해결 등 여러 측면에서의 균형 있는 적응을 필요로 한다. 그렇기 때문에 부부교육 프로그램 개발 당시부터 부부관계에 중요한 영역들을 선별하고 이를 프로그램 전체 회기 중에 골고루 배열하여 교육 참가자로 하여금 핵심 내용들을 접할 수 있도록 하고 있다. 이를 통해 전체 프로그램 회기가 진행되는 동안 점진적으로 부부관계의 적응적인 측면을 학습해 나갈 수 있으며 단회기 프로그램과 대조되는 부분이라 할 수 있다.

둘째, 모든 부부교육 프로그램에 의사소통에 대한 내용을 공통적으로 포함하고 있어 부부간 의사소통의 중요성을 강조하고 있다. 특히 신혼기 부부교육 프로그램의 경우 대화법에 비중을 크게 두거나(박수선, 2013), 결혼생활만족도 증진을 위한 의사소통 프로그램으로 특화하여(유옥, 2010) 신혼기 부부적응을 지원하고 있다.

셋째, 신혼기에서 노년기로 갈수록 여가의 중요성을 강조하고 있다. 중년기 은퇴 전·후 부부교육 프로그램, 노년기 부부교육 프로그램 등에서 여가활동이나 부부 여가설계에 대해 다루어(고재욱, 2011; 박정윤 외, 2014) 중년기 이후 길어진 시간의 활용과 부부관계 질의 관련성을 보여준다. 특히, 노년기는 사회적 관계망이 축소되면서 가장 가까운 관계망으로 배우자가 남게 되고, 은퇴 등으로 역할이 축소되면서 시간 관리와 활용이 중요해진다. 오늘날 빨라진 은퇴와 길어진 노년기에 부부가 함께 할 시간이 장기화되므로 부부가 시간을 어떻게 보내는가 하는 문제는 노년기 삶의 질과 직결된다. 따라서 시간선용으로서의 여가, 개인 여가와 부부 공동 여가의 균형 등에 대한 내용이 앞으로 심도 있게 다루어질 필요가 있다.

한편, 선행연구 고찰 결과 신혼기를 위한 부부교육 프로그램은 많았지만 중년기와 노년기 부부교육 프로그램은 상대적으로 부족했다. 부부관계는 변화와 적응을 거듭하는 역동적인 관계이므로 각 가족생활주기별로 부부관계 재정립을 위한 프로그램이 매우 필요하다. 따라서 이에 대한 몇 가지 제언을 하면 다음과 같다.

첫째, 중년기 위기를 잘 극복하여 건강한 부부관계를 재정립 할 수 있는 부부교육 프로그램이 필요하다. 중년기는 개인적·사회적으로 많은 변화를 경험하게 되는 시기이다. 개인의 신체적·심리적 변화와 부모역할에서의 변화, 은퇴 등으로 인한 사회적 지위변화 등은 부부관계에 위기를 가져올 수 있다. 2018년 전체 이혼의 33.4%로 가장 많은 비율을 차지하는 황혼이혼은(통계청, 2018) 결혼한 지 20년 이상 된 부부의 이혼으로 중년기 부부의 부적응을 보여주는 사례이며, 우리사회의 심각한 사회문제이기도 하다. 중년기 부부의 해체는 개인들이 겪는 고독, 외로움, 경제적인 어려움뿐 아니라 중년의 고독사, 홀로된 이들에 대한 서비스지원 등으로 국가차원에서도 해결해야 할 과제가 되고 있다. 따라서 신체적 노화의 수용, 정체감 혼란을 극복할 진정한 자아 찾기, 늙어가는 배우자와의 새로운 관계 맺기와 친밀감 증진, 서로에 대한 이해, 바람직한 갈등 해결, 열린 의사소통, 역할 공유, 노화에 대한 심리적 준비, 노후의 경제적 안정, 부부의 성장을 위한 활동 등에 대한 부부교육이 필요하다. 이를 통해 중년기 부부가 겪게 되는 다양한 전환을 적극적으로 받아들여서 위기를 기회로 만들어 제2의 신혼기로 거듭날 수 있도록 해야 한다.

둘째, 노년기 부부교육 프로그램이 확대되어야 한다. 우리사회의 평균수명이 길어지면서 '100세 시대'가 되고 있다. 2017년에 65세 이상 노인인구 비율이 14%를 넘어서 고령사회에 진입했고 2025년에는 초고령사회에 진입하게 될 것으로 예상하고 있다(통계청, 2018). 노년기에는 사회관계망이 현격히 줄어들게 되면서 부부가 함께 하는 시간이 늘어날 수밖에 없다. 따라서 노년기 부부관계는 두 사람의 삶의 만족도를 결정짓는 핵심 요인이다. 나아가 점차 증가할 노인들의 삶의 질이 곧 우리사회의 삶의 질과 연결되므로 노년기 만족스런 부부관계를 위한 다양한 교육이 절대적으로 필요한 시점이다. 특히 노년기 부부교육은 부부간의 강점을 살리는 데 역점을 두어 그들의 성공적인 삶의 마무리에 기여해야 한다. 노년기에는 노화와 질병, 역할변화 등으로 부부 부적응 및 갈등이 초래될 수 있으므로 노년기 부부교육 프로그램은 부부 공동의 협력 체제를 유지하고 역할분담을 재조정하기 위한 내용을 다루어야 한다. 즉, 친밀하고 협력적인 부부관계를 유지해 나가기 위한 역할분담, 부부 공동의 여가, 성적 적응, 의사소통 및 갈등해결 등이 포함되어야 한다.

한편, 노년기에는 배우자의 죽음과 자신의 죽음을 겪게 되므로 죽음준비에 대한 내용을 다루어야 한다. 죽음준비 교육은 현재의 삶을 소중하게 바라보고 보다 의미 있게 만들며, 인생의 가치를 인식하게 하는 중요한 기회가 된다. 또한 죽음에 대한 긍정적인 이해를 통해 죽음 불안에서 벗어나 심리적인 안녕감과 삶과 죽음의 의미를 찾는 데 도움이 된다(강경아, 2011). 따라서 죽음을 필연적이고 자연스러운 과정의 하나로 이해하여 배우자나 자신의 죽음을 받아들이고 긍정적으로 생각할 수 있도록 해야 하며, 이와 함께 노년기 발달과제인 자아통합을 이루어 인생을 잘 마감할 수 있도록 돕는 교육이 필요하다. 즉, 죽음에 대한 두려움에서 벗어나기, 인생 동반자의 죽음과 내

자신의 죽음을 수용하기, 남은 시간을 어떻게 살아갈 것인지, 삶의 마무리를 어떻게 할지, 남은 자의 적응을 돕는 내용 등이 다루어져야 할 것이다.

## 프로그램 예시 은퇴 전·후 부부관계 증진교육

부부교육 프로그램 중 박정윤, 이희윤, 한은주(2014)의 '은퇴 전·후 중년기 부부관계강화를 위한 프로그램 개발 및 효과성 검증에 관한 연구'를 소개하고자 한다.

### ⊙ 프로그램 목적

은퇴 전·후 중년기 부부의 노후설계를 통해 은퇴를 준비하고, 부부관계, 성인자녀와의 관계를 증진하며, 은퇴 후 부부가 함께 하는 여가문화 창출을 통해 보다 건강한 노년기를 보낼 수 있도록 하는 데 그 목적이 있다.

### ⊙ 프로그램 구성

프로그램은 총 5회기로 구성되었으며, 구체적인 내용은 다음과 같다.

1회기 **노후설계 – 행복을 위한 인생 디자인: 나의 미래를 디자인하라. 그리고 행동하라.**

| 단계 | 교육내용 | 준비물 |
|---|---|---|
| 도입<br>(15분) | • 참여자 소개 및 라포형성<br>• 팀빌딩과 앵커링 | 개인명찰,<br>전지,<br>색지,<br>색연필,<br>테이프,<br>워크북,<br>ppt |
| 전개<br>활동<br>(90분) | 〈강의〉<br>• 중년기에 관한 이해<br>• 인생저울 달아보기<br>• 가족관계에서의 삶의 만족도 확인<br>• 여가생활 및 노후준비와 설계의 필요성 깨닫기<br>〈활동〉<br>• 인생주기 그리기<br>• 실버갤러리 만들기<br>• 미래 은퇴계획 만들기 | |
| 종결<br>(15분) | • 셀프코칭을 통해 점검하기<br>• 참여자 개인별 새롭게 알게 된 것 나누기<br>• 참여자 그룹별 가장 의미 있었던 것 나누기<br>• 긍정적인 측면 피드백 | |

2회기 **건강한 가족관계 – 표현하고 통(通)하는 부부: 부부관계의 중요성과 행복한 부부관계 강화**

| 단계 | 교육내용 | 준비물 |
| --- | --- | --- |
| 도입<br>(10분) | • 강사소개 및 강의 오리엔테이션<br>• 부부관계의 중요성 | 시청각자료,<br>부부 의사소통에 대한<br>VTR,<br>미술도구,<br>스피커 |
| 전개<br>활동<br>(100분) | 〈강의〉<br>• 부부관계 특성 알기<br>• 중노년기 가족의 발달과업 및 예상문제 알기<br>• 건강한 부부관계 이해하기<br>〈활동〉<br>• 부부 애정지도 그리기<br>• 친밀감 형성실습<br>• 의사소통실습<br>• 노후의 부부상 만들기 | |
| 종결<br>(10분) | • 교육내용에 대한 소감 및 정리<br>• 부부관계의 중요성과 상호 노력의 중요함 강조<br>• 사전사후 평가지 작성<br>• 다음 수업 안내 | |

3회기 **건강한 가족관계 – 백년의 유산: 성인자녀와 따로 또 같이 사는 법**

| 단계 | 교육내용 | 준비물 |
| --- | --- | --- |
| 도입<br>(10분) | • 프로그램의 목적과 간략한 내용의 소개<br>• 성인자녀와의 현재 관계 점검<br>• 부모–성인자녀 간 정서적 독립의 필요성 인식하기 | 시청각자료,<br>오디오,<br>미술재료 |
| 전개<br>활동<br>(100분) | 〈강의〉<br>• 부모–성인자녀 관계의 개념 및 특성<br>• 갈등사항 및 해결방안<br>• 상호정서적 분리를 위한 노력과 대응<br>〈활동〉<br>• 자녀와의 관계 돌아보기<br>• 현재 자녀의 문제 중 가장 해결하고 싶은 것 알아보기<br>• 자녀의 자원 탐색<br>• 자녀와의 정서적 독립을 위한 행동계획<br>• 노년기의 부모상 만들기 | |
| 종결<br>(10분) | • 강의 및 활동 내용 요약, 마무리<br>• 소감 나누기<br>• 본 회기 프로그램 평가 | |

4회기 **생산적 여가생활 – 나와 가족생활 새롭게 설계하기(시간 관리): 새로운 생활패턴의 설계**

| 단계 | 교육내용 | 준비물 |
|---|---|---|
| 도입<br>(10분) | • 나의 개인시간과 가족시간 나누기 | 워크북 |
| 전개<br>활동<br>(100분) | 〈강의〉<br>• 어릴적 행복했던 추억 및 교훈 찾기<br>• 가족시간 찾기<br>• 가족의 날 만들기와 가족활동 계획하기<br>〈활동〉<br>• 인생만족도 그래프 그리기 | |
| 종결<br>(10분) | • 강의 및 활동 내용 요약, 마무리<br>• 일일 생활습관 만들기 | |

5회기 **생산적 여가생활 – 나와 가족생활 새롭게 설계하기(여가계획): 또 다른 내 모습을 찾기 위한 여가생활 관리**

| 단계 | 교육내용 | 준비물 |
|---|---|---|
| 도입<br>(10분) | • 개인 여가생활의 중요성 알기<br>• 여가 찾기의 중요성 알기 | 워크북,<br>여가활동 실습자료 |
| 전개<br>활동<br>(100분) | 〈강의〉<br>• 어릴적 하고 싶었던 일 찾기<br>• 지금 하고 싶은 여가 찾기<br>• 여가를 실천하는 방법 알기<br>〈활동〉<br>• 여가생활 지침 작성 | |
| 종결<br>(10분) | • 강의 및 활동 내용 요약, 마무리 | |

### ⊙ 실시

본 프로그램은 은퇴 전·후의 중년기 부부 15쌍을 대상으로 진행되었다. 각 회기는 노후설계, 부부관계강화, 성인자녀와의 관계적응, 시간관리, 여가계획으로 회기당 2시간씩 총 5회기로 구성되었다.

### ⊙ 평가

프로그램의 효과성 검증을 위하여 사전·사후검사를 진행하였으며 회기내용에 따라 개발된 척도로 구성하였다. 1회기는 노후생활에 대한 구체적인 인식으로 노후설계의 필요성, 노년기의 발달특성에 대한 이해, 행복한 노후를 위한 요건, 부부관계 및 여가활동의 중요성에 관한 내용으로 척도가 구성되었고, 2회기는 은퇴 후 부부관계 변화 및 발달과업을 인식에 도움이 되었는지를 파악하기 위해 은퇴 후 부부관계의 변화 및 특성에 대한 이해, 은퇴 후 부부관계 강화를 위한 실천방법에 대한 이해를 묻는 문항이 포함되었다. 3회기는 은퇴 후 성인자녀와의 관계변화 인식, 성인자녀와 부모관계강화를 위한 실천방안 이해로 구성되었고, 4회기는 시간사용의 효율성, 생활 목표, 일의 순서, 자신을 위한 시간확보, 일의 목표설정이 포함되었다. 5회기는 여가생활의 중요성과 여가생활관리, 여가생활에 관한 장점, 여가생활의 활동관계와 발전방안을 이해하고 있는지를 파악하였다.

출처: 박정윤, 이희윤, 한은주(2014). 은퇴 전·후 중년기 부부관계강화를 위한 프로그램 개발 및 효과성 검증에 관한 연구. 한국가족자원경영학회지, 18(3), 117-133.

* 저작자의 동의 하에 본 프로그램을 제시함. (2019. 10. 25)

## | 관련자료 |

### 도서

김아연, 박현규(2018). 오늘부터 진짜부부. 지식너머.

박미령(2013). 결혼한다는 것. 북에너지.

성서현(2007). 결혼에 대해 우리가 이야기하지 않는 것들. 서울북스.

신디(2019). 어쨌거나 잘살고 싶다면 신디의 결혼수업. 더퀘스트.

여성훈(2020). 결혼이 사랑에게 말을 하다. 이마고데이.

이수경(2012). 이럴 거면 나랑 왜 결혼했어?. 라이온북스.

최성애(2005). 부부사이에도 리모델링이 필요하다. 해냄.

### 영화

〈님아 그 강을 건너지 마오〉(2014)/86분/감독 진모영/출연 조병만 · 강계열

〈로망〉(2019)/112분/감독 이창근/출연 이순재 · 정영숙 · 조한철

〈호프 스프링스〉(2013)/100분/감독 데이빗 프랭클/출연 메릴 스트립, 토미 리 존스

〈B급 며느리〉(2018)/80분/감독 선호빈/출연 김진영 · 조경숙 · 선길균

## | 관련사이트 |

보건복지부(www.mohw.go.kr)

여성가족부(www.mogef.go.kr)

CHAPTER 9

# 부모교육 프로그램

## 1. 부모교육 프로그램의 필요성 및 목적

과거와 달리 복잡하고 역동적이며 다양성을 지향하는 현대사회는 부모역할에 많은 변화를 요구하고 있다. 민주적인 부모-자녀관계, 친밀한 아버지 역할의 중요성, 부부의 자녀 공동양육 등은 이러한 변화를 보여주는 예라 할 수 있다.

과거 확대가족에서는 노부모나 가까운 친척들이 자녀 양육에 대한 자원이 되어주었고 그를 통해 부모역할을 간접적으로 학습할 수 있었지만, 오늘날 부부중심의 핵가족에서 자녀양육은 전적으로 부모의 책임이 되었다. 이에 따라 부모역할 수행에 도움이 되는 체계적인 부모교육이 필요하게 되었지만 이와 관련된 정보가 넘쳐나고 이런 정보의 홍수가 도리어 부모역할에 혼란을 초래하고 있다. 따라서 인터넷, 서적, 미디어 등 너무나 다양한 정보습득 경로와 일부 검증되지 않은 정보로 인한 혼란을 방지하고 올바른 정보를 선별해 낼 수 있도록 부모교육이 필요하다.

부모교육은 자녀양육에 어려움을 겪는 부모들이나 양육방법 및 교육전략을 모색하는 부모들에게 든든한 자원이 되어야 한다. 또한 부모교육은 부모들이 자녀를 어떻게 행복하게 키울지에 대한 답을 찾는데 주안점을 두어야 한다. 우리나라 초등학교 4학년에서 고등학교 3학년까지의 학생들이 생각하는 주관적 행복지수는 OECD 22개국가 중 20위로 나타나 최하위 수준에 머물고 있다. 더구나 주관적 삶의 만족도는 꼴찌를 기록 했고, 행복을 위해서는 가족이나 건강보다 돈이 필요하다고 응답하는 학생들의 연령이 갈수록 낮아지고 있다(한겨레, 2019. 5. 14.). 스라밸(공부와 생활의 균형, study and life balance)[1]이라는 단어의 파생과 2018년 청소년 사망원인 1위가 자살로 나타난(통계청, 2019) 조사결과는 자녀를 건강하고 행복하게 기르기 위한 부모교육의 필요성에 대해 시사한다. 2018년 초·중·고 학생 자살자 144명에 대한 사후 심층조사 결과, 자살 원인은 가족문제(75건, 이하 복수응답), 학업문제(67건), 개인문제(55건)인 것으로 나타났다. 이 중 가족문제는 가정폭력을 포함한 부모–자녀갈등(48%), 부모간 갈등(17.3%), 경제적 어려움(16%) 등으로 나타났고, 학업문제는 전공·진로부담(28.4%), 성적부진·경쟁과열(20.9%), 부모의 성적압박(16.4%), 학업실패 두려움(13.4%), 학습량 과다(7.5%) 순이었다(교육부, 2019). 이러한 결과는 우리나라 아동·청소년들의 부모–자녀관계를 비롯한 가족 및 학업·입시 스트레스가 매우 높음을 보여주며 부모 또한 자녀의 성장을 지원하는 부모역할이 아닌 '학부모' 역할에 비중을 두고 있음을 짐작하게 한다. 따라서 자녀의 행복한 삶을 위해 부모들이 학부모가 아닌 '부모' 역할을 할 수 있도록 돕는 부모교육이 필요하다.

한편, 최근에 회자되는 헬리콥터맘, 캥거루족 등의 신조어는 오늘날 부모역할의 단면을 보여준다. 자녀의 개성을 고려한 양육과 교육이 중요함에도 불구하고, 부모는 자녀의 특성을 인정하거나 독려하지 못하는 경우가 많다. 자녀의 독립성을 존중하고 부모–자녀간 경계와 위계를 명확히 하기보다는 자녀의 모든 욕구를 충족시켜줌으로써 자녀의 자립을 오히려 방해하기도 한다. 이는 자녀가 성인이 된 후에도 부모에게 지나친 의존을 하게 하는 원인이 되며 부모는 노년기가 되어서도 자녀를 독립시키지 못하는 상황이 발생하게 된다.

그러므로 부모교육은 다음과 같은 목적을 가지고 실시되어야 한다. 첫째, 부모역할 수행에 도움을 주는 자원이 되어야 한다. 과거와 달리 부모역할을 학습할 기회가 부족한 현 시점에서 부모교육이 자녀양육에 도움이 되며, 동시에 부모역할에 대한 올바른 정보를 선택하여 적용할 수 있도록 길잡이가 되어야 한다. 둘째, 자녀가 행복하고

---

1) '스라밸'은 일과 생활의 균형을 나타내는 '워라밸(work and life balance)'이라는 신조어에서 파생된 단어이다.

안정적인 정서를 바탕으로 건강하게 성장할 수 있는 부모역할을 수행할 수 있도록 해야 한다. 어느 정도의 학업적 성취를 위한 학부모 역할도 필요하지만 자녀가 행복한 삶을 살 수 있도록 이끌어 주는 것이 더 중요한 부모의 역할임을 강조할 필요가 있다. 셋째, 자녀가 생애주기별 발달과업을 달성하고 독립적인 성인으로 성장할 수 있는 부모역할을 수행하도록 돕는다. 자녀의 발달을 이해하고 부모역할의 궁극적 목적은 자녀의 성인으로서의 독립임을 인식하도록 해야 한다. 넷째, 부모의 역량 강화를 통해 자녀가 사회성원으로서 제 역할을 다 할 수 있도록 이끌어야 한다. 즉 부모교육을 통해 부모들이 자녀를 '내 자식'에서 나아가 '사회 구성원'으로 인식하는 공동체적 관점을 갖도록 할 필요가 있다.

## 2. 부모교육 프로그램의 이론적 기초

### 1) 부모교육의 개념

부모교육의 개념은 학자마다 다양하게 정의되고 있다. 이어하트(Earhart, 1980)는 부모의 역할을 위한 정보와 지침을 마련해 주는 모든 형태의 활동이나 경험을 포함하는 것이라 하였고, 파인(Fine, 1980)은 체계적인 프로그램을 통해 부모에게 지식과 정보, 기술을 알려주기 위해 의도적으로 계획된 활동이라고 하였다. 퍼슨과 로빈슨(Pehrson & Robinson, 1990)은 부모-자녀 간의 상호작용의 질을 개선하며, 부모와 자녀의 행동을 긍정적으로 변화시키기 위한 의식적인 목적 지향적 학습활동으로 정의하였다. 이를 종합하면 부모교육이란 자녀의 성장 발달과 관련하여 부모가 정보 및 지식을 습득하도록 하는 체계적인 프로그램이다. 이를 통해 부모가 역량을 강화하여 부모역할을 효과적으로 수행할 수 있도록 돕는데 그 목적이 있다.

## 2) 가족생활주기와 부모교육의 내용

가족생활주기는 학자마다 다양하게 구분하지만 일반적으로 신혼기 가족, 영·유아기 자녀 가족, 아동·청소년기 자녀 가족, 성인기 자녀 가족(중년기 가족), 노년기 가족의 단계로 나눈다. 과거에는 가족생활주기상 노년기가 되면 막내자녀까지 독립하여 부모역할보다 부부관계가 더 중요하게 여겨졌다. 그러나 최근 만혼 현상과 개인의 행복 추구, 취업의 어려움 등 사회구조적인 여건으로 인해 성인자녀의 독립이 늦어지고, 부모-자녀관계의 경계가 명확하지 않아 자녀들의 정서적 독립 또한 늦어지면서 노년기에도 부모역할이 지나치게 강조되고 있다. 결국 부모역할 수행기간은 예전보다 실질적으로 길어졌으며, 이의 해결을 위한 부모교육이 필요하다.

### (1) 신혼기의 부모교육

신혼기는 결혼하여 첫 자녀 출산 전까지를 일컫는다. 따라서 신혼기 부모교육은 예비 부모교육이다. 이 시기 부모교육은 신체, 정서, 경제 등 다양한 측면에서의 부모됨의 준비와 자녀출산 후의 부모역할 적응을 돕는 내용을 포함한다. 또한 임신 기간 동안 건강한 태내 환경 조성을 위한 부모로서의 역할, 자녀의 원만한 태내발달에 영향을 미치는 요인에 대한 내용 등을 포함하여 건강한 출산을 돕는다.

이에 더해 신혼기 부모교육에서 중요하게 다루어야 할 내용은 부모됨의 동기에 대한 고민이다. 부모교육을 통해 부모가 되려는 동기, 부부의 자녀관, 어떤 부모가 될 것인지 등 부부가 함께 고민하고 대화할 기회를 제공할 필요가 있다. 또한 자녀양육 시 부모역할을 엄마역할과 아빠역할로 분리하여 주양육자와 조력자로서 역할하기보다 부부가 함께 부모역할을 수행해야 함을 인식하도록 해야 한다. 부모로서 자녀를 양육하는 일은 쉽지 않은 일이며 많은 에너지와 비용이 드는 일이다. 따라서 부모됨에 대한 고민이나 공동양육에 대한 인식 없이 부모가 된다면 부모역할을 수행하면서 혼란이 발생하고 부부갈등이 고조되기 쉽다. 이러한 혼란과 갈등을 예방하고 부부의 건강한 가족생활을 위해 신혼기 부모교육에서 이 같은 내용들이 다루어져야 한다.

### (2) 자녀출산 및 양육기의 부모교육

자녀출산 및 양육기는 자녀 출산에서 초등학교 입학 전까지를 말한다. 자녀 발달단계상 영·유아기에 해당되는 시기로, 부모됨에 대한 적응, 자녀의 기본적 신뢰감과 자율감 발달, 보호자로서의 역할, 훈육자로서의 역할, 학습기회 및 지적 자극 제공, 감정조절능력의 배양 등의 내용을 다룬다. 이 시기의 부모교육은 부모-자녀간 친밀하고 건강한 관계를 형성함과 동시에 자녀가 세상을 살아가는 데 필요한 기본적인 능력을 갖추고 자기표현이 가능하도록 하여 원만한 인간관계를 맺고, 환경에 잘 적응할 수 있는 기초를 다지는 데 목적이 있다. 이 때 특히 중요한 것은 '애착'이다. 부모는 자녀가 처음 인간관계를 맺고 상호작용하는 대상이며, 이로부터 인격형성이 이루어지므로 자녀를 양육하는 부모의 역할은 매우 중요하다. 또한 부모와의 애착은 자녀의 전 생애주기에 걸쳐 맺게 되는 다양한 대인관계에 영향을 미치기 때문에 안정적인 애착형성을 위한 부모교육이 반드시 다루어져야 한다.

### (3) 자녀 교육기의 부모교육

자녀 교육기는 첫 자녀가 초등학교에 입학하여 고등학교를 졸업할 때까지의 기간으로, 자녀 아동·청소년기가 이에 해당된다. 아동기 자녀의 경우, 초등학교에 입학하면서 학교에서의 생활이 많은 영향을 미치게 된다. 학업 성취나 또래관계에서 개인의 능력 발휘를 통해 자기를 평가하고 긍정적 자아개념을 형성하게 되는 이 시기의 자녀는 부모의 지지와 격려가 있을 때에 건강하게 성장·발달할 수 있다. 또한 또래관계는 아동기 자녀의 학교생활 적응을 좌우하므로 자녀의 또래 상호작용과 학교생활에 대한 적절한 지도가 필요하다.

한편, 자녀 청소년기에는 자녀의 신체적·정서적 변화로 인한 심리적 불안정, 아동기와는 다른 청소년 문화 등으로 인해 부모-자녀간 갈등이 고조되는 시기이기도 하다. 그러므로 부모교육을 통해 자녀의 발달특성을 이해하는 기회를 제공함으로써 부모가 자녀를 이해하고 독립성을 인정하며 지지하는 수평적인 관계로 나아가도록 해야 한다. 또한 의사소통 기술 훈련을 통해 부모-자녀간 건강한 대화가 이루어지도록 하며 자녀의 학습과 진로를 함께 고민하고 설계해 나갈 수 있도록 한다.

표 9-1 가족생활주기별 부모역할

<table>
<tr><th>단계</th><th>자녀발달단계</th><th>부모역할</th></tr>
<tr><td>신혼기</td><td>(태내기)</td><td>• 부모됨의 준비</td></tr>
<tr><td rowspan="2">자녀출산 및 양육기</td><td>영아기</td><td>• 보육자, 보호자로서 역할<br>• 기본 신뢰감 형성의 조력자로서 역할<br>• 자극 제공자로서 역할<br>• 학습경험 제공자로서 역할</td></tr>
<tr><td>유아기</td><td>• 양육자로서 역할<br>• 훈육자로서 역할<br>• 자아개념 발달 촉진자로서 역할<br>• 주도성 발달 조력자로서 역할<br>• 학습경험 제공자로서 역할</td></tr>
<tr><td rowspan="2">자녀 교육기</td><td>아동기</td><td>• 격려자로서 역할<br>• 훈육자로서 역할<br>• 근면성 발달 조력자로서 역할<br>• 긍정적 자아개념 형성 조력자로서 역할<br>• 학습경험 제공자로서 역할</td></tr>
<tr><td>청소년기</td><td>• 상담자와 격려자로서 역할<br>• 정체감 발달의 조력자로서 역할</td></tr>
<tr><td>중년기(성인기 자녀)</td><td rowspan="2">성인기</td><td rowspan="2">• 상담자와 격려자로서 역할</td></tr>
<tr><td>노년기</td></tr>
</table>

출처: 송정아 외(1998). 가족생활교육론. p.181 내용 재구성.

### (4) 성인기 자녀 및 노년기 부모교육

자녀 성인기의 부모교육은 자녀와의 유대관계 및 상호 호혜적 관계 유지에 대한 내용을 포함한다. 이전 단계의 부모교육도 중요하지만 평균수명 연장, 자녀의 부모 의존도 증가 등으로 부모역할 수행의 기간이 길어지면서 성인자녀를 둔 부모교육은 최근에 더욱 중요해지고 있다.

부모역할의 궁극적 목적은 자녀가 발달단계에 따른 과업을 성공적으로 달성하도록 돕고 사회성원으로서 건강하게 생활할 수 있도록 하는데 있다. 그러므로 성인기 자녀의 부모역할은 자녀의 자율성과 독립성을 인정하고 스스로 자신의 생활을 책임질 수 있도록 지지·조언하는 것으로 이 시기의 부모교육은 바로 이러한 내용을 다루어야 한다. 성인자녀의 지나친 의존을 낮추고 부모-자녀간 건강한 경계를 설정하며 이를 상호 존중할 수 있는 교육이 필요하다. 특히 자녀의 독립이 늦어지고 자녀 독립 후에도 여전히 부모역할을 수행해야 하는 현 시점에서 자녀가 독립적인 성인으로 설 수 있도록 돕고 자녀와 적절한 유대관계를 유지할 수 있도록 돕는 자녀 성인기 부모 교육은 매우 중요하다.

## 3. 부모교육 프로그램의 실제: 선행연구 고찰

### 1) 실태

2010년 이후 개발된 부모교육 프로그램을 고찰하고 그 결과를 토대로 총 12편의 부모교육 프로그램을 간략하게 소개하고자 한다(표 9-2).

### 2) 분석 및 제언

2010년 이후의 부모교육 프로그램을 고찰한 결과 몇 가지 특성을 살펴볼 수 있다.

첫째, 일반적인 가족생활주기 중심의 부모교육 프로그램과 함께 자녀의 발달단계별 이슈가 되는 주제중심의 부모교육 프로그램이 다수 개발되고 있다. 유아기 스마트 미디어 사용, 아동기 자녀의 공격행동, 부모의 분노조절, 가출청소년, 학교폭력과 관련된 부모교육 프로그램 등이 그 예이다. 이 전에도 가족생활 및 자녀의 발달주기별 이슈에 대한 부모교육 프로그램이 있었지만 최근 더욱 다양화·세분화 되는 경향을 보인다. 이런 다양한 부모교육 프로그램은 부모들의 세분화된 교육요구가 반영된 것으로 여겨지며, 앞으로의 부모교육 프로그램도 부모들의 현재와 미래 요구를 충분히 반영하여 부모들의 역량강화에 기여해야 할 것이다.

둘째, 일부 프로그램들은 부모-자녀관계 및 부모역할수행의 향상을 위해 특정 이

표 9-2 **부모교육 프로그램 소개**

| 개발자(연도) | 프로그램명(실시대상) | 회기 및 시간 | 목표 | 회기별 주요 주제 | 비고 |
|---|---|---|---|---|---|
| 양미진 외 (2010) | 저소득가정 부모교육 프로그램 (저소득가정의 아동기 자녀를 둔 부모) | 7회기 (회기당 1시간 30분) | 저소득 가정 아동 부모의 양육효능감 향상 및 양육스트레스 감소, 양육태도 개선 및 자녀감정코치 훈련 | 부모의 스트레스 / 스트레스의 영향과 자녀를 대하는 효과적 방법 / 감정코치와 부모유형진단 / 감정코치연습과 적용 / 자녀의 바른 행동 키워주기 / 문제행동 다스리기 / 상호작용 격려 | 개발 ○ 실시 ○ 평가 ○ |
| 박현진 외 (2011) | 위기청소년 부모교육 프로그램 (가출경험이 있는 청소년 자녀를 둔 부모) | 6회기 (회기당 1시간 30분) | 가출 청소년 자녀이해 및 적절한 대처를 통한 부모-자녀관계 개선, 재가출 예방 | 청소년기 발달적 특성과 자녀가출의 의미 / 자녀 양육유형과 특성 / 자녀 가출 경험과 대처방안 공유 / 의사소통 / 자녀가출 방지 경험 나누기 / 관계개선 | 개발 ○ 실시 ○ 평가 ○ |
| 김명하 (2013) | 정서적 양육역량 증진 프로그램 (유아기 자녀를 둔 부모) | 13회기 (회기당 1시간 30분) | 부모의 정서적 양육역량 증진 | 자기이해 / 자율성 회복 / 타인이해 / 바람직한 관계형성 | 개발 ○ 실시 ○ 평가 ○ |
| 이성희, 김현수 (2013) | 현실치료를 적용한 부모교육집단 프로그램 (초등학생 자녀를 둔 어머니) | 6회기 (회기당 1시간 30분) | 자녀양육과 부모역할에 대한 불안 감소 | 인간의 기본적 욕구 / 관계향상을 위한 좋은 선택 / 자녀의 마음 속으로 들어가기 / 행동변화를 위한 과정 / 긍정적 선택, 함께 성장하기 | 개발 ○ 실시 ○ 평가 ○ |
| 정현주 외 (2013) | 학교폭력 가해자 부모교육 및 피해자 부모교육 프로그램(학교폭력 경험이 있는 자녀의 부모-피해자와 가해자 교육을 따로 함) | 6회기 (회기당 1시간 30분~1시간 50분) | 부모양육 효능감과 의사소통 증진, 양육태도의 변화 | 청소년 이해, 학교폭력 지식 / 의사소통기술 / 합리적 의사결정과 협력관계 조성 / 의사소통 기술과 양육기술 / 소진방지, 도움추구 행동 | 개발 ○ 실시 ○ 평가 ○ |
| 차명진, 김소연 (2013) | 교류분석이론을 활용한 부모교육 프로그램 (아동기 자녀를 둔 부모) | 12회기 (회기당 1시간 30분) | 부모의 자기인식에 대한 이해를 바탕으로 기능적인 부모역할수행 | 구조분석 / 구조적 병리 / 기능분석과 에고그램 / 생활자세 / 각본 / 교류과정분석 / 스트로크 / 게임(역기능적 교류) / 디스카운트(교류의 영향) / 공생 / 시간구조화 / 기능적 자아상태의 효율적 활용 | 개발 ○ 실시 ○ 평가 ○ |

(계속)

| 개발자 (연도) | 프로그램명 (실시대상) | 회기 및 시간 | 목표 | 회기별 주요 주제 | 비고 |
|---|---|---|---|---|---|
| 소수연 외 (2014) | 초기 청소년 부모교육 프로그램 (청소년기 자녀를 둔 부모) | 6회기 (회기당 2시간) | 자녀의 환경적·심리적·대인관계의 변화 이해, 부모-자녀관계 갈등과 다양한 청소년 문제에 대한 효과적인 대처 | 자녀에 대한 이해 / 부모 자신에 대한 이해 / 부모-자녀 관계에 대한 이해 / 부모-자녀 관계의 미래설계 | 개발 ○<br>실시 ○<br>평가 ○ |
| 안성원, 김순옥 (2015) | 내 아이 공격행동은 부모하기 나름 (공격행동을 보이는 아동기 자녀의 부모) | 8회기 (회기당 1시간 30분) | 아동의 공격행동에 대한 이해와 적절한 반응을 통한 아동의 공격행동 감소 및 부모 효능감 증가 | 부모자신에 대한 인식 / 아동 공격행동의 이해 / 아동 공격행동에 대한 부모반응의 이해 / 부모반응기술 '감정 읽어주기' / 부모반응기술'효과적인 자기표현법' / 부모반응기술'행동 제한하기', '책임감 키우기' / 부모반응기술'칭찬하기' / 부모 자신을 격려하기 | 개발 ○<br>실시 ○<br>평가 ○ |
| 이상희 (2016) | 유아 스마트미디어 사용지도를 위한 부모교육 프로그램 (유아기 자녀를 둔 부모) | 6회기 (회기당 1시간 30분) | 부모의 스마트미디어 양육행동을 긍정적으로 변화시켜 유아의 스마트미디어 바른 사용지도 | 스마트미디어와 유아발달 / 올바른 스마트미디어 사용습관 / 스마트미디어와 부모역할 / 안전한 스마트미디어 환경구성 / 스마트미디어와 정보윤리 / 스마트미디어 역기능과 대처방안 | 개발 ○<br>실시 ○<br>평가 ○ |
| 이재택 (2016) | 초등학생 부모의 분노조절능력 향상을 위한 부모교육 프로그램 (초등학생 자녀를 둔 부모) | 8회기 (회기당 2시간) | 초등학생 부모들의 분노조절능력을 향상시키는 데 필요한 지식과 기술 습득 | 분노의 개념파악과 분노지연 연습 / 분노의 이해 및 자기대화 / 감정파악과 분노인식 / 분노 반응점검 및 긴장이완 / 분노표현 / 자기통제 / 합리적 사고 / 효과적인 감정소통 | 개발 ○<br>실시 ○<br>평가 ○ |
| 여성가족부 (2018) | 부모교육 매뉴얼 (총 12권으로 각 권의 대상에 해당하는 부모) | 5회기 (주제당 30~40분) | 변화하는 현실에 맞게 부모교육의 질적 수준을 높임 | 부모됨 / 자기이해 / 부모의 발달과업 / 부모-자녀관계 / 육아공동체 | 개발 ○<br>실시 ○<br>평가× |
| 김은혜, 도현심 (2019) | 부모존경-자녀존중 예비부모교육 프로그램 (출산 예정인 예비부모) | 6회기 (회기당 2시간) | 부모역할 전환과정에서의 적응 | 부모됨: 부모-자녀관계 / 건강한 부부관계 / 태내기 발달 / 영아기 성장 및 발달 / 영아기 부모역할 / 사랑과 기쁨이 가득한 가정 | 개발 ○<br>실시 ○<br>평가 ○ |

론을 적용하고 있다. 현실치료, 교류분석 등의 이론적 틀은 부모역할에 있어서 적극적인 행동변화를 촉구하고 자녀와 건강한 관계를 맺어나갈 수 있도록 하는 데 체계적인 훈련의 기회를 제공하는 것으로 볼 수 있다.

아울러 부모교육 프로그램에 대한 몇 가지 제언을 하고자 한다.

첫째, 부모교육은 부모역할의 성장을 함께 고려해야 한다. 앞서 언급한 바와 같이 자녀가 출생하여 일련의 발달과정을 거치며 성장하는 동안 부모도 함께 성장하며 적절한 부모역할을 수행할 수 있도록 도와야 한다. 또한 자녀의 건강한 성장을 위해 학습 진로를 위한 학부모교육이 아닌 진정한 부모교육이 이루어질 수 있도록 프로그램을 개발해야 할 것이다. 더 나아가 '사회성원으로서의 자녀'양육을 인식하고 실천하는 부모역할을 할 수 있도록 도와야 한다.

둘째, 아버지 역할의 중요성에 대한 교육과 아버지를 위한 교육이 필요하다. 오늘날은 아버지효과에 대한 인식이 증가하였고, 과거와 달리 친밀한 부–자녀 관계를 중시하며 자녀 양육에 적극적으로 참여하기 원하는 아버지들이 늘어나고 있다. 아버지 역할의 중요성이 부각되면서 여성가족부에서는 2016년 0~5세 자녀의 아버지 역할 수행에 도움을 주기 위한 '초보아빠수첩'을 발행하여 무료배포하고 있다. 건강가정·다문화지원센터 등 여러 기관에서도 아버지와 자녀가 함께하는 프로그램을 다수 실시하고 있다. 그러나 이 프로그램들은 부모로서의 아버지역할과 양육에 대한 고민보다는 자녀와 놀아주거나 함께 시간을 보내는 방법, 체험 프로그램 등이 대부분이다. 앞으로의 아버지교육은 자녀의 발달단계에 알맞은 아버지 역할에 관심을 기울여 자녀연령별로 차별화된 프로그램들이 개발·실시되어야 한다. 또한 자녀양육과 교육에 있어서 부부가 한 팀임을 인식하여 함께 참여하고 공동으로 책임져야 한다는 점을 강조해야 한다.

셋째, 자녀 성인기 부모를 대상으로 하는 교육프로그램이 매우 필요한 시점이다. 오늘날 자녀가 성인이 된 이후에도 경제적·정서적 측면에서 부모에 대한 의존이 계속되는 경우가 비일비재하다. 반대로 자녀가 독립했는데도 지나치게 부모역할을 하는 경우도 있다. 또한, 자녀의 사회활동 보장을 위해 손주 돌보기 등 성인자녀의 부모역할을 대신하는 노부모들도 증가하고 있다. 그 결과 노부모–성인자녀 관계에서 다양한 문제가 발생하고 있음에도 불구하고, 성인기 자녀의 부모를 위한 교육 프로그램은 매우 부족한 실정이다. 부모–성인자녀 간 유대와 애착, 성인기 자녀의 부모의존 동거(나선영, 안명희, 2011; 강현선, 2017), 자녀의 성인기 이행과 부모–자녀 관계(김은정, 2015; 이선이 외, 2015; 유수진, 최희정, 2016)등 부모–성인자녀 관계에 관한 연구는 많지만, 이들 연구가 부모교육 프로그램으로 이어지지는 못하고 있다. 성인자녀를 둔 부모교육 프로그램의 중요성이 증대되는 만큼 향후 자녀 성인기 부모교육 프로그램의 개발과 실시가 다각도로 이루어져야 할 것이다.

넷째, 다양한 가족의 증가에 따른 부모교육의 차별화가 필요하다. 과거의 부모교육은 일반적으로 부모와 자녀로 이루어진 보편적인 가족 형태를 기본으로 개발·실시되었다. 보편적 가족형태 이외의 가족은 부모교육보다는 치료적 개입의 대상으로 여겨졌고 가족으로서의 건강성을 인정하거나 부모로서의 역량을 강화하려는 시도는 부족했다. 그러나 오늘날에는 다양한 가족의 형태를 인정하고 이들의 건강성을 강조하는 건강가족적 관점이 중시되고 있다. 따라서 다양한 가족이 경험하는 상황의 특수성을 고려한 부모교육을 통해 이들 가족의 강점과 건강성을 유지·향상시키는 데 도움이 되어야 한다.

프로그램 예시

## 부모교육 프로그램 매뉴얼

부모교육 매뉴얼(2018). 여성가족부.

여성가족부는 2018년 대상 및 주제별로 총 12권의 매뉴얼을 발간하였는데, 이를 간략히 소개하면 다음과 같다.

2018년 여성가족부 부모교육 매뉴얼 개요

| 권 | 대상 | 주제<br>(주제당 30~40분) | 주제 내용 |
|---|---|---|---|
| 1권 | 공통 | 5주제 | 1. 부모됨이란?<br>2. 부모로서의 자기 이해<br>3. 부모의 발달과업<br>4. 부모–자녀관계<br>5. 사회적 돌봄 |

(계속)

| 권 | 대상 | 주제<br>(주제당 30~40분) | 주제 내용 |
|---|---|---|---|
| 2권 | 청소년 예비부모 I | 4주제 | 1. 가족 안에서 함께 성장하는 부모와 아이<br>2. 부모됨의 준비와 책임<br>3. 부부 공동양육<br>4. 사회적 부모됨 |
| 3권 | 청소년 예비부모 II | 6주제 | 1. 부모됨의 의미<br>2. 성숙한 사랑<br>3. 세대 간 소통<br>4. 자녀발달과 부모역할<br>5. 놀이를 통한 부모자녀 관계증진<br>6. 정서적 지원과 공감 |
| 4권 | 성인 예비부모 | 5주제 | 1. 자기 이해<br>2. 친밀하고 평등한 교제<br>3. 결혼 제대로 이해하기<br>4. 부모됨의 의미와 준비<br>5. 임신과 출산 |
| 5권 | 영아부모 | 5주제 | 1. 영아의 개별적인 특성에 적합한 양육방식<br>2. 영아의 생활습관 형성 및 식습관 형성<br>3. 영아와의 의사소통 및 애착형성<br>4. 영아 양육환경과 육아관련정보 선별<br>5. 자녀 출산 후 부부간 역할분담 및 역할갈등 개선 |
| 6권 | 유아부모 | 5주제 | 1. 초등학생 발달 특성<br>2. 학교교육에의 부모참여 및 의사소통<br>3. 자녀의 학습습관 형성 및 재능 탐색<br>4. 자녀의 또래관계<br>5. 가족문화 형성 |
| 7권 | 중학생 부모 | 5주제 | 1. 초등학생 발달 특성<br>2. 학교교육에의 부모참여 및 의사소통<br>3. 자녀의 학습습관 형성 및 재능 탐색<br>4. 자녀의 또래관계<br>5. 가족문화 형성 |
| 8권 | 중학생 부모 | 5주제 | 1. 중학생 발달특성과 부모역할<br>2. 인성 · 생활지도<br>3. 진로탐색을 위한 부모역할<br>4. 자기주도성 발달을 위한 부모의 지원<br>5. 부모의 성장 지원 |

(계속)

| 권 | 대상 | 주제<br>(주제당 30~40분) | 주제 내용 |
|---|---|---|---|
| 9권 | 고등학생 부모 | 5주제 | 1. 고등학생의 발달특성과 부모역할<br>2. 인성 · 생활지도<br>3. 진로탐색을 위한 부모역할<br>4. 자기주도성 발달을 위한 부모의 지원<br>5. 부모의 성장을 위한 지원 |
| 10권 | 아버지 | 5주제 | 1. 아버지됨이란?<br>2. 아버지의 양육참여<br>3. 아버지의 놀이지원<br>4. 아버지의 의사소통<br>5. 아버지의 역할 |
| 11권 | 가족 특성별 | 6주제 | 1. 맞벌이 가족의 건강한 자녀 키우기<br>2. 한부모 가족의 건강한 자녀 키우기<br>3. 재혼 가족의 건강한 자녀 키우기<br>4. 다문화 가족의 건강한 자녀 키우기<br>5. 조손 가족의 건강한 자녀 키우기<br>6. 비동거 가족의 건강한 자녀 키우기 |
| 12권 | 상담 | 6주제 | 1. 부부갈등의 이해<br>2. 부부갈등의 영향<br>3. 자녀와의 대화법<br>4. 스마트폰 과의존<br>5. 집단 따돌림, 왕따<br>6. 비행 |

출처: 여성가족부(2018). 부모교육 매뉴얼에서 재구성.

여성가족부의 부모교육 매뉴얼은 부모교육 강사가 부모를 대상으로 직접 강의 가능하도록 개발되었다. 일반적 내용, 자녀의 발달특성, 가족 특성별로 12권으로 구성되었고, 여기에 총론 1권을 포함하여 총 13권, 62주제로 이루어져 있다. 각각의 매뉴얼에는 PPT자료와 함께 강의 보조자료인 동영상을 제공함으로써 교육의 이해를 높이고 부모교육의 질이 일관성 있게 유지될 수 있도록 하였다.

여성가족부 부모교육 매뉴얼은 모듈식 구성으로 부모교육 대상자의 생애주기별, 특성별로 제작되었다. 총 62개의 주제를 각 대상별 특성에 적합하게 각각 4~6개의 주제로 묶어 구분하고 있으나, 대상자의 관심이나 특성에 따라 각 권별로 제안된 내용에 제한되지 않고 다른 권의 PPT 및 매뉴얼의 전부, 혹은 일부를 활용할 수 있도록 하였다.

이 중 프로그램 예시로 1권 '공통'편을 소개하고자 한다.

### ⊙ 프로그램 목적

부모교육에 대한 요구가 증가하고 부모들의 양육 자신감도 부족한 실정에서 변화하는 현실에 맞게 부모교육의 질적 수준을 높일 수 있는 부모교육 매뉴얼을 개발하여 적절한 부모역할을 수행할 수 있도록 한다. 자녀 성장에 따른 부모 역할의 변화를 반영하고 부모역할을 지원하여 역량을 강화한다.

회기별 목표

| 회기 | 주제 | 목표 |
|---|---|---|
| 1회기 | 부모됨이란 무엇인가?<br>• 부모됨이란? | • 우리가 부모에 대해 기존에 가졌던 신념과 그 속에 신화로 자리 잡은 잘못된 신념이 무엇인지 알아본다.<br>• 잘못된 신념으로 야기되는 문제들을 확인하고, 뒤집어 봄으로써 부모됨에 대한 의미를 인식한다.<br>• 현대의 다양한 모습을 지닌 가족에게 행복한 가족의 조건은 무엇인지 안다. |
| 2회기 | 나와 마주보기<br>• 부모로서의 자기 이해 | • 자녀이기도 하고 부모이기도 한 나의 입장을 생각해 보는 기회를 갖는다.<br>• 부모가 지금의 나에게 미치고 있는 영향을 이해한다.<br>• 원가족의 영향으로부터 독립하는 주체가 나 자신임을 인식한다.<br>• 지금 부모로서, 자녀로서 노력하는 태도를 갖는다. |
| 3회기 | 자녀와 함께 성장하는 부모<br>• 부모의 발달과업 | • 가족주기에 따른 부모의 발달단계를 인식한다.<br>• 자녀의 발달에 따른 부모의 적절한 양육행동을 이해한다.<br>• 자녀의 성장과 함께 부모의 성장을 논의한다.<br>• 부모 역할을 통해 성숙한 성인으로 성장할 수 있음을 이해한다. |
| 4회기 | 부모와 자녀 사이<br>• 부모 – 자녀관계 | • 부모–자녀관계에 대해 생각해 본다.<br>• 자녀를 존중하고 대화 나누는 법을 안다.<br>• 원칙과 책임감을 가르칠 수 있다.<br>• 자녀와 공감하고 협동한다. |
| 5회기 | 함께 하는 육아 공동체<br>• 사회적 돌봄 | • 출산과 양육의 책임은 개별 가정뿐 아니라 지역사회와 국가가 함께 책임지는 것임을 안다.<br>• 해외 국가와 우리나라의 출산과 육아 정책의 의미를 알아보며, 가족의 의미를 확장해야 함을 안다.<br>• 아동의 권리와 부모의 권리를 보호하기 위한 육아 공동체의 의미와 새로운 양육문화 조성의 필요성을 안다. |

출처: 여성가족부(2018). 부모교육 매뉴얼에서 재구성.

### ⊙ 프로그램 구성

프로그램은 총 5회기로 구성되었으며, 구체적인 내용은 다음과 같다.

1회기 **부모됨이란 무엇인가? – 부모됨이란?**

| 단계 | 교육내용 | 준비물 |
|---|---|---|
| 도입 | • 부모에 대해 지니는 이미지를 떠올리고 서로의 생각을 나누어 본다. | PPT 자료,<br>활동지,<br>필기구 |
| 전개<br>활동 | • 부모의 역할에 대한 기대와 부모됨에 대한 생각들을 알아본다.<br>• 부모됨에 대한 여섯 가지 신화와 그 양상을 알아본다.<br>• 잘못된 신념으로 자리 잡은 신화를 뒤집어 생각해 본다.<br>• 다양한 모습의 부모들과 양육문화의 차이를 알아본다. | |
| 종결 | 건강한 가족, 행복한 부모가 되기 위한 조건은 무엇인지 생각해 본다. | |

2회기 **나와 마주보기 – 부모로서의 자기 이해**

| 단계 | 교육내용 | 준비물 |
|---|---|---|
| 도입 | • 나와 부모님, 나와 자녀와의 관계를 그려 본다. | PPT 자료,<br>활동지,<br>필기구 |
| 전개<br>활동 | • 부모가 지금의 나에게 미치고 있는 영향을 이해한다.<br>• 원가족의 영향으로부터 독립하는 주체가 나 자신임을 인식한다.<br>• 자녀로서, 부모로서 현재 이 자리에서 노력해야 하는 이유와 다양한 방법을 배운다. | |
| 종결 | 지금 이 자리에서 성찰하고 노력하는 것이 중요함을 재확인한다. | |

3회기 **자녀와 함께 성장하는 부모 – 부모의 발달과업**

| 단계 | 교육내용 | 준비물 |
|---|---|---|
| 도입 | • 부모됨에는 시행착오와 노력이 필요함에 대해 이야기한다. | PPT 자료,<br>활동지,<br>필기구 |
| 전개<br>활동 | • 가족주기에 따른 부모의 역할변화를 인식한다.<br>• 자녀의 발달 단계와 발달 과업을 이해한다.<br>• 부모의 양육행동에 대해 알아본다.<br>• 각 시기별 바람직한 양육행동의 실천과 어려움을 나눈다. | |
| 종결 | • 부모역할이 무엇인지 생각하여 앞으로의 마음자세를 점검한다. | |

### 4회기 부모와 자녀 사이 – 부모–자녀관계

| 단계 | 교육내용 | 준비물 |
|---|---|---|
| 도입 | • 가족은 어떻게 표현할 수 있을까? | PPT 자료,<br>활동지,<br>필기구 |
| 전개 활동 | • 가족생활주기에 근거한 부모–자녀관계를 생각해본다.<br>• 발달의 시기에 맞는 부모–자녀 관계를 살펴본다.<br>• 부모의 감정과 바람을 인식하도록 한다.<br>• 부모와 자녀가 서로 공감하고 협동하도록 한다.<br>• 최근 자녀와의 갈등을 되돌아보며 생각하기 | |
| 종결 | • 앞으로 부모 – 자녀 관계에서 반드시 지켜야 할 태도를 생각해 본다. | |

### 5회기 함께 하는 육아 공동체 – 사회적 돌봄

| 단계 | 교육내용 | 준비물 |
|---|---|---|
| 도입 | • 출산과 양육의 책임은 누구에게 있고, 그 비율은 어느 정도인지 평소의 생각을 알아본다. | PPT 자료,<br>활동지,<br>필기구 |
| 전개 활동 | • 출산 및 양육과 관련된 다른 나라와 한국의 비교를 통해 한국가족의 고민에 대해 알아본다.<br>• 복지국가의 출산 양육지원정책 사례와 우리나라를 비교해 본다.<br>• 가족의 의미를 확장하고 성인으로서 아동의 권리를 보호하기 위한 사회적 부모됨의 모습이 있음을 안다.<br>• 아동권리협약에 대해 알아보고, 성인으로서 아동의 권리를 보호하기 위한 방법을 알아본다. | |
| 종결 | • 육아를 위한 지역사회 공동체를 통해 새로운 양육문화를 조성해야 함을 안다. | |

#### ⊙ 실시

프로그램은 자녀를 둔 부모를 대상으로 실시한다. 총 5회기(5주제)로 구성되어 있으며 매뉴얼 상에 도입–전개활동–종결로 이어지는 각각의 소요 시간은 정해져 있지 않으나 국가 수준의 부모교육 기회 제공의 편의 증진을 위해 1개의 강의 회기(주제) 당 30~40분 정도로 개발되었다.

⊙ 평가

부모교육 내용에서 부모 스스로 자신을 돌아보는 부분을 포함하고 부모교육 이후 스스로 진단 가능한 척도를 사용한다. 부모의 자기 성찰 가능한 질문이나 활동을 포함하고, 교육 이수 후 부모의 지식, 태도 및 행동의 변화를 측정하는 것을 주목적으로 지표를 개발하였다. 교육내용에 대한 문항을 활용하여 교육 실시 전과 후, 교육의 효과를 검증할 수 있도록 구성되었다.

### | 관련자료 |

도서

그레이스 리보, 바버라 케인 저, 전수경 외 옮김(2019). 나이 든 부모와는 왜 사사건건 부딪힐까?. 한마당.

김종원(2017). 부모 인문학 수업. 청림출판.

박태연(2020). 초등감정연습. 유노라이프.

서천석(2013). 아이와 함께 자라는 부모. 창비사.

안애경(2015). 소리없는 질서. 마음산책.

오은영(2020). 어떻게 말해줘야 할까. 김영사.

오은영(2016). 못 참는 아이 욱하는 부모. 코리아닷컴.

이인수, 김진숙, 김지은, 연미희(2017). 나도 부모가 처음이야. 어가.

장희윤(2019). 사춘기 부모수업. 보랏빛소.

줄리 리스콧-헤임스 지음, 홍수원 옮김(2017). 헬리콥터부모가 자녀를 망친다. 두레.

파멜라 드러커맨 지음, 이주혜 옮김(2013). 프랑스 아이처럼. 북하이브.

하임G. 기너트 저(2003). 부모와 아이 사이. 양철북.

히라마쓰 루이 저, 홍성민 옮김(2018). 노년의 부모를 이해하는 16가지 방법. 뜨인돌출판사.

영화 & 드라마

〈그렇게 아버지가 된다〉(2013)/121분/감독 고레에다 히로카즈/출연 후쿠야마 마사하루 · 오노 마치코.

〈두근두근 내 인생〉(2014)/117분/감독 이재용/출연 강동원 · 송혜교.

〈부모〉(2006~2016)/EBS1 시사교양 프로그램.

〈우리는 동물원을 샀다〉(2012)/124분/감독 카메론 크로우/출연 맷 데이먼 · 스칼렛 요한슨.

기사

한겨레 2019. 5. 14. 아이들 '주관적 행복지수' OECD 꼴찌 수준... 언제쯤 오를까?

### | 관련 사이트 |

여성가족부 '좋은 부모 행복한 아이'(www.mogef.go.kr/kps/main.do)

육아정책연구소(www.kicce.re.kr)

# CHAPTER 10

# 한부모가족교육 프로그램

## 1. 한부모가족교육 프로그램의 필요성

최근 우리사회는 자발적 무자녀가족, 한부모가족, 재혼가족, 분거가족, 다문화가족, 조손 가족, 1인가구 등 다양한 가족이 증가하고 있는 추세이다. 특히 한부모가족은 2018년 전체가구 중 10.9%를 차지하여 10가구 중 한 가구는 한부모가족이다(통계청, 2017).

한부모가족은 대체적으로 이혼과 사별로 인해 한부모가족이 되는데, 인간이 살면서 경험하는 스트레스 중 배우자의 사별이 1순위이며, 이혼이 2순위(Homes & Rahe, 1967)로 한부모가 경험하는 일들이 스트레스가 가장 높다.

한부모가족이 된 후 부딪친 가장 큰 문제로, 모자가족은 경제적 어려움을, 부자가족은 자녀양육과 교육을 가장 큰 문제로 꼽고 있어서, 모자가족은 양육비용 부담이 큰 반면, 부자가족은 돌봄 공백이 가장 큼을 알 수 있다. 특히 부자가족의 부는 양육자로서 부모역할, 자녀와의 관계가 어려움으로 나타났다(김영란 외, 2016; 황정임 외, 2015).

그러나 중요한 것은 스트레스와 어려움의 양이 아니라 어떻게 대처하고 적응하느냐이다. 한부모가족의 잠재력을 개발하고 강점을 부각시켜 행복하고 건강한 가족으로 성장할 수 있도록 돕는다면 한부모가족도 가족 기능을 잘 수행하고 얼마든지 건강한 가족이 될 수 있다. 박선주(2015)의 연구에 따르면 한부모가족에게 특화된 부모교육에 대한 욕구를 분석한 결과 연구대상자의 90%가 교육이 필요하다고 응답하였다. 또한 부모교육 프로그램에서 가족특성에 따라 부모역할을 수행하는 데에 있어 각각이 존재하는 어려움을 해결할 수 있는 내용들을 담아야 한다고 강조하였다(김길숙, 2017).

따라서 청소년한부모, 조손가족 등 다양한 한부모가족에게 특화된 교육 프로그램이 개발되고 실시된다면 전체 가구의 10%를 차지하는 한부모가족들이 교육 프로그램을 통해 어려움을 극복하고 스트레스에 적극적으로 대처하여 건강하고 안정적인 생활을 영위할 수 있게 될 것이다.

## 2. 한부모가족교육 프로그램의 이론적 기초

### 1) 한부모가족의 개념

한부모가족(single parent family)은 '이혼, 별거, 사망 따위의 사유로 인하여 부모 중의 한쪽과 그 자녀로 이루어진 가족'(국립국어원 우리말샘)을 말한다.

과거 부정적이고 결손의 의미가 강하게 나타났던 편(片)부/모에서 최근에는 한 명의 부모라도 '하나로서 온전하고, 가득차다'라는 우리말인 '한'을 사용함으로써 한부모가족도 행복하고 건강할 수 있다는 긍정적인 점을 강조하고 있다. 이러한 용어사용의 변화는 한부모가족들의 자존감을 높일 뿐 아니라 사회적인 편견을 없애고 가족에 대한 열린 태도를 가져오는데 기여하고 있다.

다음은 한부모가족지원법의 한부모가족에 대한 정의이다.

한부모가족지원법

BOX 10-1

**제4조(정의)**

이 법에서 사용하는 용어의 뜻은 다음과 같다.

[개정 2008. 2. 29 제8852호(정부조직법), 2010. 1. 18 제9932호(정부조직법), 2011. 4. 12, 2012. 2. 1, 2014. 1. 21]

1. "모" 또는 "부"란 다음 각 목의 어느 하나에 해당하는 자로서 아동인 자녀를 양육하는 자를 말한다.
   가. 배우자와 사별 또는 이혼하거나 배우자로부터 유기(遺棄)된 자
   나. 정신이나 신체의 장애로 장기간 노동능력을 상실한 배우자를 가진 자
   다. 교정시설 · 치료감호시설에 입소한 배우자 또는 병역복무 중인 배우자를 가진 사람
   라. 미혼자[사실혼(事實婚) 관계에 있는 자는 제외한다]
   마. 가목부터 라목까지에 규정된 자에 준하는 자로서 여성가족부령으로 정하는 자

1의 2. "청소년 한부모"란 24세 이하의 모 또는 부를 말한다.

2. "한부모가족"이란 모자가족 또는 부자가족을 말한다.
3. "모자가족"이란 모가 세대주[세대주가 아니더라도 세대원(世代員)을 사실상 부양하는 자를 포함한다]인 가족을 말한다.
4. "부자가족"이란 부가 세대주[세대주가 아니더라도 세대원을 사실상 부양하는 자를 포함한다]인 가족을 말한다.
5. "아동"이란 18세 미만(취학 중인 경우에는 22세 미만을 말하되, 「병역법」에 따른 병역의무를 이행하고 취학 중인 경우에는 병역의무를 이행한 기간을 가산한 연령 미만을 말한다)의 자를 말한다.
6. "지원기관"이란 이 법에 따른 지원을 행하는 국가나 지방자치단체를 말한다.
7. "한부모가족복지단체"란 한부모가족의 복지 증진을 목적으로 설립된 기관이나 단체를 말한다.

[전문개정 2007.10.17]

출처: 법제처(www.moleg.go.kr).

## 2) 한부모가족의 현황

한부모 혼인상태를 살펴보면 〈표 10-1〉에서 이혼이 사별보다 약 50% 정도 높은 비율을 나타낸다.

표 10-1 **한부모 혼인상태**

(단위: %, 가구)

| 구분 | 이혼 | 사별 | 기타 | 합계(n) |
|---|---|---|---|---|
| 2015년 | 77.1 | 15.8 | 7.1 | 100.0(2,552) |
| 2018년 | 77.6 | 15.4 | 7.0 | 100.0(2,500) |

출처: 여성가족부(2015, 2018). 한부모가족실태조사.

또한 이혼의 연령은 2010년에는 남자 44.99세, 여자 41.13세, 2015년에는 남자 46.93세, 여자 43.31세, 2018년에는 남자 48.28세, 여자 44.75세(통계청, 2019)로 남녀 모두 점차 상승하고 있다. 이를 통하여 자녀의 연령도 상승한다고 짐작해 볼 수 있는데 〈표 10-2〉를 통하여 한부모가족의 가장 어린 자녀 연령이 중학생 이상이 50% 이상임을 확인할 수 있다.

표 10-2 **가장 어린 자녀 연령**

(단위: %)

| 구분 | 미취학 | 초등학생 | 중학생 이상 | 평균(세) |
|---|---|---|---|---|
| 2015년 | 13.8 | 32.9 | 53.3 | 12.2 |
| 2018년 | 15.0 | 35.1 | 50.0 | 11.8 |

출처: 여성가족부(2015, 2018). 한부모가족실태조사.

전체가구 중 한부모가족은 〈표 10-3〉을 살펴보면 2010년 9.2%에서, 2020년 10.9%로 증가추세를 보이고 있다. 즉, 10가구 중 한 가구는 한부모가족이다.

한부모가구의 모자가족, 부자가족 변화 추세를 보면 2010년에는 모자가족 78.3%, 부자가족 21.7% 였으나 2015년에는 각각 73.9%, 26.1%로 모자가족 비율은 감소하고

표 10-3 **한부모가구 변화 추세**[1]

(단위: 천가구, %)

| 구분 | 2010년 | | 2015년 | | 2020년 | | 2025년 | |
|---|---|---|---|---|---|---|---|---|
| 전체가구 | 17,495 | | 19,013 | | 20,174 | | 21,014 | |
| 한부모가구 | 1,615 | | 2,052 | | 2,213 | | 2,303 | |
| 한부모가구 비율 | 9.2 | | 10.8 | | 10.9 | | 10.9 | |
| 한부모가구 | 1,615 | 100% | 2,052 | 100% | 2,213 | 100% | 2,303 | 100% |
| 부+자녀 | 351 | 21.7% | 535 | 26.1% | 614 | 27.7% | 672 | 29.2% |
| 모+자녀 | 1,264 | 78.3% | 1,517 | 73.9% | 1,599 | 72.3% | 1,631 | 70.8% |

출처: 통계청(2017). 장래가구추계 2000~2045.

1) 장래가구추계, 전체가구 대비 한부모가구 비율임.

부자가족 비율은 증가하였다. 이런 추세는 2025년에도 계속 이어져 부자가족이 더욱 증가할 것을 예상할 수 있다.

이러한 이혼의 증가, 부자가족의 증가, 자녀의 연령 상승 등의 한부모가족의 변화 추세를 볼 때 한부모가족을 위한 교육프로그램의 개발과 실시가 필요하다. 그리고 한부모가족 자녀를 위해 그들의 연령을 고려한 다양한 프로그램들이 체계적으로 개발되어야 하며 부자가족이 약 30%를 차지할 것을 고려한다면 부자가족만의 특성을 고려한 교육프로그램들도 개발되어야 한다.

### 3) 한부모가족의 특성

한부모가족은 그 양상이 다양하여 일반화할 수 없으나, 시간이 지남에 따라 대부분 어려움들을 극복해가면서 나름대로 생활에 잘 적응해 나간다. 실제로 모든 한부모가족들이 심각한 부적응이나 문제를 경험하는 것은 아니며 어떤 가족들은 가족변화의 위기를 성장의 기회로 삼아 성공적으로 적응하며 성장한다(한국건강가정진흥원, 2013).

다음은 한부모가족의 특성을 2015, 2018년 한부모가족실태조사를 토대로 경제적 측면, 관계적 측면에서 살펴보았다.

#### (1) 경제적 측면

##### ① 취업여부

2015년 조사에서는 한부모가족은 87.4%가 근로활동 중으로 경제활동이 활발하지만 취업한 한부모의 48.2%가 10시간 이상 근무하며, 주 5일제 근무하는 한부모는 29.8%에 불과했다.

2018년 조사에서는 한부모의 84.2%는 취업중이지만, 근로소득은 비교적 낮아 근로빈곤층(워킹푸어, working poor)의 특성을 보였고 취업한 한부모의 41.2%가 10시간 이상 근무하며, 주 5일제 근무하는 한부모는 36.1%에 불과, 정해진 휴일이 없는 경우도 16.2%로 나타났다.

② 월평균소득

〈표 10-4〉를 살펴보면, 2018년 조사에서 한부모가족의 월평균소득은 월 219.6만원으로, 2015년 189.6만원 보다 증가하였으나, 전체가구 소득 대비 한부모가족 소득 비율은 56.5% 수준으로 전체가구 평균소득에 비하여 매우 적은 편이다.

표 10-4 **한부모가족의 평균소득** (단위: 만원, %)

| 구분 | 한부모 월평균소득 | 전체가구 평균소득 | 전체가구 대비 비율(%) |
|---|---|---|---|
| 2015년 | 189.6 | 327.0 | 58.0 |
| 2018년 | 219.6 | 389.0 | 56.5 |

* 한부모 월평균소득: 세금, 사회보험료 등 제외한 가처분 소득
** 전체가구 평균 소득: 「2015, 2018 가계금융복지조사」의 전체가구 평균 가처분소득

이를 살펴 볼 때, 한부모가족은 경제활동은 활발하지만 근무시간이 길어 일·가정 양립이 어려우며 전체가구 월평균 소득에 50%를 넘는 수준으로 경제적인 어려움을 겪고 있다.

### (2) 관계적 측면

① 비양육부모와의 관계

- **비양육부모와 자녀의 교류**: 2015년 조사에 따르면 자녀와 '특별한 일이 있을 때마다 만나고 있다' (27.1%)가 가장 많았으나 '소재 파악이 되지 않아 전혀 연락이 닿지 않는다' (26.3%), '연락을 원하지 않아서 연락하지 않는다' (22.7%) 즉, 과반정도의 한부모자녀가 비양육부모와 교류가 전혀 없는 것(49.0%)으로 나타난 반면 정기적으로 만나는 경우는 11.9%에 그쳤다. 자녀와 비양육부모의 관계를 세부적으로 살펴보면 미취학·초등학생 자녀집단, 한부모가 된 기간이 5년 미만인 집단 등에서 상대적으로 정기적 만남이 많지만, 다른 집단은 적은 편으로 중학교 이상 사춘기시기 자녀와 비양육부모와의 관계 소홀의 문제가 발생할 수 있다.

  2018년 조사에서 비양육부모와의 교류 정도를 보면 '연락을 원하지 않아서 연락

하지 않는다' (28.2%), '소재파악이 되지 않아 전혀 연락이 닿지 않는다' (24.9%)의 53.1%는 한부모자녀가 비양육부모와 교류가 전혀 없는 것으로 나타났다. '특별한 일이 있을 때마다 만나고 있다'는 24.9%였으며, 정기적으로 만나는 경우는 9.5%에 그쳐 2015년(11.9%)에 비해 자녀의 비양육부모와의 교류가 2.4% 감소하였다.

- **한부모와 전배우자와의 교류**: 2015년 '연락을 원하지 않아서 연락하지 않는다' (38.7%)가 가장 많았고 '소재파악이 되지 않아 전혀 연락이 닿지 않는다' (25.4%), '특별한 일이 있을 때마다 만나고 있다.' (18.7%) 순으로 나타났다. 2018년 한부모와 전배우자와의 교류 정도는 '연락을 원하지 않아서 연락하지 않는다' (40%), '소재파악이 되지 않아 전혀 연락이 닿지 않는다' (25.4%)의 순으로 나타났으며 자녀와 비양육부모와의 관계에 비해 한부모와 전 배우자와의 교류하지 않는 비율이 65.4%로 상당히 높게 나타났다. 따라서 2015년 64.1%, 2018년 65.4%로 전 배우자와의 교류정도는 여전히 60%가 넘게 교류가 없는 것을 알 수 있다.

② 자녀돌봄

2015년 하루의 4~5시간을 가사·돌봄에 사용하며, 자녀를 돌보는 데 어린이집, 초등돌봄교실, 방과후 교실 등 기관 이용률이 높았다. 가사·돌봄에는 모자가구는 5시간 30분, 부자가구는 4시간 6분을 보냈다. 특히 부자가구의 한부모 남성은 맞벌이가족의 남편[2] 보다 6배의 시간을 가사·돌봄에 사용하였다.

자녀양육에서는 2015년 전체 연령대에 걸쳐 한부모들의 가장 큰 어려움은 '양육비·교육비용 부담'이었으며, 미취학자녀의 경우 '자녀를 돌볼시간의 부족', '자녀를 돌봐 줄 사람을 구하는 어려움'이 있다는 응답이 많았고, 취학자녀의 경우 '진로지도의 어려움', '학업성적' 등 교육과 관련된 어려움도 높게 나타났다. 또한 전 연령대에 걸쳐 부자가족은 아버지역할과 자녀와의 관계형성이 어렵다고 응답하였다. 2018년에서도 자녀를 양육하며 경험하는 한부모들의 가장 큰 어려움은 전 연령에 걸쳐 한부모 80% 이상이 '양육비·교육비용 부담'이었다. 이는 양육비 이행 현황에서 78.8%가 양

2) 「2014 생활시간조사」 부부 가사·돌봄시간: 아내/남성외벌이 6시간, 맞벌이 3시간 12분, 남편/맞벌이 무관 41분.

육비를 받지 못하고 있다는 결과와 일맥상통하는 내용으로 한부모들의 전체 연령대에서 가장 큰 어려움이 '양육비·교육비용 부담'인 것을 확인할 수 있다. 미취학자녀의 경우 '자녀를 돌볼 시간의 부족', '자녀를 돌봐 줄 사람을 구하는 어려움'이 있다는 응답이 많았고, 취학자녀의 경우 '양육, 교육관련 정보 부족', '자녀 진로 지도의 어려움' 등 교육과 관련된 어려움도 높게 나타나고 있었다.

이를 종합해 볼 때 한부모가족은 양육비와 교육비의 부담이 크고, 미취학자녀의 경우 돌봄의 어려움, 취학자녀의 경우 교육관련 어려움, 부자가족은 자녀와의 관계에서도 어려움을 겪고 있음을 알 수 있다.

③ 사회적 지지망(사회적 편견, 차별)

〈표 10-5〉를 살펴보면 2015년 동네나 이웃주민, 학교나 보육시설, 가족 및 친척 등으로부터 차별을 받거나 심하게 받은 경우가 15% 내외로 나타났다. 한부모 당사자는 가족 및 친척(16.2%)에서, 자녀는 학교 및 보육시설(18.0%)에서 차별경험이 가장 높았으며, 동네나 이웃주민에게 한부모임을 밝히지 않는 비율도 13.3%, 자녀 11.6%로 높게 나타났다.

2018년에는 한부모가족은 동네나 이웃주민, 학교나 보육시설, 가족 및 친척 등으로부터 차별을 받거나 심하게 받은 경우가 16% 내외로 나타났다. 특히 한부모 당사자

표 10-5 **부당한 일, 차별경험** (단위: %)

| 구분 | 2015년 | | | | 2018년 | | | |
|---|---|---|---|---|---|---|---|---|
| | 한부모 당사자 | 자녀 | 한부모임을 밝히지 않음 | | 한부모 당사자 | 자녀 | 한부모임을 밝히지 않음 | |
| | | | 한부모 당사자 | 자녀 | | | 한부모 당사자 | 자녀 |
| 가족 / 친척 | 16.2 | 11.4 | 3.2 | 4.1 | 16.5 | 12.5 | 1.8 | 2.4 |
| 동네 / 이웃주민 | 15.2 | 14.4 | 13.3 | 11.6 | 17.4 | 17.0 | 11.0 | 10.3 |
| 학교 / 보육시설 | 15.2 | 18.0 | 5.3 | 5.4 | 17.2 | 17.1 | 4.5 | 4.6 |

출처: 여성가족부(2015, 2018). 한부모가족실태조사.

의 경우 동네나 이웃주민(17.4%), 학교나 보육시설(17.2%)에서의 차별경험이 상대적으로 높았고, 자녀는 학교나 보육시설(17.1%), 동네나 이웃주민(17.0%)에서 차별경험이 가장 높았다. 동네나 이웃주민에게는 한부모임을 밝히지 않는 비율은 본인 11.0%, 자녀 10.3%로 높게 나타났다. 2015년과 비교하면 한부모 당사자의 차별 경험이 2018년 증가한 것으로 나타났으며, 자녀의 경우 2015년과 비교했을 때 2018년에는 학교나 보육시설에서의 차별경험은 감소하였고, 다른 영역에서의 차별은 증가한 것으로 나타났다. 한부모 당사자와 자녀 모두 가족 및 친척, 동네나 이웃주민, 학교나 보육시설에서 한부모임을 밝히지 않은 비율이 2015년에 비해서 2018년에는 다소 감소한 것으로 나타났다.

이러한 결과는 공적인 영역에 비해 지역사회나 가족과 같은 사적영역에서 여전히 한부모들이 문제 가족으로 인식될 여지가 있음을 알 수 있으며, 특히 미성년자녀의 교육기관에서 여전히 한부모가족에 대한 차별적 인식이 존재하는 것으로 나타나 학교나 보육시설교사의 차별인식개선을 위한 노력이 필요하다.

### 4) 건강한 한부모가족

올슨과 듀프레인(Olson & DeFrain, 2006)은 건강한 한부모가족의 6가지 특징으로 '가족이 서로에게 감사와 애정을 표현한다, 가족을 위해 헌신한다, 가족이 서로 개방적이고 솔직하게 대화한다, 가족이 함께 즐기는 시간을 갖는다, 가족이 정신적인 안녕을 느낀다, 스트레스와 위기에 효과적인 대처능력이 있다' 등을 제시하였다(한국건강가정진흥원, 2013).

또한 한부모가족이 갖는 강점을 구체적으로 살펴보면 〈BOX 10-2〉와 같다. 따라서 한부모가족을 위한 교육프로그램은 한부모가족들이 강점을 갖도록 도와 건강한 가족으로 성장하도록 하여야 한다. 즉, 한부모가족교육 프로그램 개발 시, 가족의 병리적, 부정적 측면보다는 긍정적인 측면에 초점을 두는 건강가족적 관점과 강점을 인식하는 내용을 다루어 한부모가족의 적응을 돕고 생활의 질을 높여야 할 것이다.

한부모가족이 갖는 강점

BOX 10-2

- 부모와 자녀 간의 애정과 친밀감이 강화된다.
- 한부모와 부모로서의 역량과 역할 기술이 향상된다.
- 부모와 자녀 모두 개인적으로 성장하는 계기가 된다.
- 부모자녀 간의 대화가 많아지며 대화기술이 좋아진다.
- 경제적으로 자립적이고 독립적인 부양능력이 좋아진다.
- 부모로서 자녀의 성장과 발달과정을 세심히 목격하는 기쁨을 갖는다.
- 한부모는 개인적으로 문제해결 능력과 자신감이 많아진다.
- 부모와 자녀가 함께 협력하며 가정에 대한 책임감(의사결정, 가사)을 공유한다.
- 가족으로서의 응집력과 적응력이 향상된다.
- 한부모 자신이 적응능력과 잠재력을 발휘할 수 있다.
- 부모가 자녀양육과 좋은 부모역할에 대해 더 많은 관심과 책임감을 갖는다.
- 한부모는 두 명의 부모역할을 동시에 함으로써 자녀에게 양성적으로 유능한 개인으로 좋은 역할모델이 될 수 있다.
- 양부모가족이었을 때 부부간의 불일치한 양육방식 갈등에서 벗어나 한부모만의 일관되고 안정된 양육방식을 유지할 수 있다.
- 한부모가족 이전에 부부갈등이 많았던 경우, 그러한 갈등에서 벗어난 자녀가 심리적, 정서적으로 안정된 생활을 할 수 있다.
- 여성 한부모는 보다 자립적으로 독립적인 생활태도와 능력을, 남성 한부모는 보다 섬세하고 자상한 양육태도와 능력을 개발할 수 있다.
- 한부모가족의 자녀는 심리적으로 성숙하고 책임감과 독립심이 강하다.

출처: 한국건강가정진흥원(2013). 혼자서도 행복하게 자녀키우기. p. 16.

## 3. 한부모가족교육 프로그램의 실제: 선행연구 고찰

### 1) 실태

2010년 이후 개발된 한부모가족교육 프로그램을 고찰하고 그 결과를 토대로 상담프로그램을 제외하여 4개의 한부모가족교육 프로그램을 요약하여 제시하였다.

위의 4개의 프로그램과 함께 한부모들이 활용하기에 좋은 책자로 『혼자서도 행복하게 자녀키우기』가 있다(한국건강가정진흥원, 2013). 이 책은 한부모가 겪는 다양한 이슈들을 크게 8가지 영역(1. 따로 사는 부모와 자녀와의 관계, 2. 자녀의 성교육 및 성

표 10-6 **한부모가족교육 프로그램**

| 개발자<br>(년도) | 프로그램명<br>(실시대상) | 회기 및<br>시간 | 목표 | 회기별 주요 주제 | 비고 |
|---|---|---|---|---|---|
| 김은정<br>(2013) | 가족탄력성 한부모 프로그램 | 8회기<br>(1회기 120분) | 가족탄력성 증진을 통해 자신과 자녀에 대한 이해, 의사소통 능력과 문제해결능력을 향상 | 1회기: 시작<br>2, 3회기: 가족 신념체계<br>4회기: 조직유형<br>5회기, 6회기: 의사소통<br>7회기: 조직유형<br>8회기: 종결 | 개발 ○<br>실시 ○<br>평가 ○ |
| 경북<br>여성정책개발원<br>(2014) | 현장 밀착형 가족교육 프로그램<br>(아동기 자녀를 둔 한부모가족) | 13회기<br>(1회기 100분) | 〈Part 1〉 한부모-자녀 통합 프로그램: 한부모-자녀의 정서적 유대감과 친밀감 증진-3회기 | 너는 나의 운명<br>성장하는 우리가족<br>우리가족 추억 만들기 | 개발 ○<br>실시 ×<br>평가 × |
| | | | 〈Part 2〉 한부모 프로그램: 한부모의 양육 기술 향상과 역량 강화-5회기 | 진정한 나와 만나기<br>당당한 나, 행복한 우리 가족<br>멋진 부모 행복한 자녀<br>자녀와 마음 통하기<br>내 삶의 주인은 나 | |
| | | | 〈Part 3〉 자녀 프로그램: 자녀의 정서적 안정과 자존감 향상-5회기 | 소중한 나! 특별한 나!<br>내 마음은 무지개<br>예쁜 귀! 예쁜 말!<br>좋은 습관과 친구하기<br>나에겐 꿈이 있어요 | |
| 김명수, 김윤전, 김정수, 김정옥, 서경, 신나라, 이성은, 이현정, 조영진, 최호찬, 한순영(2014) | 한부모 가정 레질리언스 프로그램 | 5회기<br>(1회기 120분) | 한부모 가정의 가족 레질리언스 향상 | 1회기: 라포형성<br>2회기: 신념체계<br>3회기: 조직유형<br>4회기: 의사소통<br>5회기: 가족레질리언스 확대 | 개발 ○<br>실시 ×<br>평가 × |
| 한국가족상담<br>교육연구소<br>(2015) | 한부모 부자 가족교육 프로그램 | 6회기<br>(1회기 120분) | 부자가족의 어려움 및 생활욕구 해결<br><br>부자가족의 관계향상 도모<br><br>부자가족의 사회적 관계 향상 | 1회기: 당당한 나, 건강하고 행복한 우리가족<br>2회기: 건강하고 행복한 나<br>3회기: 소통하는 아빠<br>4회기: 당당한 싱글대디 건강한 자녀<br>5회기: 이웃과 함께하는 당당한 우리가족<br>6회기: 문화체험 | 개발 ○<br>실시 ○<br>평가 ○ |

역할, 3. 자녀의 학교생활 및 또래집단 관계, 4. 자녀의 정서적응, 5. 경제적 어려움에 따른 자녀양육, 6. 사회적 관계 맺기, 7. 일·가정 양립, 8. 한부모의 심리적 적응)으로 구분하고 총 35가지 사례를 선별하여 한부모가족의 자녀양육에 도움이 될 다양한 정보제공 및 활용법, 자녀의 성장별 지도와 적응 등 영유아기부터 청소년기까지의 자녀양육 가이드를 제시하고 있는데, 구체적인 예시들이 나와 있어서 한부모가 자녀를 양육하며 많은 도움이 된다.

그리고 여성가족부(2017)는 가족 특성별로 부모교육 메뉴얼을 개발하여 여성가족부 홈페이지에 탑재하여 활용하도록 하고 있다. 한부모가족의 매뉴얼 구성 내용으로는 한부모가족으로 살아가기란? 한부모가족의 자녀양육 고민, 한부모가족을 위한 부모역할, 이혼한 한부모가족을 위한 조언 등으로 구성되어 한부모가족의 자녀양육 고민을 해결하고 바람직한 부모역할에 대한 정보를 제공한다.

## 2) 분석 및 제언

김은정(2013)의 프로그램은 가족탄력성의 하위개념인 신념체계, 조직유형, 의사소통과정으로 프로그램을 구성하였다. 신념체계는 가족구성원들이 위기상황을 이해하며 이에 대해 긍정적 견해를 갖도록 하고, 조직유형은 자원을 동원하고 스트레스를 중재하며 변화하는 가족의 상황에 적합하도록 가족의 구조를 재구조화하는 능력을 갖도록 한다. 의사소통과정은 가족구성원들 간에 명확하고 일관성 있는 말과 행동, 정서의 개방적 표현이 활발히 이루어지도록 하여 가족기능을 증진시키는데 매우 중요하다. 이 프로그램은 한부모들이 위기의식보다는 가족의 위기와 역경에 대해 새로운 의미를 부여하면서 강점을 인식하고, 명확한 의사소통 능력이 향상되어 양육태도가 긍정적으로 변화하여 한부모가족의 탄력성을 증진시키는데 기여한다.

경북여성정책개발원(2014)의 현장 밀착형 가족교육 프로그램(아동기 자녀를 둔 한부모가족)은 한부모-자녀를 대상으로 통합프로그램을 진행하고 한부모와 자녀 각각을 대상으로 프로그램을 실시하므로 대상자의 다양성이 있다. 상황에 따라 한부모와 자녀 프로그램을 실시할 수도 있고, 한부모만 교육을 할 수 있으며, 자녀만 교육을 할 수도 있어 유연하게 프로그램을 진행 할 수 있다. 한부모–자녀 통합 프로그램에서는 다양한 활동을, 한부모 프로그램에서는 자존감 향상, 양육효능감, 자신의 강점 등으로 역량을 강화한다. 자녀프로그램은 정서적 안정과 자존감 향상에 초점을 두었다. 이 프로그램은 대상을 다양화하여 실시할 수 있다는 장점이 있다.

김명수 외(2014)의 교육프로그램은 한부모가 자신의 강점을 찾아내고 능력을 발휘할 수 있도록 하여 긍정적인 마인드와 변화의 주체가 될 때 자녀양육태도에도 긍정적인 영향을 끼칠 수 있음을 목적으로 하고 있다.

한국가족상담교육연구소(2015)의 교육프로그램은 증가하는 부자가족을 위한 프로그램이다. 특히 2회기의 스트레스와 분노 해소에 대한 교육을 통하여 부자가족의 부가 자기 내면을 들여다보고 응어리는 털어내어 자신을 진정으로 사랑하고 자존감을 높이는 계기가 될 것으로 여겨진다. 프로그램의 구체적인 내용은 프로그램 예시에서 살펴보고자 한다.

이상 한부모가족교육 프로그램을 분석하고 제언을 하면 다음과 같다.

첫째, '탄력성', '레질리언스' 등의 위기경험 후의 성장을 다룬 프로그램들이 많아졌는데, 이는 건강가족적 관점에서 한부모가족을 본다는 점으로 매우 의미 있는 변화이다.

둘째, 대부분의 교육프로그램에서 한부모 자신의 자존감 향상과 자기보살핌을 중요하게 다루고 있다는 점이다. 지금까지 한부모대상 프로그램들은 대부분 부모역할과 관련된 내용을 주로 다루었는데, 부모역할을 제대로 수행하고 한부모가족이 건강한 가족이 되기 위해서는 한부모 자신의 자기보살핌과 심리적 안정이 우선되어야만 한다. 따라서 앞으로도 한부모자신의 자존감 향상을 위한 내용들을 프로그램의 필수 내용으로 다루어져야 한다.

셋째, 점차 증가하고 있는 부자가족의 특성을 고려한 프로그램이 개발·실시되고 있다는 점은 사회변화를 반영한 좋은 예라 하겠다. 앞으로는 자녀연령별, 원인별 등 부자가족의 다양성을 고려한 프로그램들을 개발·실시하여 보다 실제적인 지원과 격려가 되어야 할 것이다.

넷째, 집단상담 형식으로 프로그램을 실시하고 효과 검증을 하는 경우가 다수 있는데, 이는 문제 예방 차원이 아닌 문제 발생 후 치료 차원에서 집단상담이 이루어지는 것이다. 한부모들이 당면한 문제는 시급히 해결해야 하지만 예방이 가능한 문제들은 교육을 통해 예방하는 것이 여러 측면에서 훨씬 효율적이다. 따라서 한부모가족을 위한 문제 예방 차원에서의 다양한 교육 프로그램들의 개발과 보급이 활성화되어야 한다.

다섯째, 한부모가족의 부모와 자녀를 분리 및 통합할 수 있는 프로그램이 다양해져서 한부모가족들의 선택의 폭이 넓어져야 한다. 따라서 한부모가족의 요구를 파악하여 실제적인 내용으로 프로그램을 구성하여야 하며, 교육 기회를 확대해야 한다.

여섯째, 가족의 병리적·부정적 측면보다는 긍정적인 측면에 초점을 두는 건강가족적 관점에서 프로그램을 개발하여 한부모가족의 자존감을 높이고 가족을 사랑하는 마음과 다양한 가족에 대한 열린 시각을 갖도록 해야 한다.

일곱째, 자녀의 발달 단계별로 심리·정서적 안정을 도모할 수 있는 다양한 교육 프로그램들이 연속적으로 실시될 수 있는 체계적인 시스템 형성에 노력을 기울여야 한다. 예를 들어 영유아기, 아동기, 청소년기, 성인기 자녀를 위한 실제적인 교육 프로그램을 개발하고 연속적으로 실시하여 자녀들의 자존감 향상과 적응에 도움을 주어야 한다. 또한 한부모들을 대상으로 자녀연령별로 세분화되고 실제적인 부모역할 프로그램을 개발·실시하여야 한다. 한편, 최근 증가하고 있는 청소년 한부모, 미혼부·모들을 위한 프로그램의 개발과 실시도 매우 시급하다.

여덟째, 한부모들을 위한 프로그램의 개발과 실시를 할 때 한부모들의 특성을 반영하여 온라인에서 이루어질 수 있는 방법을 고민하고 활성화하기 위해 노력해야 한다.

본 장에서는 서울특별시 한부모가족지원센터에서 한국가족상담교육연구소와 연계하여 개발한 한부모 부자가족교육 프로그램을 소개하고자 한다. 교육 프로그램 5회기, 문화 프로그램 1회기인 총 6회기로 구성되어 있으며, 자존감 회복, 스트레스 및 분노 해소, 자녀와 열린 소통하기, 민주적인 부모되기, 원가족과 비양육자와의 관계 점검에 관한 내용을 다루고 있다.

## 부자가족교육 프로그램

한국가족상담교육연구소(2015)

### ⊙ 목적

첫째, 부의 자존감 회복

둘째, 부자가족의 관계 향상 도모

셋째, 부자가족의 사회적 관계 향상

부자가족의 뿌리인 부가 심리적 안정을 꾀하고 부모 역량을 강화하며 건강한 관계망을 형성 하여 건강한 한부모가족으로 나아간다.

회기별 목표

| 회기 | 주제 | 목표 |
|---|---|---|
| 1회기 | 당당한 나, 건강하고 행복한 우리가족 | 부가가족 부의 자존감 회복 |
| 2회기 | 건강하고 행복한 나 | 부가가족 부의 스트레스 및 분노 해소 |
| 3회기 | 소통하는 아빠 | 자녀와 열린 소통하기 |
| 4회기 | 당당한 싱글대디 건강한 자녀 | 민주적인 부모되기 |
| 5회기 | 이웃과 함께하는 당당한 우리가족 | 원가족, 비양육자와의 건강한 관계맺기 |

### ⊙ 교육대상

본 프로그램의 교육 대상은 부자가정의 부이다. 참가자들 간에 원활한 상호작용이 이루어지는 가운데 교육이 실시될 수 있도록 10명 내외의 소집단으로 구성하는 것이 바람직하다.

### ⊙ 프로그램 구성

1회기는 부자가족 아버지의 자존감 회복을 목표로 하였으며, 다음 2회기에서는 아버지들이 한부모가족이 되어 겪게 되는 스트레스 및 분노 해소를 다룬다. 3회기와 4회기에서는 자녀와의 열린 대화의 중요성과 방법을 이해하고 민주적인 부모역할에 대한 이해를 통해 아버지들의 부모역할에 대한 자신감을 높인다. 마지막 5회기는 건강한 사회 관계망 형성과 유지에 관한 내용을 다룸으로써 본 프로그램은 부의 개인적인 부분(1, 2회기)과 자녀와의 관계인 부모역할(3, 4회기) 나아가 사회관계(5회기)까지 폭넓게 다루고 있다.

## 1회기 당당한 나, 건강하고 행복한 우리가족

**목표** 1. 가족 · 성역할 고정관념에서 벗어난다.
2. 건강한 가족에 대한 이해를 통해 건강한 한부모가족으로 성장한다.
3. 부자가족의 부(父) 개인과 가족의 강점을 찾아 자신감을 높인다.
4. 가족의 뿌리인 부모가 당당해야 가족이 건강하고 행복함을 인식하여 父 자신이 당당해지기 위한 노력을 다짐한다.

| 전개 | 내용 | 준비물 |
|---|---|---|
| 도입<br>(20분) | 1. 프로그램과 본 회기의 내용을 간략하게 소개한다.<br>2. 참가자들 간의 친밀감을 높이기 위한 자기소개의 시간을 갖는다(좋아하는 노래 · 집안일, 취미생활 등).<br>3. 참가동기, 자녀연령/학년, 부자가족이 된 기간, 가족유형 등에 대해서도 나누는 시간을 갖는다. | 이름표,<br>워크북,<br>필기구,<br>화이트보드,<br>빔프로젝트 |
| 강의<br>및<br>활동<br>(90분) | **활동 1-1: '가족'하면 떠오르는 것은? / '가면부부' 알고 계시나요?**<br>• 참가자들의 가족에 대한 생각을 알아본다.<br>• 참가자들이 가족에 대해 갖고 있는 고정관념을 깬다.<br>**강의 1-1: 사회변화와 다양한 가족들: 가족에 대한 고정관념 벗어나기, 건강한 가족이란?**<br>**활동 1-2: 사람들이 살면서 받는 스트레스 1위와 2위는? 한부모가족에서 '한'의 의미는?**<br>• 참가자들이 겪는 어려움을 알아본다.<br>• 스트레스(어려움)의 양이 아니라 어떻게 대처하고 적응하는가가 중요함을 인식하도록 한다.<br>**강의 1-2: 선택으로서의 한부모, 운명으로서의 한부모**<br>**강의 1-3: 성역할고정관념에서 벗어나기**<br>**활동 2: 한부모가족이 된 후 좋은 점은? / 자녀들의 입장에서 좋은 점은?**<br>• 가족에 대한 부정적인 시각에서 벗어나 긍정적인 시각을 갖도록 함으로써 자존감을 높인다.<br>**강의 2: 건강한 한부모가족의 특성**<br>**활동 3: 나에게 이런 장점이!, 우리가족의 강점 찾기**<br>• 자신의 장점과 잠재력, 가족의 강점을 찾아 자신감을 갖고 건강한 한부모가족으로 성장하는 계기를 마련한다.<br>**강의 3: 한부모가족이 갖는 강점** | |
| 종결<br>(10분) | **활동 4: 세상에서 가장 소중한 나, 행복한 내가 되기 위한 다짐**<br>• 행복한 내가 되기 위한 다짐의 실천을 당부한다.<br>• 본 회기 내용을 정리하고, 목표를 다시 한번 강조한다.<br>• 2회기의 내용을 간략하게 소개한다. | |

## 2회기 건강하고 행복한 나

**목표** 1. 자신이 가진 스트레스에 대해 안다.
2. 효과적인 스트레스 관리방법을 모색해보고 자신의 삶에 적용한다.

| 전개 | 내용 | 준비물 |
|---|---|---|
| 도입<br>(20분) | 1. 지난회기 교육내용의 생활 속 실천사항을 점검해 본다.<br>2. 본 회기의 내용을 간략하게 소개하고 참가자들의 기대를 서로 나누는 시간을 가진다. | |
| 강의<br>및<br>활동<br>(90분) | **활동 1: 요즘 나를 힘들게 하는 것은?**<br>• 참가자들이 경험하고 있는 스트레스에 대하여 생각해보는 시간을 통해 자신에 대한 이해를 돕는다.<br>**강의 1: 부자가족들이 겪는 스트레스 이해**<br>**활동 2: 자신의 스트레스 해소법은?**<br>• 참가자들이 사용하고 있는 스트레스 해소법에 대하여 알아보는 시간을 통해 다양한 스트레스 관리법에 대해 생각해 볼 수 있도록 돕는다.<br>**강의 2: 일상적 스트레스 관리방법**<br>**활동 3-1: 인디언의 곰 사냥이 주는 교훈**<br>**3-2: 스트레스를 잘 풀지 못하여 악화된 경험**<br>• 스트레스를 잘못 관리하여 악화된 일들에 대하여 이야기해 보고 스트레스를 일으키는 자신의 생각에 대하여 인식할 수 있도록 돕는다.<br>**강의 3: 스트레스 관리의 필요성**<br>• 스트레스로 인한 '화풀이', 나의 욕구<br>**활동 4-1: 내가 바라는 것은?**<br>**4-2: 나의 행동은?**<br>**4-3: 나의 계획은?**<br>• 참가자가 받고 있는 스트레스에 보다 능동적으로 대처하기 위하여, 자신이 원하는 것이 무엇인지 찾아보고 그것을 이루기 위한 보다 현실적 방법을 모색해봄으로써 스트레스를 효과적으로 관리할 수 있도록 돕는다.<br>**강의 4: 보다 효과적인 스트레스 관리**<br>• 활력 호르몬, 스트레스 줄이기 | 이름표,<br>워크북,<br>필기구,<br>화이트보드,<br>빔프로젝트 |
| 종결<br>(10분) | • 본 회기의 내용을 간략하게 정리하고, 목표를 다시 한번 강조하며 생활 속 실천을 당부한다.<br>• 3회기의 내용을 간략하게 소개한다. | |

### 3회기 소통하는 아빠

**목표** 1. 자녀와의 의사소통을 증진하기 위한 기본 요소를 이해한다.
2. 자녀와 효율적인 대화의 걸림돌을 알고, 걸림돌을 사용하지 않고 대화할 수 있다.
3. 대화기술(듣기와 말하기)을 알고, 자녀와 대화 시 활용할 수 있다.

| 전개 | 내용 | 준비물 |
|---|---|---|
| 도입<br>(20분) | 1. 지난 회기의 교육내용에 대해 언급하고 본 회기의 내용을 간략하게 소개한다.<br>2. Ice Breaking–퀴즈를 통하여 교육자와 참여자 및 참여자 간의 라포를 형성하고 자녀의 관심 분야 등을 이해하는데 도움을 준다. | 이름표,<br>워크북,<br>필기구,<br>화이트 보드,<br>빔프로젝트 |
| 강의<br>및<br>활동<br>(90분) | **활동 1. 나와 자녀의 대화 점검**<br>• 나의 대화량, 자녀와의 대화량을 계산한다. 자녀와의 대화량을 계산해봄으로서 대화량의 적절함 혹은 부족함을 인식하고 대화량에 영향을 미치는 요인들을 생각해본다.<br>**활동 2. 의사소통을 잘하기 위해 필요한 것**<br>• 효율적인 의사소통을 하기 위한 요소들을 생각해보고 발표한다.<br>**강의 1. 효율적인 의사소통의 기본 요소**<br>• 의사소통의 개념과 요소를 이해한다.<br>**활동 3. 걸림돌 VS 디딤돌**: 나와 자녀와의 대화의 걸림돌을 확인해본다.<br>**강의 2. 의사소통의 걸림돌**<br>• 자녀와의 대화 시 부모들이 자주 사용하는 의사소통의 걸림돌을 이해하고 자신(=아버지)이 사용하는 걸림돌을 인식한다.<br>**활동 4. 타이밍이 중요해!–들어야 할까? 말할까?**<br>• '문제'의 의미를 이해하고 자신이 '문제'를 소유한 경우에 '말하기'를 하고, 상대방이 '문제'를 소유한 경우에 '듣기(경청)'을 할 수 있도록 연습한다.<br>**강의 3. '문제' 이해와 의사소통(듣기, 말하기)의 활용**: '문제'의 의미를 알고 자녀와의 관계에서 의사소통 기술을 활용하는 방법을 이해한다.<br>**활동 5. 자녀와의 의사소통(듣기, 말하기)의 실제**: 자녀와의 의사소통(반영적 경청(듣기), 나–전달법(말하기))을 사례를 통해 연습한다.<br>**강의 4. 나–전달법**<br>• '나–전달법'을 이해하고, 대화 시 활용할 수 있도록 연습한다.<br>* 사례연습: 활동 – 듣기(경청) 사례와 말하기(나–전달법) 사례 연습<br>**Q & A – 상황별 대화기술** | |
| 종결<br>(10분) | • 수업에 관한 소감나누기, 수업 피드백<br>• 참가자간의 격려와 지지 하기(칭찬하기 연습 등)<br>• 4회기의 내용을 간략하게 소개한다.<br>– 다중지능 체크해보기(자녀와 아버지 다중지능 체크하기–첨부 1, 2) | |

## 4회기 당당한 싱글대디, 건강한 자녀

**목표** 1. 부자가족의 부모-자녀관계에 대해 이해한다.
2. 부자가족의 부는 자녀가 적성에 맞는 직업을 선택하는 것이 자녀의 삶에 중요함을 인식한다.
3. 부자가족의 부는 자녀와의 가사역할분담이 자녀발달에 도움이 됨을 인식한다.
4. 한부모로서 자녀 발달을 위해 좋은 아버지가 되기 위한 노력을 다짐한다.

| 전개 | 내용 | 준비물 |
|---|---|---|
| 도입<br>(20분) | 1. 지난 회기의 교육내용에 대해 언급하고 본 회기의 내용을 간략하게 소개한다.<br>2. 부자가족에 관한 동영상 보고 얘기 나누기 | 이름표,<br>워크북,<br>필기구,<br>화이트보드,<br>빔프로젝트 |
| 강의<br>및<br>활동<br>(90분) | **활동 1: 적성과 직업에 대해 이야기 나누기(동영상)**<br>• 동영상을 통해 적성에 맞는 직업을 선택하는 것이 개인의 삶의 질을 높인다는 것을 싱글대디가 인식하도록 한다.<br>**강의 1: 자녀의 직업과 적성**<br>**강의 2: 자녀의 적성을 찾는 방법**<br>**활동 2: 부자가족이 된 후 자녀와의 관계에서 좋아진 점은?**<br>• 참가자들이 부자가족이 된 후 자녀와의 관계에서 좋아진 점에 대해 생각해보게 함으로써 자녀가 자신의 삶에 중요함을 인식하도록 한다.<br>**강의 3: 부자가족의 부모-자녀관계 이점**<br>**활동 3: 부자가족이 된 후 부모 역할 하면서 힘든 점은?**<br>• 부자가족이 되면서 가중된 부모역할에 대해 생각해보게 함으로써 집안일 분담의 필요성을 인식하게 한다.<br>**강의 4: 부자가족의 부와 자녀의 집안일 분담**<br>• 분담의 필요성<br>• 연령에 맞는 분담방법 | |
| 종결<br>(10분) | **활동 4: 좋은 아빠가 되기 위한 다짐**<br>• 좋은 아빠가 되기 위한 다짐의 실천을 당부한다.<br>• 본 회기의 내용을 간략하게 정리하고, 목표를 다시 한번 강조한다.<br>• 5회기의 내용을 간략하게 소개한다. | |

## 5회기 이웃과 함께 하는 당당한 우리 가족

**목표** 1. 부모(부의 원가족)와의 관계를 점검해보고 긍정적인 면과 부정적인 면을 살펴본다.
2. 전배우자(비양육친)와의 관계를 점검해보고 자녀에게 미치는 영향에 대해서 명확히 인식한다.
3. 사회적 관계를 점검하고 활용 가능한 관계망을 찾아본다.
4. 앞으로 당당하게 살아가기 위한 실천적 다짐을 구체적으로 계획한다.

| 전개 | 내용 | 준비물 |
|---|---|---|
| 도입<br>(20분) | 1. 1-4회기 점검<br>2. 〈도입〉 내 주변이 있는 사람들은?<br>자신의 주위에 함께 하는 사람들이 누가 있는지 생각해보며 가까운 사람은 누구이고 먼 사람은 누구인지 즉, 자신의 사회적 관계망에 대해 알아보는 시간이 되고자 한다. | 이름표,<br>워크북,<br>필기구,<br>화이트보드,<br>빔프로젝트 |
| 강의<br>및<br>활동<br>(90분) | **활동 1. 부모와의 관계는 어떠한가요?**<br>• 부모와의 관계에서 생기는 긍정적인 면과 부정적인 면을 생각하며 관계를 점검해본다.<br>**강의 1. 부자가족의 부모와의 관계**<br>**활동 2. 전배우자(비양육친)와의 관계는 어떠한가요?**<br>• 전 배우자와의 감정을 살펴보고 자녀와 비양육친과의 관계도 점검해본다.<br>**강의 2. 전 배우자(비양육친)와의 관계가 자녀에게 미치는 영향**<br>**활동 3. 사회적 관계는 어떠한가요?**<br>• 친구나 동료, 이웃, 지역의 복지시설이나 기관, 가족이나 친지, 자조모임 등 현재 자신의 관계망에 대해 점검해 본다.<br>**강의 3. 부자가족의 사회적 관계** | |
| 종결<br>(10분) | **활동 5. 건강한 한부모가족을 만들기 위한 다짐**<br>• 건강한 한부모가족이 되기 위한 앞으로의 계획을 적는다.<br><br>**수료식** | |

### ⊙ 실시방법

각 회기는 2시간을 기본으로 구성하였지만 실시기관에 따라 30분정도 융통성 있게 진행하여도 무방하다. 5회기를 각각 단회기로 실시하여도 좋지만 5회기가 개인 → 가족 → 사회로 내용이 확대되고 심화되므로 시리즈로 운영하고 5회기를 계속 참여할 때 교육효과가 높을 것으로 여겨진다. 한편 부자가족의 요구를 반영한 문화 프로그램을 첫 회기나 마지막 회기에 함께 실시하여 친밀감을 높이거나 자조모임 구성으로 이끌어 부자가족이 더 많은 정보와 자원을 얻을 수 있도록 한다면 더 높은 효과가 있을 것으로 생각된다.

⊙ 평가 · 방법 및 효과

프로그램에 대한 평가는 프로그램에 대한 만족도와 가장 도움이 되었거나 유익하였던 내용/활동, 좀 더 다루었으면 하는 내용, 개선되어 할 점 등을 파악한다.

5회기를 연속적으로 실시할 경우, 자아존중감, 스트레스, 부모효능감 등의 척도로 개인별 사전/사후 검사를 통해 교육효과를 알아볼 수도 있다.

출처: 한국가족상담교육연구소(2015). 부자가족프로그램 개발.
* 저작자의 동의하에 본 프로그램을 제시함.(2019. 4)

## | 관련자료 |

### 도서

메리 호프만 지음, 이미애 옮김(2017). 우리 가족은 행복해요. 내 인생의 책.

에빈 O. 플레스 버그 지음, 장보철 옮김(2016). 아빠 엄마 너무 힘들어요! CLC.

크리스토퍼 맥커리, 엠마 워딩턴 지음, 김영옥 옮김(2017). 왜? 더 이상 함께 살수 없어요? 이종주니어.

허태갑(2014). 이혼가정 미성년자의 양육적정화론. 동방문화사.

한채원(2019). 이혼지침서: 나는 오늘도 이혼한다. 탐구당.

### 드라마 &영화

스텝맘(Stepmom, 1999)/124분/감독 크리스 콜럼버스/출연 수잔 서랜든, 줄리아로버츠

아이가 다섯(2016)/KBS 2 드라마(토, 일 54부작)/연출 김정규, 극본 정현정, 정하나 외/출연 안재욱, 소유진

### 웹사이트

법제처(www.moleg.go.kr)

부모홈페이지(parents. scourt. go.kr)–대법원 산하 부모교육연구회

서울시 한부모가족지원센터(seoulhanbumo.or.kr)

여성가족부(www.mogef.go.kr) 부모교육 자료실

CHAPTER 11

# 재혼가족교육 프로그램

## 1. 재혼가족교육 프로그램의 필요성

재혼이란 결혼의 경험자가 이혼이나 사별 후에 또 다른 혼인관계를 맺는 것을 의미한다. 재혼가족은 자녀의 유무에 관계없이 최소한 한쪽 배우자가 이전에 한 번 이상 결혼을 경험했던 경우의 가족을 말한다. 또한 재혼한 부부 가운데 한 쪽 배우자가 전혼(前婚)에서 자녀를 최소 한 명 이상 둔 경우에 동거·비양육[1]·친권 여부와 관계없이 계부모가족(繼父母家族, step-families)이라 한다.

우리 사회에서는 가족을 둘러싼 다양한 변화가 일어나고 있다. 초혼연령의 증가, 재혼가족 증가, 혼인건수 감소, 황혼이혼의 증가와 그에 따른 황혼재혼의 증가 등과 같은 경우이다. 또한 1인가구나 한부모가족, 다문화가족 등이 이미 보편적인 가족형태로 받아들여지고 있다.

우리나라의 경우 최근 들어 전체 혼인에서 재혼이 차지하는 비율이 점차 증가하고 있다. 총 혼인에서 재혼이 차지하는 비율이 1990년에는 10.7%, 2000년에는 18%였고, 최근 10년간은 평균적으로 재혼율이 21% 정도를 보이고 있다(표 11-1 참조).

1) 이혼 시 자녀 양육에 관하여 협의나 재판으로 양육권자를 정한다(민법 837조 ①항). 양육권을 가지지 않는 다른 일방의 부 또는 모가 비양육자이다.

표 11-1 **재혼율** (단위: 건)

| 구분 | 2008 | 2011 | 2014 | 2017 |
|---|---|---|---|---|
| 총 혼인건수 | 327,715 | 329,087 | 305,507 | 264,455 |
| 재혼건수 | 77,587 | 70,284 | 65,915 | 57,791 |
| 퍼센트(%) | 23.68 | 21.36 | 21.58 | 21.85 |

출처: 통계청(각 연도).

표 11-2 **재혼 평균 연령**

| 구분 | 2008 | | 2011 | | 2014 | | 2017 | |
|---|---|---|---|---|---|---|---|---|
| 연령 | 남편 | 아내 | 남편 | 아내 | 남편 | 아내 | 남편 | 아내 |
| | 44.98 | 40.31 | 46.29 | 41.91 | 47.14 | 43 | 48.7 | 44.3 |

출처: 통계청(각 연도).

표 11-3 **60세 이상 연령별 재혼건수**

| 구분 | | 2008 | 2011 | 2014 | 2017 |
|---|---|---|---|---|---|
| 60~64세 | 남편 | 2,374 | 2,535 | 2,546 | 3,056 |
| | 아내 | 827 | 1,152 | 1,377 | 1,860 |
| 65~69세 | 남편 | 1,106 | 1,242 | 1,404 | 1,419 |
| | 아내 | 376 | 502 | 555 | 695 |
| 70~74세 | 남편 | 439 | 606 | 658 | 728 |
| | 아내 | 121 | 220 | 247 | 342 |
| 75세 이상 | 남편 | 310 | 386 | 405 | 537 |
| | 아내 | 51 | 77 | 100 | 165 |

출처: 통계청(각 연도).

또한 재혼 연령은 2008년 전국 평균 나이가 남편 44세, 아내 40세였으나 2017년에는 남편 48세, 아내 44세이다. 재혼하는 연령이 높아지고 있음을 알 수 있다(표 11-2).

재혼 연령이 높아짐에 따라 60세 이상 연령층에서의 재혼건수도 증가하고 있다.

2008년 70세 이상의 재혼 건수는 남편 749건, 아내 172건이었다. 그러나 2017년에는 남편 1,265건, 아내 507건으로 두 배 가까이 증가한 것으로 보아 황혼 재혼도 증가추세임을 알 수 있다(표 11-3).

재혼가족이 전체 가구 중 1/5 이상을 차지하고, 황혼재혼 증가 등의 많은 변화가 있기 때문에, 이들 재혼가족이 건강한 가족으로 자리잡는 것은 우리 사회 전체의 건강성을 위해서도 필요한 과제이다.

재혼가족은 부부 중 1인 이상이 이혼이나 사별로 혼인관계가 해소되었으나 재혼을 통해 새로운 가족관계를 형성한다는 긍정적인 점이 있다. 하지만 재혼가족은 부부 중 한 사람이 사별·이혼으로 인한 상실의 고통과 아픔을 겪은 후에 형성된 가족이기에 이를 극복하는데 많은 시간과 노력이 필요하다. 사회적으로 재혼가족에 대한 편견 혹은 정책적 지원 미비, 이혼과 사별 후의 미해결된 문제, 재혼 후 발생하는 가족갈등 등으로 인해 재혼가족은 어려움을 겪기도 한다.

한편 재혼가족은 가족원 구성이나, 가족생활주기, 가족관계 등 많은 면에서 초혼가족과 다른 특성을 갖는다. 새부모-친부모 간의 갈등, 새부모-새자녀의 갈등, 전 배우자와의 문제 등을 겪기도 한다. 초혼가족은 가족생활주기에 따라 갈등과 문제들이 순차적으로 발생하는 반면, 많은 재혼가족은 복합적인 갈등과 문제를 재혼과 동시에 겪게 된다. 또한 역할에 대한 혼란을 느끼기도 하고, 가족 경계의 모호성 때문에 가족문제가 더 가중되는 경우도 있다.

그러므로 재혼가족이 결혼생활을 성공적으로 지속하려면 재혼을 계획하거나 준비중인 개인이나 가족 그리고 재혼가족을 이룬 개인이나 가족을 대상으로 하는 재혼교육이 절실히 필요하다. 즉, 재혼의 성공은 또 다른 이혼을 막고, 재혼을 선택한 사람들로 하여금 이전보다 만족감을 느끼게 하며, 정서적으로 안정되게 하므로 이들을 대상으로 건강한 재혼가족에 대한 가족생활교육을 제공하여 재혼을 성공적으로 이끌도록 하여야 한다.

김효순(2005)은 많은 재혼부부들이 이전 결혼생활에서의 습관이나 역할로 인해 현재 배우자나 새자녀를 있는 그대로 받아들이기보다는 자신의 기존 양육 태도나 역할을 고수하는 경향이 있다고 하였다. 그러므로 재혼가족의 부모로서 역할 수행이나 원만한 부부관계 형성을 잘 하기 위해서 재혼가족의 특성, 어려움, 가족생활주기 변화에 따른 역할 변화 등에 대한 전문적인 지식이 필요하다고 하였다. 따라서 재혼가족을 위한 가족생활교육에서 이런 내용들을 다루어 재혼가족의 적응에 도움을 주어야 한다.

또한 카플란과 헤논(Kaplan & Hennon, 1992)은 재혼생활에 대해 보다 정확하고 현실적인 사전 정보와 그에 따른 준비가 되어 있다면 재혼가족에서 발생하는 문제들은 예방이 가능하다고 하였다.

그러나 재혼을 하려는 사람들은 재혼에 대한 비현실적인 기대를 갖기도 하고, 재혼 준비를 하지 않고 충동적 결정을 내리는 편이다. 그들은 이전 가족에 근거하여 재혼에 대해 높은 기대를 가져 이전의 결혼보다는 질적인 삶을 살고, 경제적·심리적인 욕구가 다 해결되리라는 생각을 하기도 한다. 또한 초혼에서의 실패감으로 낮은 자존감 상태에서 빨리 벗어나기 위해 재혼을 결정한다.

재혼 동기와 재혼에 대한 구체적인 준비는 재혼 후에 생길 수 있는 여러 문제들에 대해 적절하게 대처할 수 있도록 하며 가족의 적응에 중요한 영향을 미친다.

최근 노인의 재혼이 많이 늘어나고 있다. 노년에 찾아든 사랑과 이로 인한 황혼재혼은 노인 부부뿐만 아니라 자녀와 주위사람들에게 영향을 미친다. 가족행사나 상속문제로 자녀들과의 갈등이 걱정되어 재혼 결정을 쉽게 하지 못하는 경우도 있으나, 늘어나는 황혼재혼가족의 건강한 가족생활을 위해서 그들을 위한 프로그램도 매우 필요하다.

따라서 재혼생활에 대한 정보를 제공하고 재혼가족에서 새로 생겨날 지위와 역할에 대한 내용을 중심으로 하는 재혼준비교육 프로그램이 필요하다. 이러한 재혼준비교육 프로그램은 재혼에 대해 현실적인 기대를 갖게 하고, 여러 가지 문제에 대한 적절한 대처 능력을 갖게 한다. 또한 재혼준비교육뿐 아니라 이미 재혼한 재혼가족의 적응과 건강한 재혼가족으로의 형성발달을 위한 교육도 필요하다.

## 2. 재혼가족교육 프로그램의 이론적 기초

### 1) 재혼가족의 이해

#### (1) 재혼가족의 특성

부부 중 한 사람 이상이 결혼 경험이 있는 재혼은 그 성격이 초혼과는 다르며 아래와 같은 특성을 갖는다.

① 부부관계

부부 중 최소 한 사람은 전혼 관계에서 부부관계를 경험하였으므로, 전혼의 부부관계가 재혼부부관계와 비교가 되어 부부관계에 영향을 미칠 수도 있다. 초혼가족과 달리 재혼가족에서는 부부관계보다 전혼에서의 친부모-자녀관계가 먼저 존재한다. 또한 자녀가 있는 상태에서 재혼한 경우, 부부관계보다 전혼에서 먼저 형성된 부모자녀관계가 더 친밀할 수도 있다. 따라서 가족의 핵심 관계인 부부가 친밀감 형성에 어려움을 겪기도 한다.

② 부모자녀관계

초혼가족에서는 부부관계가 먼저 시작되고, 자녀를 출산하고 양육함으로써 부모역할을 하게 되는데 비하여 재혼가족에서는 재혼과 동시에 배우자 자녀의 부모 역할을 하게 된다. 초혼에서는 자녀의 성장·발달에 따라 부모 역할을 수행하지만, 재혼에서는 결혼과 동시에 갑자기 부모역할을 수행해야 하는 어려움에 직면한다.

새자녀 입장에서도 자신의 친부모에 대한 애정과 충성심 갈등으로 인해 새부모와 친밀해지기를 거부하기도 한다. 또한 부모가 이혼 후 재혼한 경우의 자녀들은 부모들의 재결합에 대한 기대를 갖고 있기 때문에 새부모에 대한 분노, 적개심 등의 복잡한 감정을 갖기도 한다.

자녀의 성별과 연령은 재혼가족의 부모-자녀 간의 적응에 중요한 변인이다. 여아가 남아보다 인지적·심리사회적·행동적응상의 문제가 더 있으며, 새부모·친부모 모두와 어려움을 겪기도 하고, 특히 새어머니와의 사이에서 문제가 더 많은 것으로 나타났다(김미옥, 2014).

자녀의 사회적·정서적·인지적 발달은 재혼시점의 자녀 연령에 따라 다르다. 재혼 시 자녀의 연령이 어릴수록 자녀는 새부모를 친부모로 여기거나 유대감 형성 기간이 짧아 적응이 용이하다.

#### ③ 정서적 특성

이혼한 경우 이혼과정에서 경험하게 되는 상실감이나 배신감으로 상처를 갖고 있기도 하다. 또한 사별인 경우에는 배우자에 대한 죄책감을 갖기도 한다. 이러한 상실감, 배신감, 죄책감 등의 미해결된 정서를 안고 재혼을 하는 경우에 다양한 정서적 문제를 야기할 수도 있고, 친밀한 가족관계 형성에 부정적 영향을 미치게 된다.

한편 이혼·사별 후 형성된 한부모가족에서 긴밀한 부모–자녀 관계를 형성해온 자녀들은 재혼에 대한 불안과 분노 등의 부정적인 정서를 갖기도 한다.

재혼가족 구성원들은 자신의 감정과 느낌을 솔직하게 표현하지 못하고 회피하거나, 말과 행동이 모순되는 메시지나 이중 메시지 등을 사용하여 가족 간의 혼란을 야기하기도 한다.

#### ④ 역할과 경계의 모호성

재혼가족은 전혼으로 인한 가족관계가 이미 있고, 재혼 이전에 한부모가족이었기 때문에 가족 구성원 모두 가족 내 역할에 있어서 한동안 혼란스러움을 경험한다. 전혼에서의 부모 혹은 자녀 역할이나 일정 기간 경험했던 한부모 역할에 적응된 상황이므로, 새로운 재혼가족에서의 역할 정립에 혼란을 겪기도 하고 적응에 상당한 시간이 필요하다. 새부모에 대한 호칭을 어떻게 할지, 누가 얼마만큼 자녀 훈육에 대해 책임질 지, 자녀 교육에 친부모의 관여 범위는 어느 정도까지 할지 등에 대한 새로운 경계와 역할 정립이 재혼가족의 당면과제로 대두된다.

자녀는 친부모가 현실이나 기억 속에 존재하며, 새부모와 친부모 사이를 현실뿐만 아니라 상상을 통해서도 오고간다. 또한 복잡한 친인척 관계 때문에 가족 내 경계도 불분명할 수 있다. 그러므로 역할과 경계를 명확히 하기 위해서 보다 적극적인 의사소통과 의사결정 기술이 필요 하고, 재혼가족이 갖는 법적 지위 등에 대한 사회 제도적 정비 또한 필요하다.

⑤ 경제적 특성

재혼가족에서 경제문제는 갈등의 주요 원인 중의 하나이다. 예를 들어 친자녀는 양육하지 않고 새 자녀를 양육하는 경우, 새 자녀와 친자녀에 대한 재정적 책임의 범위를 정하는 데에 있어서 어려움을 겪기도 한다. 또한 비양육친으로서 양육부모에게 자녀양육비를 지급해야 할 경우, 재혼가족에게 경제적 어려움을 가져오기도 하여 부부갈등을 야기하기도 한다.

⑥ 사회적 지지

우리 사회는 아직 재혼가족에 대한 편견이 많이 있다. 특히 새엄마에 대한 편견이 많아 새엄마가 새자녀 양육에 대해 부담을 많이 갖게 된다. 이러한 사회적 편견은 재혼가족의 성공적인 적응에 걸림돌이 되므로 가족에 대한 열린 시각, 다양한 가족의 존중과 수용 등에 대한 가족생활교육과 홍보 등을 통해 사회적 편견을 없애기 위한 노력도 시급하다.

### (2) 재혼가족의 발달과업

이상의 재혼가족의 특성으로 인하여 재혼가족은 어려움을 겪는다. 하지만 이러한 어려움은 재혼가족이 건강한 가족으로 나아가기 위해 수행해 할 발달과업이 된다. 재혼가족의 발달단계와 과업에 대해서 카터와 맥골드릭(Carter & McGoldrick)은 세 단계로 나누었고, 각 단계에 따라 요구되는 태도와 발달과업을 제시하였다(표 11-4).

또한 재혼가족은 새로운 상호작용 유형을 개발해서 성공적으로 기능할 수 있는 가족으로서의 정체성을 발달시켜야 한다. 비셔 부부(Visher & Visher)는 재혼가족으로

**표 11-4 재혼가족의 발달단계와 과업**

| 단계 | 요구되는 태도 | 발달과업 |
|---|---|---|
| 새로운 관계의 시작 | 첫 번째 결혼의 상실을 회복한다.<br>(적절한 정서적 이혼) | 결혼과 가족을 형성하기 위하여 재 헌신하며 이를 위해서 복잡성, 모호성 등을 다룰 준비를 한다. |
| 새로운 결혼생활과 가족에 대한 개념화와 계획 | • 자신의 두려움 및 재혼과 복합가족을 형성하는 것에 대한 새 배우자 및 자녀의 두려움을 수용하며, 역할 · 경계 · 정서적 문제의 복잡성과 불명확성에 적응하기 위해 시간과 인내가 필요함을 수용한다.<br>• 역할: 새롭고 다양한 역할<br>• 경계: 공간, 시간, 멤버십, 권위<br>• 정서적 문제: 죄의식, 부모들에 대한 충성과 관련된 갈등, 상호관계에 대한 바람, 미해결된 과거의 상처 | • 새로운 관계에서 개방적인 태도로 가식적 관계를 피한다.<br>• 전 배우자와 협력적인 재정 및 공동 부모 관계를 유지하기 위한 계획을 수립한다.<br>• 두 개의 가족체계 내에서 겪는 두려움, 충성심에 대한 갈등, 멤버십을 다룬다.<br>• 새 배우자와 자녀를 포함한 확대가족과의 관계를 재조정한다.<br>• 전 배우자의 확대가족과 자녀와의 접촉을 유지하기 위한 계획을 수립한다. |
| 재혼과 가족의 재구성 | • 전 배우자와 이상적인 '완전한' 가족에 대한 애착을 최종적으로 정리한다.<br>• 침투 가능한 경계를 가진 다양한 가족 모델을 수용한다. | • 새 배우자와 새 부모를 포함할 수 있는 가족경계선을 재구성한다.<br>• 몇 개의 체계를 서로 혼합하기 위하여 하위체계를 통한 관계와 재정적인 조정을 재편성한다.<br>• 친부모(비 양육부모), 조부모, 다른 확대가족과 모든 자녀와의 관계를 위한 공간을 마련한다.<br>• 재혼가족의 통합을 증진시키기 위하여 추억이나 역사를 통합한다. |

출처: Carter, B & McGoldrick, M. (1989), 성정현 외 역(2004). 가족복지론, pp.133-136 재인용.

**표 11-5 재혼가족의 발달과업**

1. 상실과 변화를 처리하기
2. 가족구성원의 서로 다른 발달 욕구와 협상하기
3. 새로운 전통 세우기
4. 견고한 부부유대를 발달시키기
5. 새부모-새자녀의 새로운 관계 형성하기
6. 전 배우자와 부모 역할 연합하여 창출하기
7. 가사의 지속적인 변화 수용하기
8. 사회적인 지원이 부족해도 모험적인 참여 시도하기

출처: 한국청소년개발원(2005). 청소년 프로그램 개발 및 평가론, p.136.

서의 가족정체성을 확립하기 위해서 달성해야 할 8가지 발달과업을 〈표 11-5〉와 같이 제시하였다(Visher & Visher, 2003).

### (3) 재혼가족에 대한 비현실적 믿음

페이퍼나우(Papernow, 1993)는 재혼가족은 대부분 환상기를 갖는다고 하였다. 재혼부부는 부부로서 즉각적인 애정이 생기고, 행복한 결혼생활이 펼쳐지고, 부모로서 새 자녀에게 바로 적응할 수 있다고 생각한다. 이는 재혼가족이 갖는 비현실적인 기대로서 '재혼가족 신화'라고도 한다(Bloom & Bloom, 2016).

전혼 배우자로부터 얻지 못한 사랑과 완전한 가족을 소망하며, 계부모역할이 쉽고, 정서적·경제적·사회적으로 안정된 가족이 될 수 있다는 믿음을 갖는 것이다. '인스턴트사랑'의 조급성도 재혼가족의 비현실적 기대에 포함될 수 있다. 인스턴트(instant) 사랑이란 빠른 시간에 생겨나는 사랑이란 의미로, 재혼하자마자 가족이라는 이유로 사랑하는 마음이 당연히 생길 것으로 기대한다는 것은 재혼가족이 갖는 신화에 해당된다.

비셔 & 비셔(Visher & Visher, 2003)는 행복한 재혼가족으로 통합되는 과정을 방해하는 세 가지 비현실적인 믿음이 있다고 하였다.

첫째, 재혼가족과 초혼가족은 다를 것이 없다.

둘째. 재혼가족으로의 적응은 짧은 시간 내에 이루어진다.

셋째, 서로 사랑하고 돌보는 마음은 금방 생겨날 것이다.

재혼부부가 갖는 비현실현적인 믿음과 실제적인 생활 사이이 불일치가 클수록 실망도 커진다. 이러한 비현실적인 기대를 안고 재혼하고, 새로운 재혼가족의 혼돈 상태가 진정되지 않으면 환상에서 깨어나 죄책감이나 자책감을 갖는 경우도 있다(Visher & Visher, 2003). 그러므로 '재혼가족 신화'가 갖는 비현실적인 기대를 현실적으로 재조명할 수 있도록 인식시키는 재혼가족생활교육이 이루어져야 한다.

## 2) 재혼가족교육 프로그램 개발의 이론적 기초

### (1) 건강가족적 관점

재혼가족의 문제점에 초점을 둔 문제지향적 접근이 아니라 재혼가족과 초혼가족간의 근본적인 차이는 인정하되 재혼가족의 건강한 가족으로의 발달과 적응의 가능성을 강조한다. 혈연이라는 생물학적 조건만으로 가족을 정의하지 않고 새롭게 구성된 재혼가족의 구성원이 건강하고 안정된 삶을 누리기 위해 함께 노력하고 잠재력을 발휘한다면 건강한 재혼가족이 될 수 있다는 관점이다. 즉 재혼은 가족생활을 함께한다는 기쁨을 재형성할 수 있으며, 경제·자녀양육·가사활동 등에 대한 책임을 공유하는 긍정적인 면이 있다(김효순, 2015). 새 부모는 자녀양육에 대해 객관적인 입장에서 자녀의 행동과 친부모의 행동을 파악할 수 있으며, 모성적·부성적인 역할을 할 기회가 생김으로써 개인적으로 성장할 수 있다. 재혼으로 형성된 다양한 관계를 경험할 기회가 증가하기도 한다. 이러한 재혼의 강점을 재혼가족에게 인식시키고 격려하는 내용을 재혼가족교육 프로그램에서 다루어야 한다.

### (2) 발달적 관점

재혼가족은 기존 가족생활주기의 발달과 새로운 출발을 동시에 경험한다. 즉, 해체된 전혼의 가족생활주기를 일부 유지하면서 동시에 새롭게 시작한 재혼가족생활주기도 갖는다. 예를 들어 청소년기 자녀를 둔 부부가 재혼을 하게 되면, 자녀 청소년기에 해당하는 가족생활주기이지만 동시에 부부는 신혼기로 새롭게 출발한다.

재혼가족은 가족원들이 죽음이나 별거와 같은 상실 경험을 갖는 동시에 서로 다른 경험과 전통을 지닌 개인들이 새롭게 한 가족이 되어 공통의 목표를 갖고 살아가야 한다. 따라서 상실의 슬픔을 극복하며 새로운 생활양식을 확립하는 것이 재혼가족의 발달과업이다(박은주, 2004 재인용; Visher, E.B., & Visher, J.S, 1990). 재혼가족의 발달단계를 설명하는 모델은 비그너(Bigner), 도허티와 콜란젤로(Doherty & Colangelo), 맥골드릭과 카터(McGoldrick & Carter), 페이퍼나우(Papernow) 등에 의해 제시되었다(표 11-6 참조).

표 11-6 **재혼가족의 발달단계와 발달과업**

| 연구자 | 발달단계 | 발달과업 |
|---|---|---|
| 비그너 | 발달과업 기준 재혼가족 단계 | • 정서적 재혼 → 정신적 재혼 → 지역사회 재혼 → 새부모 역할의 재정립 → 경제적 재혼 → 법적 재혼 |
| 도허티와 콜란젤로 | FIRO(Fundamental Interpersonal Relations Orientation) 모델 | • 가족구성원에 대한 경계를 설정하여 역할을 부여하고 재혼가족으로서의 정체성을 재정의하는 포용단계<br>• 새부모와 자녀간의 훈육문제와 자원분배를 둘러싼 가족 간의 권력과 갈등을 협조적으로 조정하는 가족규칙을 정하는 발달단계<br>• 가족성원간에 감정교환이 자유롭고 친밀감이 형성되는 단계 |
| 페이퍼나우 | 페이퍼나우의 7단계 발달단계 | 1. 환상(fantasy): 전배우자로부터 얻지 못한 사랑과 완전한 가족을 소망하는 비현실적인 기대를 갖는 시기<br>2. 혼돈(immersion): 현실과 환상이 조화를 이루지 못하여 혼돈과 갈등을 느낌<br>3. 자각(awareness): 초혼과 재혼가족이 다름을 인식 하게 됨<br>4. 동원(mobilization): 가족구성원 간의 차이를 수용하고 변화를 꾀하기 위해 서로 조직적으로 영향을 줌<br>5. 변화와 적응(action): 가족구성원들의 상호작용을 바탕으로 적극적으로 새로운 규칙과 문화 등을 형성함<br>6. 친밀감 확립(contact): 친밀감와 애착이 발달하는 단계<br>7. 해결(resolution): 새로운 가족규범과 문화가 확립되어 가족구성원의 역할 확립과 건강한 관계 형성 |

### (3) 체계론적 관점

초혼가족은 부부체계가 가족하위체계 중 가장 먼저 만들어지는데, 재혼가족은 친자녀-친부모하위체계가 이미 존재한 후에 부부하위체계가 형성된다. 이로 인하여 재혼가족체계의 경계는 경직될 가능성이 많고, 다른 체계의 경계혼돈으로 이어져, 명확한 경계 설정이 어려울 수 있다. 그러므로 체계론적 관점에서의 재혼가족교육 프로그램은 초혼과는 전적으로 다른 재혼 고유의 체계적 특성에 주목하여 프로그램을 구성하여야 한다. 즉, 재혼가족이 초혼가족 경계 특성이나 가족 역할을 그대로 재연해서는 안 된다는 점을 강조한다. 또한, 재혼의 건강한 가족관계는 가족 구성원 모두의 노력에 의해 이루어진다는 점도 다루어야 한다. 재혼가족의 경계 혼란과 역할혼란을 부적응이나 실패라는 문제적 관점이 아니라 재혼가족의 특성으로 명확한 경계 설정과 역할 수립을 위한 발달과정임을 인식시키고, 이를 성공적으로 수행할 수 있도록 지원할 필요가 있다.

## 3. 재혼가족교육 프로그램의 실제: 선행연구 고찰

### (1) 실태

재혼가족교육 프로그램은 재혼을 준비하고 있는 사람들을 대상으로 하는 재혼준비교육과 재혼을 한 사람들을 대상으로 하는 재혼가족교육 프로그램으로 나눌 수 있다.

우리나라에서 처음으로 재혼가족을 대상으로 한 프로그램이 개발된 1998년부터 2018년까지 논문 등에 수록된 다수의 재혼가족교육 프로그램 중 대표적인 프로그램 7편을 〈표 11-7〉에 요약하여 제시하였다.

표 11-7 **재혼가족 교육 프로그램 현황**

| 개발자 (연도) | 프로그램명 (실시대상) | 회기 및 시간 | 목표 | 회기별 주요 주제 | 비고 |
|---|---|---|---|---|---|
| 현은민 (2002) | 재혼가족발달을 위한 가족 FIRO 모델(재혼예비부부) | 8회 (주1회, 2~2시간 30분) | 재혼가족의 직면 문제 이해와 해결능력 높이기 | • 8회기<br>• 재혼가족 현실이해<br>• 재혼가족 발달단계 인지로 올바른 상호작용<br>• 문제해결능력 기르기 | 개발 ○<br>실시 × |
| 박은주 (2004) | 재혼교육 프로그램(재혼예정자, 초기 재혼자) | 4회 (주1회, 2시간) | 재혼부부간의 문제나 갈등해결 방법 배우기와 자녀와의 대화요령 익히기) | • 재혼으로 인해 부부간에 발생할 수 있는 문제와 그 해결책<br>• 배우자와의 갈등을 수용하고 해결하는 방법<br>• 자녀와의 바람직한 대화요령<br>• 올바른 자녀교육위한 부모의 교육적 자세 | 개발 ○<br>실시 ○<br>교육전후비교분석 및 만족도, 개인별 면접평가 |
| 김지영 (2007) | 재혼가족부부역동프로그램(재혼부부) | 10회 (주1회, 4시간) | 재혼가족 이해와 재혼가정의 역할 정립 | • 재혼가족의 적응실태와 갈등요인 이해<br>• 재혼가족의 정체성 확립<br>• 재혼가족 역할 정립<br>• 재혼가족 역동이해에 대한 전략과 실천 구체화 | 개발 ○<br>실시 ○ |
| | 재혼가족부부의사소통 향상 프로그램(재혼부부) | 10회 (주1회, 4시간) | 재혼가족의 의사소통 대처방식의 이해 | • 재혼가족 의사소통 실태 파악<br>• 세대간 전수되는 역기능과 가족신화 파악<br>• 일치적 의사소통을 통한 인간관계 증진<br>• 일치적 의사소통을 위한 전략학습과 실천 | |

(계속)

| 개발자 (연도) | 프로그램명 (실시대상) | 회기 및 시간 | 목표 | 회기별 주요 주제 | 비고 |
|---|---|---|---|---|---|
| 김지영 (2007) | 재혼가족기능 향상위한 부모 역할훈련(재혼 부모) | 10회, (주1회 4시간) | 새부모로서의 바람직한 부모역할 이해 | • 재혼가족의 구조적 차이와 특성 이해<br>• 재혼가족 자녀의 갈등 이해<br>• 성별에 따른 양육방식 이해<br>• 새부모-새자녀 관계의 의사소통 방법<br>• 분노의 긍정적 처리<br>• 새부모역할을 위한 전략학습과 실천 | 개발 ○<br>실시 × |
| 김효순 (2016) | 청소년 자녀를 둔 재혼가족 관계향상 프로그램 | 6회기, 90분씩 | 재혼가족이해하기, 의사소통을 통한 부부역할과 양육문제 합의능력 기르기, 새자녀와 관계맺기, 문제해결과 갈등 스트레스 다루기 | • 초혼과 재혼 차이 등 재혼에 대한 이해<br>• 재혼의 장점과 어려움 인식<br>• 부부 대화 점검과 효율적 의사소통 학습<br>• 공감과 적극적 감정표현하기<br>• 재혼가족의 경계와 역할 이해<br>• 새자녀 이해와 역할혼란 다루기<br>• 부부의 양육태도와 합의점 찾기 | 개발 ○<br>실시 ○ |
| 강윤중 (2017) | 한부모가정을 위한 재혼준비 교육 | 10회기, 2시간씩 | 건강한 홀로서기, 행복한 재혼 준비하기 | • 재혼준비교육의 필요성, 자아발견과 회복<br>• 긍정적인변화, 자기계발과 새로운 도전, 사회적 기술<br>• 재혼 바로보기, 사랑과 재혼조건<br>• 배우자 선택, 재혼준비 점검, 행복한 재혼을 행해 새 출발 | 개발 ○<br>실시 ○ |
| 김미옥, 천성문 (2014) | 재혼가족부모 교육프로그램 | – | 재혼가족 부모가 새롭게 형성하게 된 새자녀와 부모로서의 역할과 관계 설정 | • 'S-MIND 코칭모델' 기반<br>• 재혼가족 부모들이 겪는 어려움 이해<br>• 감정, 사고, 행동의 변화를 유도하는 적응적인 차원에서의 교육과 코칭적 개입 | 단행본 출간 |
| 한국가족상담교육연구소 (2019) | '또 다른 도전, 새혼'(재혼준비 커플 또는 개인) | 4회기 90~120분) | 재혼과 재혼생활에 대한 이상에서 벗어나 현실적이며 실제적인 새혼 준비를 돕는다. | • 지금의 나, 제대로 알기<br>• 새혼 바로 알기<br>• 가족의 뿌리인 부부, 새로운 시작을 어떻게?<br>• 새혼에서의 부모역할 | 개발 ○<br>실시 × |

### (2) 분석 및 제언

재혼가족교육 프로그램은 재혼을 준비하고 있는 사람들을 대상으로 한 재혼준비교육과 재혼가족의 가족관계 증진을 위한 재혼가족교육 프로그램으로 구분된다. 현은민(2002), 박은주(2004), 김지영(2007), 강윤중(2017), 한국가족상담교육연구소(2019)

는 재혼준비교육 프로그램으로 재혼에 대한 이해와 문제해결능력 기르기 등의 주제로 구성되어 재혼에 대해 현실적인 기대를 갖도록 하고 실제적인 준비를 돕는다.

한편 김효순(2016), 김미옥·천성문(2014)은 청소년자녀를 둔 재혼가족교육 프로그램, 코칭모델 중심의 재혼교육프로그램의 개발 등을 통해 볼 때 재혼가족을 대상으로 하는 프로그램이 내용과 대상 면에서 점차 세분화되고 있음을 알 수 있다.

재혼이 증가하고 있는 상황에서 재혼교육 프로그램은 재혼가족들에게 필요한 도움을 줄 수 있지만, 대상자 섭외에 큰 어려움이 있어서 재혼가족 대상 교육 프로그램 개발 및 실행은 많지 않은 편이다. 개발된 프로그램들의 재혼관련 주요 교육내용을 정리해보면 다음과 같다(표 11-8).

표 11-8 **재혼관련 프로그램 주요 내용**

| 프로그램 | 주요 내용 |
|---|---|
| 재혼 바로알기 | 재혼가족의 특성과 재혼의 동기 및 비현실적인 기대를 바로잡기 |
| 부부관계 | 부부관계의 중요성 이해, 전 배우자 영향 조정하기, 새로운 부부관계상 찾기 |
| 자녀·친족관계 | 계부모역할 및 친부모 역할, 비양육친과의 관계, 자녀출산문제, 가족모임, 친족관계 |
| 전혼관련 | 전혼에서의 상실과 미해결된 감정 다루기 |
| 가족자원 관리 | 가계 관리와 상속, 생활비와 양육비 부담 |
| 재혼관련 법 이해 | 재혼가족관련 제반 법규 이해 |
| 사회적 인식 | 재혼에 대한 사회적 편견을 없애기 위한 노력 및 자조모임 활동의 중요성 이해 |

이상의 교육프로그램들을 바탕으로 재혼가족을 위한 실질적인 가족생활교육 프로그램이 되기 위해서는 교육내용과 방법 면에서 다음과 같은 부분을 보완할 필요가 있다.

첫째, 예비부부교육이 중요하듯이 재혼준비교육도 중요하다. 재혼준비교육은 재혼가족에서 생길 수 있는 다양한 문제들을 생각하고 해결할 수 있는 능력을 키우며, 재혼에 대해 현실적인 기대를 갖도록 하여 재혼가족의 성공을 위한 기초가 되어야 한다.

둘째, 초혼도 마찬가지지만 재혼에서도 건강한 관계를 맺고 나아가 성공적인 가족을 이루기 위해서는 재혼 당사자들이 자기 자신을 제대로 아는 것이 가장 중요하므로 자신을 있는 그대로 수용하는 내용이 재혼준비교육과 재혼교육에서 핵심내용이어야 한다. 전혼에서의 상처회복과 수용도 중요한 변수가 된다.

셋째, 다른 가족과 마찬가지로 재혼가족에서도 가장 중요한 관계는 부부관계이므로, 재혼교육에서도 부부관계의 중요성 즉 부부관계가 가족의 중심임을 중요하게 다루어야만 한다.

넷째, 성공적인 재혼생활의 결정적 요인으로 작용하는 새 부모자녀와의 관계 개선을 위해서 부모만을 대상으로 교육하기보다 자녀도 참여하는 프로그램을 개발하고 실시하여야 한다. 즉, 재혼가족의 자녀들이 갖기 쉬운 부모 재혼과 관련된 분노, 슬픔, 배신감, 무력감, 실망, 갈등 등의 부정적 정서를 건설적으로 다루는 내용이 기본적으로 되어야 한다(임춘희, 2006). 또한 가족문제에 관한 합의나 결정을 도출해내는 과정에 대한 실제적인 가족회의방법과 의사소통을 연습해 보는 과정을 교육내용에 포함하여야 한다.

다섯째, 재혼가족은 친척관계가 매우 복잡하여 관계를 적절하게 유지하기가 매우 힘들다. 따라서 가족행사나 가족의례를 어느 범위까지 포함할지에 대해서 합의하고 연습하는 과정도 필요하다.

여섯째, 재혼가족의 문제나 어려움보다는 강점과 긍정적인 점을 찾을 수 있는 교육내용으로 구성하여 건강한 재혼가족을 형성·유지하는데 도움이 되도록 한다. 건강한 재혼가족의 사례를 접할 수 있는 기회도 필요하다.

일곱째, 최근 황혼이혼의 증가와 함께 황혼재혼이 늘어나고 있는 상황에서 이 연령대를 위한 재혼준비교육과 재혼교육이 매우 필요하다. 황혼재혼에서는 특히 재산문제와 자녀들의 부정적 태도로 어려움을 겪게 되는 경우가 많으므로 차별화된 내용의 교육이 요구된다.

여덟째, 다양한 가족에 대한 열린 시각과 건강한 가족에 대한 이해를 통해 가족의 형태나 혈연관계보다 질적인 상호작용과 가족원 개개인이 존중받는 가족분위기가 더 중요함을 확산시켜서 재혼가족에 대한 편견을 없애도록 사회적인 노력을 하여야 한다.

## 재혼준비교육 프로그램 '또 다른 도전, 새혼'

한국가족상담교육연구소(2019)

한국가족상담교육연구소(2019)의 재혼 준비프로그램인 "또 다른 도전, 새혼[2]"을 중심으로 프로그램 실례를 제시한다.

### ⊙ 프로그램 목적

'또 다른 도전, 새혼' 재혼준비교육 프로그램의 목적은 재혼준비중인 커플 또는 개인이 재혼에 대하여 바로 알고, 재혼가족에서 발생할 수 있는 다양한 문제들을 미리 살펴보아 재혼을 위한 실제적인 준비를 돕는데 있다. 즉, 새혼준비자들이 재혼과 재혼가족에 대한 신화나 이상에서 벗어나 현실적이며 실제적으로 새혼 준비를 돕는데 그 목적이 있다.

회기별 목표

| 회기 | 주제 | 목표 |
|---|---|---|
| 1회기 | 지금의 나, 제대로 알기 | 현재의 나에 대한 이해와 수용을 통해 새로운 관계 맺기의 기초를 다진다. |
| 2회기 | 새혼 바로 알기 | 새혼으로 인한 다양한 문제점을 점검하고 자신이 갖고 있는 신화를 깸으로써 재혼에 대한 합리적인 기대를 갖는다. |
| 3회기 | 가족의 뿌리인 부부, 새로운 시작을 어떻게? | 새혼가족에서도 부부가 가족의 뿌리이며 부부가 한 팀임을 인식한다. |
| 4회기 | 새혼에서의 부모역할 | 새혼에서의 부모역할의 다양한 측면에 대한 인식을 통해 부모역할에 대해 합리적인 기대를 갖고 바람직한 부모역할을 모색한다. |

### ⊙ 프로그램 구성

본 프로그램은 총 4회기로, 1회기는 새로운 출발(새혼)을 앞두고 가장 중요한 '자기 자신'을 제대로 아는 시간이며, 2회기에서는 새혼의 긍정적·부정적인 점과 특징에 대한 이해를 통해 새혼에 대한 이상을 깨고 현실적인 기대감을 갖도록 구성하였다. 3회기에서는 새혼생활에서 많은 이들이 부모역할에 치중하여 부부관계의 중요성을 깨닫지 못하는데, 가족의 뿌리인 부부가 건강하고 행복하지 않으면 자녀들도 행복할 수 없으므로 부부가 한 팀으로 건강한 가족을

2) 프로그램 내용에서는 재혼을 새혼으로 표기함.

이루어야 함을 이해시킨다. 마지막 4회기는 재혼가족에서 부모들이 겪는 다양한 어려움에 대한 점검을 통해 부모역할에 대해 자신감을 갖고 바람직한 부모상을 모색하는데 도움을 주고자 하였다. 각 회기의 구체적인 내용은 다음과 같다.

1회기 **지금의 나, 제대로 알기**

| 단계 | 교육내용 | 준비물 |
|---|---|---|
| 도입<br>(30분) | • 강사 소개<br>• 전체 프로그램 안내<br>• 프로그램 참가자 소개(자기소개 및 프로그램 참여 동기 나누기) | 이름표,<br>활동지 |
| 전개<br>활동<br>(80분) | **활동 1: 또 다시 결혼에 '도전'하려는 이유는?**<br>• 참가자들이 재혼을 하려는 이유에 대해서 이야기를 나눈다.<br>**활동 2: 자신이 생각하는 성공적인 재혼은?**<br>• 참가자들이 생각하는 성공적인 재혼의 조건은 어떤 것이 있는지 알아본다. 재혼 동기 탐색과 함께 새로운 도전에 성공하려면 어떤 것들이 필요할지 알아보고, '실패할 수도 있다'는 점을 새기도록 한다.<br>**활동 3: 나의 재혼은 이런 모습이었으면…**<br>• 재혼하면 배우자와 가장 하고 싶은 것은? / 재혼했을 때 가장 걱정되고 염려하는 것은? / 내가 상대방에게 잘 할 수 있는 것은? 상대방에게 가장 바라는 것은? 등을 통해 자신이 원하는 재혼생활에 대해서 구체적으로 알아본다.<br>**강의 1: 성공적인 재혼가족의 특성**<br>**활동 4: '전혼'을 통해서 본 나는?**<br>• 나는 __________한 사람이더라구요. 또는 전혼을 통해서 배운 점, 깨달은 점 등을 통해 새혼에 긍정적인 점들을 찾아보도록 한다.<br>**활동 5: 나는 이런 사람이에요**<br>• '있는 그대로의 나'를 알아봄으로써 자기를 이해하고 수용하도록 한다.<br>**강의 2: 관계맺기에서의 '자기 자신의 이해와 수용' 중요성과 필요성** | 필기도구,<br>다과,<br>배경음악 |
| 종결<br>(10분) | • 요약<br>• 만족도 평가<br>• 다음 회기 안내 | 평가지 |

2회기 **새혼 바로 알기**

| 단계 | 교육내용 | 준비물 |
|---|---|---|
| 도입<br>(10분) | • 본 회기 안내<br>• 재혼' 하면 떠오르는 것은?<br>마인드맵 작성 후 재혼의 긍정적인 측면 & 부정적인 측면에 대한 이해를 통해 재혼을 보다 현실적으로 받아들이도록 한다. | 이름표,<br>활동지 |

(계속)

| | | |
|---|---|---|
| 전개<br>활동<br>(75분) | **활동 1: 가계도 그리기**<br>• 재혼 후 만들어질 가족의 가계도를 그려봄으로써 재혼으로 인한 가족관계의 변화에 대한 이해를 돕는다. 또한 재혼을 하게 되면 자신/자녀/부모에게 생길 변화에 대해서도 생각해보도록 한다.<br>**활동 2: 재혼 얼마나 알고 있나요?**<br>• ○, × 게임을 통해 재혼가족에 대한 신화를 깨고 건강한 재혼가족을 위해 필요한 요소들을 이해한다.<br>**강의 1: 새혼가족의 특성과 건강한 새혼가족을 위한 요소들**<br>**활동 3: 배우자 선택 시, 가장 중요하게 본 조건은?**<br>(재혼을 하게 되면 가장 중요하게 볼 조건은?)<br>• 새혼가족의 뿌리인 부부관계를 시작하는 첫 걸음으로 배우자선택의 조건이 중요함을 이해시키고 다음 3회기 내용을 안내한다. | 필기도구,<br>다과,<br>배경음악 |
| 종결<br>(5분) | • 요약<br>• 만족도 평가<br>• 다음 회기 안내 | 평가지 |

3회기 **가족의 뿌리인 부부, 새로운 시작을 어떻게?**

| 단계 | 교육내용 | 준비물 |
|---|---|---|
| 도입<br>(5분) | • 중요하게 생각하는 부부역할의 순서는?: 자신과 배우자의 부부역할에 대한 기대 순위를 매긴 후 서로 비교해보면서 역할기대를 알아본다. | 이름표,<br>활동지 |
| 전개<br>활동<br>(105분) | **활동 1: 새혼에서의 부부관계는?**<br>• '행복한 부부관계'를 위해서 필요하다고 생각되는 것은 무엇인지, 부부의 가치관, 여가생활, 성생활 등이 갖는 의미와 새혼에서 부부관계에서 꼭 노력해야할 것은 무엇인지 이야기를 나눈다.<br>**활동 2: 돈 문제는 철저할수록 좋다!**<br>• 의 · 식 · 주 · 문화생활의 우선순위를 매기고 배우자와 서로 비교하며 이야기 나눈다.: 각자의 월소득, 저축/보험정도, 보험 수령인, 빚은 있는지, 가계관리는 어떻게? 생활비는 누가, 어느 정도? 자녀양육비는? (양육자녀와 비양육자, 친자와 비친자의 경우) 등 구체적으로 생각하도록 한 후 합의를 이끌어내도록 한다. 이를 통해 새혼가족에서의 새로운 규칙을 설정하고, 돈 얘기를 철저하게 하지 않았을 때 생기는 문제들과 갈등을 예방한다.<br>**강의: 화목한 새혼 가정들의 특징**<br>• 아이들 앞에서 부부가 하나가 된다.<br>• 최우선 순위를 부부 두 사람에게 둔다.<br>• 부부와 자녀 모두 서로를 깊이 '존중'한다.<br>강의를 통해 4회기 부모역할의 내용을 미리 알려주면서 참여를 독려한다. | 필기도구,<br>다과,<br>배경음악 |
| 종결<br>(5분) | 요약: 가족의 뿌리는 부부관계임을 강조하고 문제를 예방하기 위해서는 가정경제를 미리 구체적으로 점검해야 함을 강조하면서 마무리한다.<br>• 만족도 평가<br>• 다음 회기 안내 | 평가지 |

⊙ 실시방법

본 프로그램은 한 명이라도 자녀가 있는 상태에서 재혼을 준비하는 이들을 대상으로 총 4회기로 구성되었다. 재혼을 약속한 커플이나 개인 또는 재혼을 고민하고 있는 커플이나 개인이 참여할 수 있으나, 재혼연령(젊은층/중년층)과 자녀유무 등에 따라 회기별 내용을 융통성있게 조절해야 할 필요가 있다. 1회기는 나 제대로 알기, 2회기는 재혼 바로 알기, 3회기는 재혼의 뿌리인 부부관계, 4회기는 재혼에서의 바람직한 부모역할로 구성되었으며 각 회기는 120분을 원칙으로 하나 30분정도 융통성있게 실시하여도 된다.

각 회기에서 활동지에 제시되어 있지는 않지만 참가자들이 궁금해 하거나 상대방과 공개적으로 이야기 나누고 싶은 내용이 있으면 함께 나누어서 서로의 이해를 높이거나 실제적인 정보를 얻을 수 있도록 한다.

1회기부터 4회기까지 연속적인 내용이므로 회기별로 교육자가 바뀌기보다 1인이 4회기를 계속 진행하는 것이 교육효과를 높일 수 있을 것이다.

⊙ 평가방법

본 프로그램은 재혼준비프로그램으로 프로그램 참가자들이 재혼과 재혼생활에 대한 신화나 이상을 벗어나 현실적이며 실제적으로 재혼을 준비하도록 돕는데 그 목적이 있다. 따라서 1회기 〈활동 3〉인 '나의 재혼은 이런 모습이었으면…' 활동지를 4회기 종료 후 다시 기록하도록 하여 1회기의 내용과 비교해보면서 변화된 부분을 찾아보고 그 이유를 이야기 하도록 하여 프로그램의 효과를 파악한다.

또한 프로그램 종결 시, 커플이나 개인이 재혼을 위한 10가지 다짐을 구체적으로 기록하도록 하여 교육효과를 측정하는 방법도 있다. 배우자로서, 부모로서(양육자로서, 비양육자로서) 나는 어떤 준비를 할 것인지, 재혼식은 어떻게 할 것인지, 합의된 가계관리 방법은 무엇이며 합의를 위해 어떤 노력을 할 것인지 등에 관해 정리하는 시간을 갖도록 하여 재혼을 구체적이고 실제적으로 준비하도록 한다. 한편 커플이 함께 참석했을 경우, 서로의 다짐을 이야기함으로써 재혼에 대해 자신감을 갖도록 한다.

| 관련자료 |

도서

노혜영(2008). 이주호 동생 왕세일. 꿈소담이.

미치오 슈스케 저 · 이영미 역(2010). 용의 손은 붉게 물들고. 은행나무.

안나레나 맥아피 저 · 앤서니 브라운 그림 · 허은미 역(2005). 특별한 손님. 베틀북.

양영제(2012). 재혼하면 행복할까. 다밋.

에밀리 · 존비셔(2003). 스텝 패밀리–행복한 가족이 되기 위하여. 마고북스.

이종민(2011). 이혼이야기 1, 프리덤하우스

장혜경 · 박경아(2002). 당당하게 재혼합시다. 조선일보사.

크리스토프 포레 저, 김미정 옮김(2016). 재혼의 심리학. 푸른 숲.

크리스티네 뇌스틀링거 저, 한기상 역(2007). 언니가 가출했다. 우리교육.

영화 & 연극

스텝맘(Stepmom, 1998)/124분/감독 크리스 콜럼버스/출연 수잔 서랜든 · 줄리아 로버츠

웹사이트

한국가정법률상담소(www.lawhome.or.kr)/1644–7077

한국가족상담교육연구소(www.consult.or.kr)/523–4203

CHAPTER 12

# 죽음준비교육 프로그램

## 1. 죽음준비교육 프로그램의 필요성

죽음은 누구에게나 반드시 찾아오는 보편적이며 절대적인 현실이다. 죽음은 인간의 삶이 시작되어 연속선상에 있는 삶의 종착역에 해당하는 사건이다(김광한 외, 2014). 그러므로 죽음과 삶은 반대되는 개념이 아니라 삶 가운데 죽음이 존재하는 것이다. 우리는 인생에서 언젠가는 자기 자신의 죽음, 가까운 사람의 죽음에 직면하게 된다. 하지만 사람들은 죽음에 대하여 불안을 느끼고 걱정하며 슬퍼한다. 죽음을 앞둔 사람들은 죽는다는 그 자체와 사랑하는 사람과의 이별에 대해 두려움을 느끼며 가족이나 지인들은 죽은 자를 떠나보내는 과정에서 상실의 상처로 괴로워한다. 이렇게 우리가 죽음에 대해 불안해하고 두려워하는 근본적인 이유는 죽음에 대한 이해가 부족하기 때문이다. 그러므로 죽음에 대한 불안을 감소시키고, 죽음에 대한 심리적, 정신적 적응력을 향상시키기 위해서는(김성희·송양민, 2013) 죽음에 대한 준비가 필요하다. 죽음도 삶처럼 준비와 교육이 필요한 것이다. 인간에게 죽음이 불가피하다면 어떻게 맞이해야 바람직할지 진지하게 생각하고 준비해야 한다.

'100세 시대' 노인인구의 증가와 평균수명의 증가로 인하여 죽음의 질을 어떻게 확보할 것인가에 대한 관심이 높아지면서(정경희 외, 2018) 노인교육 가운데 최근 주목을 받고 있는 프로그램이 죽음준비교육이다(김성희·송양민, 2013). 누구나 죽음에 대해서는 두려움과 불안을 느끼며 이러한 두려움은 젊은이들보다 죽음에 더 가까이 있는 노인들이 더욱 많이 느낀다(이가언 외, 2018). 그동안 죽음준비교육은 주로 노인을 대상으로 진행되었고, 노인들이 교육을 받아야 하는 '대상'으로 보는 시각이 강했다(김미용, 2016). 그러나 죽음은 노인들만의 문제는 아니다. 오늘날 각종 사건사고, 자살과 같은 예기치 않은 죽음의 증가로 죽음의 문제가 모든 연령층으로 확대되는 현상을 보이면서(김신향, 2015), 다양한 대상자들에게 죽음준비교육이 필요하다는 것이 공론화되고 있다. 따라서 죽음을 어떻게 맞이할 것인가는 노인뿐만 아니라 인생주기의 전 단계에 있는 사람들이 해결하여야 할 과제이다(전광현, 2011). 즉, 죽음준비교육은 유아기에서부터 노년층에 이르기까지 모든 연령층을 위해 필요한 교육으로, 죽음에 대한 올바른 이해와 긍정적 수용 및 실천방안을 알려줌으로써 삶의 진정한 의미를 발견할 수 있도록 도와야 한다(김일식 외, 2016).

특히 우리나라는 2003년부터 줄곧 OECD 국가 중 자살률 1위라는 오명을 벗지 못하고 있으며, 노인뿐만 아니라 청소년 사망원인 1위가 자살로 밝혀져(보건복지부, 2018) 자살을 예방하기 위한 활동으로도 죽음준비교육이 효과적인 방안으로 거론되고 있다. 청소년들의 잘못된 죽음관과 삶의 의미 상실이 자살충동의 중요한 원인이므로 청소년 자살을 예방하기 위해서는 그들의 잘못된 죽음관을 교정하고 삶의 의미와 가치를 찾을 수 있게 도와주어야 한다. 이는 청소년들이 삶과 죽음을 어떻게 이해하고 있는가의 문제와 연관된다. 이 지점이 바로 청소년을 대상으로 하는 죽음교육의 필요성이 제기되는 부분이다(권미연, 2017). 그러므로 죽음준비교육은 우리사회의 잘못된 죽음을 막고, 사회문제 예방에 기여함으로써 사회 비용을 크게 절약하는 효과도 가져올 수 있다.

이와 같이 죽음준비교육은 죽음을 바르게 이해하도록 함으로써 삶을 보다 의미있게 살도록 하고 죽음을 한층 편안하게 맞이할 수 있도록 돕는 삶의 준비교육이며, 자살예방교육이기도 하다. 따라서 전 연령층을 대상으로 눈높이에 맞게 다양한 방식으로 죽음준비교육을 체계적으로 실시해야 할 것이다.

미국과 유럽 등 서구사회에서는 오래전부터 초등학교 교과과정에서부터 대학 및 평생교육과정에 이르기까지 죽음과 관련된 프로그램들이 활발하게 진행되고 있으며, 잘사는 것(well-living)과 잘 죽는 것(well-dying)을 연결시켜 죽음이 전 세대 간의 관심분야로 떠오르고 있다(김신향·변성원, 2014). 생애 초기단계에서부터 죽음에 관한 적절한 학습이 이루어진다면, 사람들은 삶에 대해 새로운 관점을 가짐과 동시에 죽음이 자연스러운 과정으로 동화될 수 있을 것(임진옥, 2008)이라고 보기 때문이다. 이처럼 정규교육과정에 죽음준비교육이 포함되어 실시되고 있는 서구와는 달리 우리나라에서는 죽음에 대한 준비교육이 미흡한 실정이다.

최근 우리나라도 웰다잉에 대한 관심이 높아지고, 존엄사(death with dignity) 문제가 사회이슈로 부각되면서 죽음준비에 대한 관심이 증가하는 추세이다(송양민·유경, 2011). 종교단체나 사회복지시설 등 민간단체에서 죽음준비교육을 실시하는 기관이 늘어나고 있고(조성희·정영순, 2015), 사회복지법인 각당 복지재단에서는 죽음준비교육 지도자과정을 통해 웰다잉 전문가도 꾸준히 배출하고 있다. 정부차원에서도 2015년 8월부터 국민건강보험공단을 통해 대국민 웰다잉 준비교육과정을 운영하기 시작하였고, 공단 산하 건강보험정책연구원의 주도로 '웰다잉교육 매뉴얼'을 제작하여 공개하였다. 이는 공적 영역에서 죽음에 대한 준비교육을 처음으로 시도했다는 점에서 그 의미가 크다. 특히 2016년 2월 '호스피스·완화의료 및 임종과정에 있는 환자의 연명의료결정에 관한 법률' 일명 '웰다잉(Well-dying)법'이 제정되면서 호스피스 완화의료 관련 사항은 2017년 8월부터, 연명의료 중단에 관한 사항은 2018년 2월부터 본격적으로 시행되고 있다. 이를 계기로 연명에만 관심을 가질 것이 아니라 삶의 한 부분인 죽음에 대해서도 어떻게 대비할 것인가, 즉 '어떻게 품위 있는 죽음을 맞이할 것인가'에 대한 교육요구가 높아지고 있다.

어차피 죽음이 피할 수 없는 문제라면 죽음준비교육은 '삶을 어떻게 살아가야 할까'와 '죽음을 어떻게 맞이해야 할까'를 진지하게 생각하고 죽음에 대한 올바른 이해와 긍정적 수용 및 실천방안을 알려줌으로써 삶의 진정한 의미를 발견할 수 있도록(김일식 외, 2016) 해야 한다. 즉, 죽음을 회피하지 않고 정면으로 직시함으로써 우리들 자신에게 주어진 시간이 한정되어 있음을 깨닫게 하여 현재를 보다 잘 살게 하는 교육이다. 이처럼 죽음준비교육은 미래의 죽음을 준비하게 할뿐 아니라 현재를 잘 살도록 하여 죽음의 질 그리고 현재 삶의 질에도 중요한 영향을 미치므로, 우리 모두가 관심을 갖고 참여해야 한다. 또한 국가와 사회는 이를 적극 지원하는 시스템이나 사회 분위기를 만들어야 한다.

## 2. 죽음준비교육의 이론적 기초

### 1) 죽음학의 영역: 죽음, 죽음의 과정, 사별

죽음(death), 죽음의 과정(dying), 사별(bereavement)은 죽음학(Thanatology)의 주요 관심 영역이며, 이러한 개념에 대해 살펴봄으로써 죽음준비교육 프로그램의 교육 내용에 관련된 시사점을 얻을 수 있다.

죽음의 개념과 정의는 사회문화권에 따라 다르고, 개인의 가치관이나 철학 등 개별적 특성에 따라 달라지기 때문에 죽음의 개념이나 의미를 규정한다는 것은 간단한 문제가 아니지만, 죽음은 생의 마지막 과정이며 우리 모두는 죽음으로 돌아가야 한다(전광현, 2011).

야나기타(柳田, 1995)에 의하면 인간의 죽음은 '1인칭의 죽음', '2인칭의 죽음', '3인칭의 죽음'으로 나누어 생각해 볼 수 있다(이이정, 2003 재인용). 첫째로, '1인칭의 죽음'은 '나'의 죽음을 말한다. 여기서는 자기 자신의 죽음이란 어떠한 죽음을 의미하는가를 생각하고, 자신은 어떠한 죽음을 원하는가 등 자기의사를 결정하는 것이 중요하다. 최근에는 자신의 유언장을 작성하고 장기 제공 의사를 표시하는 장기기증카드를 작성하는 사람들이 늘고 있다. 둘째로, '2인칭의 죽음'이란 배우자, 부모, 자식, 친한 친구 등 자신에게 의미있는 다른 사람 즉 '당신'의 죽음을 의미한다. 오랫동안 삶을 함께 나눈 세상에 둘도 없는 사람이 죽어갈 때 나는 어떻게 대처해야 할지를 생각하게 하는 슬프고 괴로운 시련에 직면하게 하는 죽음을 말한다. 셋째로, '3인칭의 죽음'이란 그녀, 그 사람, 인간 등 제3자의 입장에서 냉정하게 볼 수 있는 죽음을 말한다. 전쟁에 의한 죽음, 사고에 의한 죽음 등의 보도에 가슴아플 때가 있어도, 자신의 현재의 생활에 커다란 지장을 초래하지는 않는다.

이처럼 인칭에 따라 죽음을 보는 관점의 차이를 이해하는 것은 죽음의 양상을 다면

적으로 이해하는데 도움이 될 수 있다.

이와 같은 죽음은 삶의 마지막 시기인 단 한 순간(Single Moment)일 뿐 아니라 변화과정(Transitional Process)이 포함된 개념이다(정경희 외, 2018). 죽음의 과정에 대한 연구는 말기환자가 죽음의 선고를 받고 그것을 자신의 죽음의 현실로 받아들이기까지의 심리·정서적 과정에 대한 연구가 주를 이루고 있다. 말기환자들은 죽음 선고를 받고 그것을 받아들이기까지 죽음의 과정에서 다양한 심리적 반응을 보이는 것으로 나타났다. 이러한 과정을 임상적으로 연구한 최초의 학자는 죽음학 연구의 선구자인 퀴블러로스(Kübler-Ross)로, 말기환자들은 죽음에 접했을 때 부정과 고립 → 분노 → 타협 → 우울 → 수용 등 5단계의 심리적 변화를 겪게 된다고 밝혔다(이경희·이용환, 2009). 이들은 죽음이 닥친 것에 대해 처음에는 부정하고 분노하지만, 일정 시간이 지난 후에는 자신의 운명과 타협하고 우울해 하다가 결국은 죽음을 수용하는 과정을 밟는다는 것이다. 이와 같은 심리적 반응 단계가 모든 사람들에게 나타나고 또 순서대로 나타나는 것은 아니라는 비판이 있기는 하지만, 그녀의 연구는 죽어가는 사람이 자신에게 일어나는 감정이나 행동이 정상이라는 것을 깨닫도록 하고, 가족이나 친구 등이 죽어가는 사람에게 적절히 대처하며 보살핌을 제공하도록 돕는다는 점에서 의미있는 연구라 할 수 있다.

한편 사랑하는 사람의 상실을 경험하는 사별은 남겨진 가족에게 괴로운 시련이고 극복하는 데는 상당한 곤란이 뒤따른다. 가족이나 친지의 죽음을 통해 겪게 되는 비탄과 상실은 인생에서 겪는 가혹한 도전이며, 그 중에서도 배우자 상실은 생활사건(life event) 가운데 가장 심한 정신적인 스트레스를 가져오는 최대의 위기사건이다(길태영, 2017a). 따라서 가까운 사람의 죽음에 수반되는 위기를 극복하기 위해서는 죽음준비교육을 받고 다양한 준비를 해두는 것이 중요하다(정순둘 외, 2014). 이처럼 죽음준비교육은 죽는 당사자에게만 필요한 것이 아니라 가족이나 친구, 지인 등 남은 자가 죽은 자를 떠나보내는 과정에서 상실의 상처를 최소화하고 의연하고 평온하게 이별을 맞는데도 큰 도움이 된다(배정순, 2015).

최근 우리 사회에서 죽음을 미리 체험하는 임종체험이나 자서전쓰기, 사전의료의향서작성 등 다양한 프로그램이 등장하면서 '웰다잉'에 대한 관심이 일어나고 있다. 웰다잉이란 사회적, 신체적, 정신적, 영적 영역이 공존되어 인간으로서의 존엄성을 유지하면서 주변정리를 잘하고, 편안한 마음으로 삶을 마무리하는 것(정의정, 2012)으로 죽음의 질이 확보된 상태를 의미한다. 흔히 죽음준비교육은 웰다잉 교육과 같은 의미로 사용되기도 하며, 웰다잉은 좋은 끝맺음을 뜻하는 '웰엔딩(well-ending)'으로 대체하여 사용하기도 한다(김미용, 2016).

## 2) 죽음준비교육의 개념

죽음준비교육은 죽음, 죽음의 과정, 사별과 관련된 모든 측면의 교육을 포함하는 것으로, 죽음과 관련된 주제에 대한 지식, 태도, 기술이 학습되는 과정을 의미한다(길태영·조원휘, 2017). 죽음준비교육의 목표는 우리 인간들이 언제, 어디서, 어떻게 다가올지 모르는 죽음을 의식하면서, 매사에 최선을 다해 정성껏 삶을 살도록 하는 것(송양민·유경, 2011)이다. 즉, 죽음준비교육은 죽음에 대한 두려움과 공포만을 감소시키기보다는 삶이 주는 진정한 의미를 깨달을 수 있는 기회로서의 의미가 더 크다. 따라서 죽음준비교육은 삶과 죽음을 바르게 이해하여 현재의 삶을 보다 의미 있게 살게 하는 교육으로 '삶의 교육', '삶을 준비하는 교육', '삶에 대한 교육'이라고 할 수 있다(정진홍, 2003).

코어(Corr, 2009)에 의하면, 죽음준비교육이란 사람들이 죽음과 관련하여 무엇을 알고 있는지, 어떻게 느끼는지와 행동하는지, 그리고 어느 것에 가치를 두는지와 관련된 교육으로 다음과 같은 네 가지 차원으로 구성된다고 하였다(정경희 외, 2018 재인용).

첫째, 죽음준비교육은 죽음과 관련한 경험들의 사실적 정보를 제공하고 이 사건들에 대한 이해와 해석을 돕는다. 둘째는 죽음, 사별에 대한 감정 및 태도를 처리하는 정서 영역이다. 셋째는 행동 영역으로 죽음과 관련한 상황에서 어떻게 행동하는 것이 도움이 되는지, 그리고 적합한지 등에 대해 논하게 된다. 우리 사회는 죽음, 사별과 관련하여 경험하게 되는 다양한 노출을 회피하는 경향이 있다. 이로 인해 유족들은 공감과 위로 등이 필요한 시기에 어떠한 지지나 연대없이 혼자 남겨지게 되는 경우가 많다. 죽음준비교육은 바로 이러한 문제에 착안하여, 죽음이나 사별을 경험한 사람들

간의 상호작용 기술을 교육함으로써 대처기제를 향상시킨다. 넷째, 가치 영역의 죽음준비교육은 인간의 삶을 지배하는 기본적 가치들을 표명하게 한다. 죽음은 우리 삶에서 피할 수 없는 요소 중 하나로 죽음준비교육을 통해 개개인의 삶에 대한 이해와 통찰을 통해 죽음을 수용할 수 있게 한다.

이와 같은 내용의 죽음준비교육은 교육이 실시되는 시기 혹은 대상을 중심으로 다음과 같은 3가지 차원의 성격을 갖는다(Leviton, 이이정, 2016 재인용).

첫째, 죽음교육은 죽음에 대한 초기 예방 혹은 예방적 건강교육이다. 죽음교육은 개인과 사회로 하여금 죽음이라는 필연적인 사건과 결과에 대해 준비시킬 수 있다. 모든 사람들은 언젠가는 죽고, 다른 사람의 죽음을 겪고 비탄을 다루어야 한다. 죽음교육은 미리 죽음과 비탄을 생각하고 학습하게 해서 이를 효과적으로 다룰 수 있도록 도와서 죽음으로 인해 병적 상태에 빠지지 않도록 예방하는 역할을 할 수 있다.

둘째, 죽음교육은 개입적 측면을 가지고 있다. 즉 죽음교육은 사람들로 하여금 죽음에 직면하도록 하여, 자살을 생각하는 사람에게 어떻게 대응해야 하고, 어떻게 위기 개입자로서 활동할 수 있을지를 배우도록 한다. 죽음교육은 죽음 문제로 고통받는 사람들에게 직접 개입하여 활동할 수 있는 능력을 배양하도록 돕는다.

셋째, 죽음교육은 사후 개입적 혹은 치유적 효과를 가진다. 죽음교육은 사람들로 하여금 위기를 이해하고 이러한 경험으로부터 배우도록 도울 수 있다. 사랑하는 사람을 먼저 보내고 나서 그 사람의 죽음의 의미와 그것이 내 삶에 미치는 영향 등을 생각하게 하는 등 죽음이 발생한 이후의 반응들에 개입하여 부정적인 영향을 치유하는 역할을 할 수 있다.

이와 같이 죽음준비교육은 예방적, 개입적, 치유적 효과가 있다. 따라서 어린아이부터 노인에 이르기까지의 모든 생애발달주기에 있는 개인과 죽음에 직면한 사람, 죽음 후 남겨진 사람에게 필요할 뿐만 아니라 죽어가는 사람을 돌보는 직업을 가진 사람에게도 요구된다. 보건의료분야 종사자 등 직업적으로 죽음을 다루는 사람들은 죽음에 직면한 사람들이 자신의 생을 정리하고 죽음에 대한 공포를 줄이며, 가족에게는 죽는 자와의 이별로 인한 비탄의 감정을 극복하여 다시 설 수 있도록 힘을 북돋아주어야 한다.

### 3) 죽음, 노년기에 극복해야할 주요 과업

죽음은 노년기에 극복해야 할 주요 과업 중의 하나이다. 심리학자 에릭슨(Erikson, 1959)은 인생발달주기이론에서 노년기에 성취해야 할 과업으로 자아통합감을 제시하였다(모선희 외, 2018 재인용). 노인들은 죽음에 직면하여 자신의 지난 삶을 되돌아보게 되는데, 자신의 삶을 의미있게 인식하고 인생을 긍정적으로 수용하면 자아통합을 이루고 죽음불안도 줄어드는 반면, 자신의 삶을 후회하고 무가치하게 생각하면 죽음불안의 공포에 빠지게 된다는 것이다. 한편 레빈슨(Levinson, 1986)은 '인생 계절론'적 관점에서 인생의 매 시기마다 개인이 어떻게 인생구조를 세우느냐에 따라 성공의 정도가 다양할 수 있다고 한다. 그는 인생을 네 개의 계절로 분류하면서 마지막 단계인 성인후기, 즉 노인전환기는 정신적·신체적 능력의 변화로 노화와 죽음에 대한 인식이 강화되므로 이시기에 자신의 죽어가는 과정을 이해하고 자신의 죽음을 준비하는 인생구조의 설계가 필요함을 강조한다(정옥분, 2013 재인용).

인생의 전 발달단계에서 죽음교육의 중요성이 강조되고 있으나, 특히 노년기에 죽음준비교육이 필요한 이유는 무엇보다도 이 시기가 삶을 마무리하는 단계에 보다 근접해 있다는 점이다. 인간은 누구나 나이가 들면 신체적, 정신적 기능이 저하되어 질병을 경험하게 되고 자연스럽게 죽음을 맞이하게 된다. 인간의 노화현상은 불가피한 것이기에 누구나 죽음에 대한 두려움을 갖게 되고, 특히 이러한 두려움은 생의 마지막 시기에 접어든 노인들이 더욱 많이 느끼게 된다(김성희·송양민, 2013). 그러므로 노인들이 죽음에 대한 두려움없이 남은 삶을 의미있게 살 수 있도록 하는 교육이 요구되며, 신체적, 정신적 의존상태를 대비하여 호스피스나 연명치료와 관련한 본인의 의사를 밝히는 등의 준비도 필요하다. 특히 배우자와의 사별 경험은 신체적·정신적 질환의 발생을 가속화시키고 노인들의 삶 전체에 부정적인 영향(오혜진·전해숙, 2017)을 미치므로 떠나는 자와의 분리과정이 적절하게 수행될 수 있도록 사별 후 홀로됨에 대한 준비교육이 요구된다.

최근 부부중심의 가족구조의 변화로 배우자 사별 후 적응과정을 혼자서 경험해야 하는 노인들이 많아지고 이 과정에서 상실감과 인생의 유한성을 깨달으며 죽음불안이 매우 높아지는(여인숙·김춘경, 2006) 경향이 있다. 따라서 사별 후 홀로된 노인 1인 가구에 대한 심리·사회적 지지서비스가 요구된다. 하지만 우리나라의 경우 이들 독거 노인에 대한 서비스는 주로 돌봄과 안전에 대한 서비스가 대부분이며 아직 사별 적응을 위한 지원서비스가 제대로 제공되지 못하고 있다. 죽음준비교육과 같은 실천적 개입을 통한 심리·사회적 지지는 배우자와 사별하고 적응하는 과정에서 뿐만 아니라 홀로 살아가는 삶에도 매우 필요하다(권봉목외, 2018). 따라서 노인 1인가구가 급증하고 있는 현 상황에서 노인들이 홀로됨에 적응하고 자신의 인생을 아름답게 마무리할 수 있도록 돕는 다양한 교육과 지원이 요구된다.

일반적으로 노인 죽음준비교육의 주요내용으로는 죽음의 정의 및 태도, 죽음불안 극복, 슬픔과 애도, 자살, 안락사, 사별 적응, 장례준비, 인생회고 및 정리 등이 제안되고 있으며(현은민, 2014), 노인들은 죽음준비교육에 참여함으로써 죽음에 대한 두려움과 공포가 줄어들 뿐만 아니라, 우울과 죽음 불안이 낮아지고, 삶의 의미를 깨달아 생활만족도가 높아지며, 삶의 질이 향상되어 성공적인 노화의 가능성이 높아진다(표 12-1 참조).

일반적으로 노인들은 죽음에 대해 생각하고 싶어 하지 않거나, 죽음에 대해 말하는 것을 기분 나빠 한다고 생각하지만, 노인들은 죽음과 임종에 대해 감정과 생각, 공포, 희망 등을 이야기할 기회를 원하고, 노인들이 죽음에 대한 감정이나 생각을 말로 표현하는 것은 죽음에 대한 긍정적인 수용에 도움이 되므로(임진옥, 2008) 죽음준비교육을 활성화하여 죽음에 대한 실제적인 준비와 심리적인 적응이 이루어질 수 있도록 해야 한다.

우리나라는 2017년 이미 고령사회에 진입했고 2025년 노인인구가 1,050만 8,000명에 달할 것으로 예상되어(통계청, 2018) 초고령사회 진입을 눈앞에 두고 있다. 장수시대를 맞아 국가의 복지정책의 일환으로 노인들을 대상으로 하는 죽음준비교육에 보다 많은 관심과 지원이 요구된다.

## 3. 죽음준비교육 프로그램의 실제: 선행연구 고찰

### 1) 실태

국내의 죽음준비교육 프로그램 연구동향을 분석해보면, 일반 노인 등 일반인을 대상으로 하는 연구와 보건의료분야에서 근무하게 될 휴먼서비스 전공분야 대학생과 요양보호사나 자원봉사자 등 돌봄서비스 제공자들을 대상으로 하는 연구로 구분된다. 본 고에서는 전자를 중심으로 기술하고자하며 이들 연구에서는 각 참가자들에게 죽음준비교육 프로그램 참가 후 죽음불안과 같은 죽음에 대한 태도 등 다양한 측면에서 그 효과를 검증하고 있다. 대표적인 죽음준비교육 프로그램관련 연구결과들을 '참가자'와 '효과' 중심으로 기술하면 〈표 12-1, 12-2〉와 같다.

### 2) 분석

#### (1) 노인 대상 죽음준비교육 프로그램

지금까지 '노인'을 대상으로 하는 죽음교육 프로그램이 가장 많이 개발되었으며, 이들의 주된 관심은 프로그램 참가 후 '죽음불안 감소' 효과가 있는지를 규명하는 것이다.

노인대상 죽음준비교육은 노인들의 죽음에 대한 불안을 감소시키고(현은민, 2005; 임찬란·이기숙, 2006; 오진탁·김춘길, 2009; 송양민·유경, 2011; 정의정, 2012; 김성희·송양민, 2013; 길태영, 2017b), 삶의 의미를 발견하게 하여 죽음을 심리적·실제적으로 준비하게 할 뿐만 아니라(현은민, 2005; 변미경 외, 2017), 자기효능감을 높이고(변미경 외, 2017), 자아통합감을 향상시키며(정의정, 2012; 길태영, 2017b), 다가올 죽음에 대처할 수 있는 힘을 길러 삶의 질을 높이고(임찬란·이기숙, 2006), 생활만족도와 심리적 안녕감이 향상되어 노인들의 삶에 대한 인식을 긍정적인 방향으로 바꾸어(송양민·유경, 2011; 김성희·송양민, 2013) 성공적인 노화로 이끄는(변미경 외, 2017) 것으로 나타났다.

표 12-1 **노인 대상 죽음준비교육 프로그램**

| 개발자 (연도) | 프로그램명 (실시대상) | 회기 및 시간 | 목표 | 회기별 주요 주제 | 비고 |
|---|---|---|---|---|---|
| 현은민 (2005) | 죽음준비교육 프로그램: 지상에서 영원으로(65세 이상의 노인) | 주 1회 2시간 30분 ~3시간/회 총 6회기 | 죽음준비교육 프로그램을 개발하고, 죽음준비교육이 노인의 죽음불안과 삶의 의미에 미치는 영향 파악 | 죽음준비의 필요성 / 죽음에 대한 탐색 / 사별과 적응 / 장례준비 / 안락사 및 자살에 대한 논쟁 / 멋진 마무리 | 개발 ○ 실시 ○ 평가 ○ |
| 이이정 (2006) | 죽음준비교육 프로그램(60세 이상 노인) | 주 2회 1시간 30 ~2시간/회 총 8회 | 노인학습자가 자신의 죽음을 준비할 수 있도록 돕는 죽음준비교육 프로그램을 개발하고 그 효과성을 평가 | 자기소개 및 강좌의 이해 / 노화와 노년기 / 죽음의 의미 탐색하기 / 사별과 상실을 어떻게 극복할까? / 평화로운 죽음을 맞이하기 위하여 / 내가 세상에 남긴 것은? / 나의 장례식 계획하기 / 나의 인생 정리하기 및 프로그램 평가 | 개발 ○ 실시 ○ 평가 ○ |
| 임찬란 · 이기숙 (2006) | 죽음준비교육 프로그램(65세 이상의 노인) | 120 ~150분/회 총 6회기 | 죽음교육프로그램을 개발 · 실시한후 노인들의 죽음수용과 생활만족에 미치는 영향 규명 | 용기있는 탐험 / 죽음앞의 인간 / 나의인생 훑어보기 / 축복의 죽음 / 소망이 있는 내일 / 횃불을 건네줄게! | 개발 ○ 실시 ○ 평가 ○ |
| 오진탁 · 김춘길 (2009) | 웰다잉, 아름다운 마침표(60세 이상의 노인) | 2시간/주 총 10주 | 죽음준비교육 프로그램을 개발하고, 그 교육이 노인의 죽음에 대한 태도와 우울정도에 미치는 효과 검정 | 죽음준비교육이 필요하다 / 존엄한 죽음을 위한 3가지 대안 / 죽음 끝이 아니다(2) / 호스피스(2) / 죽음의 9가지 유형(3) / 죽음을 알면 자살하지 않는다 | 개발 ○ 실시 ○ 평가 ○ |
| 박지은 (2009) | 죽음준비학교(60세 이상 노인) | 주 3회 2시간/회 5주간 총 17회기 | 죽음준비교육 프로그램이 죽음에 대한 태도에 미치는 영향 파악 | 예비소집 / 오리엔테이션 / 나 알기(노년기 삶 이해, 자서전 쓰기) / 죽음 알기(죽음과 임종, 존엄한 죽음, 상실의 치유, 법적 준비, 장례 준비) / 인생 알기(관계회복하기, 영상으로 본 죽음 story,미래 계획하기, 유언장쓰기) / 나눔 알기(장기기증 교육, 老老메아리, "함께해요"수료식) | 개발 ○ 실시 ○ 평가 ○ |
| 송양민 · 유경 (2011) | 아름다운 하늘소풍이야기(60세 이상 노인) | 2시간/회 총 17회기 | 복지기관에서 널리 활용할 수 있는 실용형 죽음교육 프로그램을 개발하고, 죽음교육이 노인들의 삶에 어떤 영향을 주는지 파악 | 마음열기, 죽음준비의 필요성 / 나는 누구인가? / 어르신 봉사활동 / 나의 인생그래프 / 웰다잉 연극단 초청 공연 / 나의 사랑 나의 가족 / 죽음의 이해 / 버킷리스트 및 나의 사망기 작성 / 영상편지 촬영, 묘비명 쓰기 / 존엄한 죽음을 위한 준비 / 유언과 상속 / 영정사진 촬영 / 장기기증과 호스피스 / 장사 및 장묘시설 / 유언장 작성 / 건강관리 / 가족들과의 화해 | 개발 ○ 실시 ○ 평가 ○ |
| 정의정 (2012) | 웰다잉프로그램(노인) | 매주 1회 총 8회기 | 웰다잉을 위한 프로그램이 노인에게 미치는 영향 분석 | 자기소개 및 프로그램 소개 / 인생 정리하기(2) / 죽음의 의미 탐색하기 / 평화로운 죽음을 위한 준비하기(2) / 내 삶의 흔적 / 존엄한 죽음, 장례식 기획하기 | 개발 ○ 실시 ○ 평가 ○ |

(계속)

| 개발자(연도) | 프로그램명(실시대상) | 회기 및 시간 | 목표 | 회기별 주요 주제 | 비고 |
|---|---|---|---|---|---|
| 김성희·송양민(2013) | 죽음준비교육(60세 이상 노인) | 주 1회<br>2시간/회<br>총 17주 | 죽음준비교육이 노인의 생활만족도와 심리적 안녕감에 미치는 효과 분석 | 마음 열기, 죽음준비의 필요성 / 나는 누구인가 / 나의 인생그래프 / 죽음의 이해 / 웰다잉 연극단 초청 공연 / 유언과 상속 / 나의 사랑 나의 가족 / 야외캠프(버킷리스트 및 나의 사망기 작성, 영상편지 촬영, 묘비명 쓰기) / 영정사진 촬영 / 존엄한 죽음을 위한 준비 / 장기기증과 호스피스 / 장사 및 장묘시설 견학 / 어르신 봉사활동 / 유언장 작성 / 건강관리 프로그램 / 가족초청 행사 | 개발 ○<br>실시 ○<br>평가 ○ |
| 길태영·윤경아·심우찬(2016) | 통합된 죽음준비교육 프로그램(장애인복지법상 등록 장애노인) | 주 1회<br>총 24시간<br>총 12회기 | 통합된 죽음준비교육 프로그램이 신체장애노인의 죽음에 대한 태도와 삶의 의미에 미치는 효과 검증 | 오리엔테이션 / 죽음의 이해 / 환경 이해(4) / 태도 정립 / 정서 작업 / 임종자 조력 / 사별자 조력(2) / 자살예방 | 실시 ○<br>평가 ○ |
| 태윤희 외(2016) | 아름답고 존엄한 나의 삶(성인 및 노인) | 도입주<br>1~6주로<br>총 7주<br>2시간/주<br>총 11회기 | 죽음불안, 우울, 삶의 마무리, 호스피스 완화의료에 대한 인식 등의 효과 검증 | 오리엔테이션 / 나의 이야기 / 소중한 사람들 / 아름다운 내 삶 / 죽음 이해하기 / 존엄한 죽음 / 존엄유지를 위한 준비, 수료식 | 개발 ○<br>실시 ○<br>평가 ○ |
| 길태영(2017) | 죽음준비교육(65세이상 노인) | 주 1회<br>2시간/회<br>총 12회기 | 죽음준비교육이 도농복합지역 노인의 죽음불안과 자아통합에 미치는 효과 검증 | 죽음준비교육이란? / 노년기 삶과 인간발달의 이해 / 죽음의 정의와 관련된 이슈들 / 다양한 장례문화의 이해 / 장례문화센터 견학 / 비탄교육의 중요성 / 자신의 죽음에 대한 수용 / 죽음불안 다루기와 극복 / 호스피스완화의료의 이해 / 용서와 화해, 감사와 사랑 / 죽음과 관련된 법률의 이해 / 우울 및 자살이해와 예방, 소감 나누기 및 수료식 | 개발 ○<br>실시 ○<br>평가 ○ |
| 변미경 외(2017) | 웰다잉프로그램(65세 이상 노인) | 주 1회<br>120분/회<br>총 8회기 | 웰다잉프로그램을 적용하여 삶의 의미, 자기 효능감 및 성공적 노화에 효과가 있는지 파악 | 죽음준비교육의 이해 / 나는 누구인가? / 나의 인생그래프, 죽음의 과정과 임종간호, 연명치료 / 나의 사랑 나의 가족 / 나의 인간관계 알기 / 미래의 죽음준비 / 삶의 의미 찾기 / 가치와 삶의 목표 | 개발 ○<br>실시 ○<br>평가 ○ |
| 오혜진·전해숙(2017) | 아름다운 마침표를 위하여(양로시설 거주노인) | 주 2회<br>1시간/회<br>총 12회기 | 죽음준비교육 프로그램이 양로시설 거주 노인의 죽음불안과 우울 및 삶의 질에 미치는 영향 | 오리엔테이션, 마음열기 / 나는 누구인가? / 나의 인생그래프 / 죽음의 이해 / 영상으로 이해하는 죽음 / 존엄한 죽음을 위한 준비 / 호스피스와 장기기증 / 유언과 상속 / 버킷리스트 및 나의 사망기 작성 / 유언장 및 사전의료지시서 작성 / 봉사활동 계획 / 수료식 및 마무리 | 개발 ○<br>실시 ○<br>평가 ○ |

박지은(2009)은 죽음불안을 중심으로 노인들의 죽음에 대한 태도를 연구해왔던 기존 연구들과는 달리, 죽음에 대한 태도를 정서적 불안, 인지적 수용, 행동적 반응의 세 요소로 구분하여 프로그램 참가 후 정서적 불안 정도는 감소하였고 인지적인 수용 정도는 증가하였으며, 긍정적인 행동적 반응이 나타났음을 밝혀서, 처음으로 죽음에 대한 태도를 하위 요소들로 세분화하여 분석하였다는 점에서 주목할 만하다. 한편 이이정(2006)은 교육이 실시되기 이전에 모든 학습활동을 계획하고 결정하는 선형구조에 기반한 기존의 프로그램들과 차별화된 프로그램을 개발하고, 대부분의 연구들이 효과 검증에 활용한 양적 통계방식이 아닌 노인학습자들이 학습활동을 통하여 죽음과 죽음준비에 대하여 형성한 의미들을 질적으로 분석하여 그 효과를 검증하는 평가방식을 선택했다는 점에서 기존의 프로그램들과 구분된다. 이외에도 길태영 외(2016)는 기존의 교육대상에서 배제되었던 신체장애노인을 대상으로, 오혜진·전해숙(2017)은 지역사회 거주노인이 아닌 양로시설 거주노인을 대상으로 죽음준비교육 프로그램의 효과를 입증하였다는 점에서 의미가 있다. 그리고 송양민·유경(2011)은 복지기관에서 상황에 맞게 쉽게 가감하여 활용할 수 있는 17회기의 '실용형' 죽음교육 프로그램인 '하늘소풍이야기'를 개발하여 지역사회 노인복지관들을 중심으로 지속적으로 교육을 실행하고 있다는 점에서 주목할 만하다. 특히 국내 최초의 정부 개발 죽음준비교육 프로그램인 '아름답고 존엄한 나의 삶' 교육프로그램 개발 참여자인 태윤희 외(2016)는 교육참여를 원하는 성인과 노인층을 대상으로 교육운영 결과 삶의 의미, 마무리에 대한 불안, 우울, 호스피스완화의료에 대한 인식이 개선되는 효과를 확인하였다.

### (2) 성인, 대학생, 유아 대상 죽음준비교육 프로그램

성인대상의 연구에서도 노인대상 연구에서와 마찬가지로 죽음준비교육 프로그램 실시 이후 죽음불안의 감소여부에 대한 관심이 높았으며 그 효과가 검증되었다(윤매옥, 2009; 강경아, 2011; 길태영, 2017a). 이외에도 죽음준비교육에의 참여는 삶의 의미를 증가시키고(윤매옥, 2009; 길태영, 2017a), 영적 안녕에 도움을 주며(윤매옥, 2009), 자아존중감이 증가하고 감각적이고 정서적으로 불유쾌한 경험인 통증은 유의하게 감

표 12-2 성인, 대학생, 유아 대상 죽음준비교육 프로그램

| 개발자 (연도) | 프로그램명 (실시대상) | 회기 및 시간 | 목표 | 회기별 주요 주제 | 비고 |
|---|---|---|---|---|---|
| 윤매옥 (2009) | 죽음준비교육 프로그램(18세 이상의 성인남녀) | 60분/회 총 5회기 | 성인을 대상으로 죽음준비교육 프로그램을 실시하여 죽음불안과 영적 안녕 및 삶의 의미에 미치는 효과 파악 | 삶과 죽음에 대한 이해 / 유서쓰기 / 입관체험 / 느낌공유하기 / 결단과 축복하기 | 실시 ○ 평가 ○ |
| 강경아 (2011) | 죽음준비교육: 아름다운 인생여 행(40~ 65세의 중년층) | 4시간/주 총 11주 | 중년층을 대상으로 죽음준비교육을 실시하여 죽음불안과 삶의 질이 긍정적으로 변화될 수 있는지 파악 | 앎의 기쁨이 있는 삶(삶과 죽음에 대한 이해, 건강한 신체의 행복한 삶, 노화의 특성) / 의미를 발견하는 삶(자아발견-애니어그램, 명화를 통해 배우는 인생여행, 내 삶의 의미찾기, 음악과 함께하는 삶) / 나눔과 관계의 삶(바람직한 노년기 부모역할, 나의 인생회고, 인간관계와 의사소통, 나눔의 행복) / 황혼의 준비된 삶(아름다운 삶과 품위 있는 죽음, 임종을 위한 법적준비, 나의 장례와 장묘, 입관체험과 유언장 작성, 자연과 함께하는 존엄한 나의 죽음에 대한 토의, 웃음체험교실, 삶과 종교와 나의 죽음) | 개발 ○ 실시 ○ 평가 ○ |
| 총배령 외 (2015) | 아름다운 인생여행(성인) | 2시간/주 총 5주 | 일반인을 대상으로 죽음준비교육 프로그램을 제공하여 연명치료 중단 및 호스피스완화의료에 대한 인식에 미치는 효과 파악 | 삶과 죽음 / 삶과 건강 / 삶과 사랑 / 삶의 정리 / 삶과 행복 | 실시 ○ 평가 ○ |
| 김복연· 오청욱· 강혜경 (2016) | 죽음준비교육 프로그램: 아름다운 마무리 (성인) | 주 3회 2시간/회 총 6회기 | 죽음준비교육 프로그램이 성인의 자아존중감, 영적 안녕, 통증에 미치는 효과 검증 | 오리엔테이션, 생명의 신비 / 생명과 죽음의 의미 / 죽음 준비 / 평화로운 죽음 / 전통적 장례예식의 이해, 상실극복 / 죽음 경험, 마무리 | 개발 ○ 실시 ○ 평가 ○ |
| 길태영 (2017) | 죽음준비교육 프로그램(베이비부머) | 100분/회 총 12회기 | 죽음준비교육 프로그램이 베이비부머의 죽음에 대한 태도와 삶의 의미에 미치는 효과 검증 | 오리엔테이션/ 죽음의 이해(2)/ 환경이해(3)/ 태도 정립/ 정서 작업/ 임종자 조력/ 사별자 조력(2)/ 자살예방 | 개발 ○ 실시 ○ 평가 ○ |

(계속)

| 개발자 (연도) | 프로그램명 (실시대상) | 회기 및 시간 | 목표 | 회기별 주요 주제 | 비고 |
|---|---|---|---|---|---|
| 김숙남 외 (2005) | 죽음준비교육 프로그램(대학생) | 6시간/일 총 5일 | 대학생들을 대상으로 죽음준비교육을 실시하여 죽음에 대한 태도와 생의 의미에 미치는 효과 규명 | 죽음의 의미 / 현대사회와 죽음 / 생명을 돌보는 사람들, 상실과 슬픔다루기 / 호스피스 자원봉사자 체험소개 / 바람직한 삶과 죽음 | 개발 ○<br>실시 ○<br>평가 ○ |
| 김은희 · 이은주 (2009) | 죽음준비교육 프로그램(대학생) | 150분/회 총 5회기 | 죽음준비교육 프로그램이 대학생의 삶의 만족도와 죽음에 대한 태도에 미치는 변화 확인 | 죽음 생각하기 / 죽음과정과 죽음에 대한 이해 / 죽음에 대한 간접체험 / 죽음준비와 현재 삶의 의미 찾기 / 삶의 목표 설정과 나의 가치 정립하기 | 개발 ○<br>실시 ○<br>평가 ○ |
| 현은민 (2014) | 죽음준비교육 프로그램(대학생) | 주 1회씩 총 8회기 | 죽음준비교육 프로그램이 대학생들의 죽음에 대한 태도와 자살생각, 삶의 의미에 미치는 효과 분석 | 죽음준비교육의 이해 / 죽음과 삶 / 죽음의 과정과 임종간호, 연명치료 / 자살예방 / 사별과 애도 / 장례문화와 상례, 제례의장법 / 삶의 의미 찾기 / 가치와 삶의 목표 | 개발 ○<br>실시 ○<br>평가 ○ |
| 권은주 · 조진희 (2011) | 죽음준비교육 (만 5세 유아) | 주 1회씩 총 7회기 | 불교의 업과 윤회 사상을 모티프로 하는 환생동화를 활용한 죽음준비교육이 유아의 죽음 개념 및 죽음 불안에 미치는 효과 파악 | 업과 윤회사상이 모티프인 한국 환생동화 7편을 선정(백일홍이야기 / 접동새누이 / 우렁이색시 / 나무꾼과 선녀 / 할미꽃 / 북두칠성이 된 일곱형제 / 바리데기) | 개발 ○<br>실시 ○<br>평가 ○ |
| 김복연 · 조옥희 · 유양숙 (2011) | 죽음준비 교육: 아름다운 삶을 위한 교실(장애우를 돌보는 가족) | 주 1회 150분/회 총 10회기 | 장애우 가족을 대상으로 한 죽음준비 교육이 삶의 의미, 부담감, 극복력 및 죽음에 대한 태도에 미치는 효과 파악 | 오리엔테이션 / 생명의 신비 / 생명의 의미 / 죽음의 의미 / 죽음 준비 / 평화로운 죽음 / 전통적인 장례의식의 이해 / 상실 극복하기 / 죽음 경험 / 마무리 | 개발 ○<br>실시 ○<br>평가 ○ |

소하는(김복연 외, 2016) 것으로 나타났다.

한편 총배령 외(2015)는 기존에 진행 중인 '아름다운 인생 여행'이라는 죽음준비교육 프로그램을 활용하여 죽음준비교육이 성인의 호스피스 완화의료에 대한 인식에는 유의한 효과가 나타나지 않았지만 연명치료중단 인식은 높아질 수 있음을 밝힘으로써, 처음으로 일반인을 대상으로 죽음준비교육의 호스피스완화의료와 연명치료중단 인식에 대한 효과를 규명하고자 했다는 점에서 그 의의가 있다고 하겠다.

인생의 전환기에 있는 대학생에게도 죽음준비교육이 확대될 필요가 있다는 사회적 요구에도 불구하고 이들을 대상으로 하는 죽음준비교육 프로그램은 미흡한 실정이다. 대학생을 대상으로 한 죽음연구에서는 노인대상 연구들의 주요 관심사였던 죽음불안보다는 죽음불안을 포함하는 포괄적인 개념인 '죽음에 대한 태도'에 더 주목하고 있음을 알 수 있다. 죽음교육이 죽음에 대한 태도에 긍정적인 효과를 보였다는 김숙남 외(2005)와 현은민(2014)의 연구와는 달리 김은희·이은주(2009)의 연구에서는 유의한 영향이 나타나지 않았는데, 이는 태도가 변화하는 데에는 어느 정도의 기간이 필요하다는 점을 제시하며 후속연구의 필요성을 제안하고 있다. 죽음준비교육은 죽음에 대한 태도뿐만 아니라 삶의 의미에 대한 인식을 높이고(김숙남 외, 2005; 현은민, 2014), 삶의 만족을 향상시킬 수 있지만(김은희·이은주, 2009), 자살생각을 감소시키는 데는 유의미한 효과가 나타나지 않아서 추후연구에서 자살예방효과가 있는 교육프로그램의 구성과 효과적인 교육방법이 요구된다(현은민, 2014).

한편 권은주·조진희(2011)는 유아를 대상으로, 그리고 김복연 외(2011)는 장애우 가족을 대상으로 하는 등 기존의 죽음교육에서 관심을 기울이지 않았던 대상에게 죽음준비교육 프로그램을 개발하여 실시했다는 점에서 주목할 만하다. 전자의 경우, 불교의 업과 윤회 사상을 모티프로 하는 환생동화를 활용한 교육 실시 이후 유아의 죽음개념에 대한 이해가 향상되고 죽음불안이 감소되는 효과가 나타났다. 후자는 장애우를 돌보는 가족을 대상으로 10주간의 '아름다운 삶을 위한 교실'이라는 교육 실시 이후 장애우 가족의 삶의 의미와 극복력이 증가하고, 부담감은 감소하였으며, 죽음에 대한 태도는 긍정적으로 변화하였다고 제시했다. 우리나라는 현실적으로 장애 가족을 가족들이 고통속에서 전적으로 돌보고 있음에도 불구하고 이 가족들을 대상으로 죽음교육을 실시하여 그 효과를 파악한 연구가 없었다는 점에서 의미있는 연구이다.

## 프로그램 예시 '아름답고 존엄한 나의 삶(Beautiful & Dignity My Life)' 교육프로그램

국민건강보험 건강보험정책연구원(2015)

공적 영역에서는 국민건강보험공단이 처음으로 시도하는 대국민 죽음준비교육 프로그램이라는 점에서 본 프로그램을 선정하여 소개한다.

### ⊙ 프로그램 목표

본 죽음준비교육의 목적은 '대상자가 삶의 자연스런 과정으로서 죽음을 바라보고, 존엄한 죽음을 선택할 수 있는 기회의 제공'과 '죽음에 대한 사회적 인식 변화의 확대'이다.

회기별 목표

| 회기 | 주제 | 목표 |
|---|---|---|
| 1회기 | 나는 누구인가? | 1. 자기 자신을 되돌아본다.<br>2. 자기발견과 자존감을 확인한다. |
| 2회기 | 삶의 과정(탄생에서 죽음까지) – 에릭슨의 발달주기에 따른 삶의 이해 | 1. 나의 삶을 되돌아보고 인생곡선을 그릴 수 있다.<br>2. 에릭슨의 발달단계이론의 성인기 단계와 특징적 지식을 습득함으로서 미래 인생설계 시 주요점을 구체적으로 설명할 수 있다.<br>3. 미래 인생설계 시 주요점을 실천할 수 있는 구체적인 행동방법을 말할 수 있다. |
| 3회기 | 가족, 또 다른 나 | 1. 나의 뿌리인 가족을 찾아본다.<br>2. 남은 생애 가족과 어떻게 관계를 유지할 것인지 생각해본다.<br>3. 만약 생이 많이 남지 않았다면 어떻게 가족과 관계를 정리할 것인지 생각해본다. |
| 4회기 | 친구, 소중한 인연 | 1. 시대와 문화 변화에 따른 친구의 역할과 중요성을 인식한다.<br>2. 지나온 삶속에서 소중한 마음을 주고받았던 친구들을 찾는다.<br>3. 소중한 친구가 되기 위한 방법을 알고 버킷리스트를 작성한다. |
| 5회기 | 최선을 다한 나의 삶 | 1. 현재의 삶을 돌아보고, 최선을 다해 삶아온 삶을 말할 수 있다.<br>2. 자기의 삶이 30일 남았을 때 무엇을 할 것인지 활동지 작성을 통해 앞으로의 삶의 방향을 수립한다.<br>3. '죽을 때 후회하는 것들'을 배워 알찬 삶을 설계한다.<br>4. 최선을 다한 삶을 위한 5가지를 배우고, 실천방안을 익혀 실생활 속에서 실천한다. |

(계속)

| 회기 | 주제 | 목표 |
| --- | --- | --- |
| 6회기 | 내 삶을 어떻게 마무리할 것인가? | 1. 우리의 삶은 유한하기에 귀중하며 그 마무리도 아름답고 존엄하여야 함을 인식한다.<br>2. 아름다운 마무리는 아름다운 삶이 선행되어야하며 이를 웰빙(참살이), 웰에이징(아름다운 노화)으로 칭하여 그 의미와 방법을 찾아본다.<br>3 아름다운 마무리인 웰다잉(존엄한 죽음)을 위해 그 모습과 완성이 어떤 것인지 이해한다.<br>4. 아름다운 마무리의 완성은 사랑, 용서, 화해의 삶을 통해서 이루어진다는 것을 인식한다. |
| 7회기 | 죽음의 철학 | 1. 조상들의 죽음의 철학을 이해한다.<br>2. 죽음의 성찰과 죽음준비를 할 수 있다.<br>3. 현대의 실태를 살핀 후 개선 방안을 모색한다. |
| 8회기 | 죽음의 이해, 죽음의 과정, 상실단계 | 1. 아름답고 존엄한 삶을 위해 죽음에 대한 이해를 돕는다.<br>2. 죽음의 과정과 상실단계 그리고 상실의 극복방법을 배운다.<br>3. 죽음이해를 통해 아름답고 존엄한 삶에 대해 성찰한다. |
| 9회기 | 임종과정에서 나타나는 증상 | 1. 좋은 죽음을 이해하고 무의미한 연명의료의 문제점을 인식한다.<br>2. 말기의 의미와 이때 삶의 정리와 준비를 할 수 있다.<br>3. 임종과정에서 나타나는 증상을 이해하고 편안한 죽음을 맞이할 수 있다.<br>4. 호스피스의 의미를 알고 필요 시 이용할 수 있다. |
| 10회기 | 존엄한 죽음준비(연명의료, 호스피스완화의료) | 1. 연명의료를 알고 이해한다.<br>2. 호스피스 완화의료를 알고 이해한다.<br>3. 사별관리 알고 이해한다. |
| 11회기 | 죽음을 어떻게 준비할 것인가?(유언, 장례, 사전의료의향서를 중심으로) | 1. 죽음준비의 필요성과 중요성을 설명할 수 있다.<br>2. 유언, 장례, 사전의료의향서를 작성함으로써 여생을 어떻게 살아야할지 삶의 우선순위와 가치관을 재정립할 수 있다. |

### ⊙ 프로그램 구성

본 프로그램의 교육과정은 총 11회기로, 먼저 자신과 자신의 주변을 잘 돌아보고 최선을 다해 살아온 자신의 지나온 삶과 현재의 삶을 관조하도록 돕는다. 이러한 과정을 거치며 죽음을 자연스럽게 이해할 수 있도록 하며 마지막에는 호스피스완화의료, 사전의료의향서, 유언장 등에 대해서 소개하는 과정으로 구성하였다. 각 회기의 구체적인 교육내용은 다음과 같다.

☞ 이하의 회기별 프로그램은 국민건강보험 건강보험정책연구원(2015)의 '아름답고 존엄한 나의 삶' 교육프로그램 시범사업에서 사용한 자료집 중 교안 부분을 본 연구자가 재정리한 것임.

### 1회기 나는 누구인가?

| 단계 | 교육내용 | 준비물 |
|---|---|---|
| 도입 | • 강사 및 과정 소개<br>• 들어가며: 명패만들기 | 교육자료,<br>활동지<br>1~3 |
| 전개 | • 나는 누구인가<br>– 정체성 찾기<br>– 생각의 도구<br>– 자기자신 적어보기<br>– 날씨로 본 나<br>– 나는 이런 사람입니다<br>• 자존감이란<br>– 나의 가치중심은<br>– 자존감 느끼기 | |
| 마무리 | • 길없는 길: 강의 처음에 만들어두었던 명패 뒷면에 '되고싶은 나', '불리어지고 싶은 나' 적고, 두 사람씩 짝하여 새로운 이름 불러주기<br>• 교육을 마무리하면서 | |

### 2회기 삶의 과정(탄생에서 죽음까지)

| 단계 | 교육내용 | 준비물 |
|---|---|---|
| 도입 | • 강사 및 과정 소개<br>• 들어가며: 마음열기, 관점 바꾸기(보는 이의 관점에 따라 달라지는 그림을 통해 점검) | 교육자료,<br>활동지 1 |
| 전개 | • 삶이란<br>– 삶의 과정을 연대별로 알아보기<br>– 인생곡선 그리기<br>• 에릭슨의 발달주기이론: 8단계<br>• 새로운 인생설계 | |
| 마무리 | • 나가며: 학습내용 질문하기, 인간의 성격은 전 생애에 걸쳐 발달함, 노년기에 보람되게 시간을 보내는 방법, 행복한 사람 만들기 | |

### 3회기 가족, 또 다른 나

| 단계 | 교육내용 | 준비물 |
|---|---|---|
| 도입 | • 강사 및 과정 소개<br>• 들어가는 말: 나의 뿌리는 무엇인가? 법에서 말하는 가족의 정의, 내가 사랑하는 사람 | 교육자료,<br>활동지 1~6 |

(계속)

| | | |
|---|---|---|
| 전개 | • 가족들과 과거의 회상<br>– 나의 어린 시절에 대한 활동지 작성 후 이야기 나누기<br>– 나의 어린 시절 부모, 형제, 배우자, 자녀에 대한 활동지 작성 후 이야기 나누기<br>– 내가 닮은, 형제자매가 닮은 부모님의 장점과 단점을 말해보고 발표함<br>• 가족들과 관계유지<br>– 사랑하는 가족의 우선순위를 정한 후 이야기하기<br>– 어떻게 가족과 관계를 유지 발전시킬 것인지에 대해 질문하기<br>• 가족들과 관계정리<br>– 가족 간의 갈등을 해결할 수 있는 방법 | 교육자료, 활동지 1~6 |
| 마무리 | • 나오는 말<br>– '가족의 소중함' 동영상<br>– 가족과의 관계에 문제가 있다면 이를 해결하기 위해 적극적인 노력을 해야 하고 남은 생애 관계를 잘 정리하여 회한 없는 인생 마무리 | |

4회기 **친구, 소중한 인연**

| 단계 | 교육내용 | 준비물 |
|---|---|---|
| 도입 | • 강사 및 과정 소개<br>• 강의 열기: 서울에서 부산까지 가장 빠르게 가는 법이 무엇인지 질문하기, 질문내용을 통해 친밀한 사이인 친구의 유익을 짐작하게 함 | 교육자료, 활동지 1 |
| 전개 | • 지금은 우(友)테크의 시대<br>– 친구란<br>– 왜 우(友)테크인가<br>– 친구가 우리 생활 속에서 어떤 역할을 하는지 이야기하기<br>– 성인기: 친밀감 형성<br>– 노년기: 자아통합감<br>– 친구의 선물<br>• 소중한 인연, 무임승차는 없다<br>– 좋은 친구를 얻고 싶다면 어떻게 해야할까 질문하기<br>– 내가 먼저 좋은 친구되는 법<br>• 우정의 손길을 찾아서<br>– 지나온 인연의 합이 지금의 나!<br>– 버킷리스트란?<br>– 활동지의 다섯 손가락에 기억나는 소중한 친구들의 이름 기록 | |
| 마무리 | • 우정의 손길을 찾아서<br>– 버킷리스트 작성, 발표내용 공유하고 칭찬하며 격려하기<br>• 강의 닫기<br>– 21세기 친구란?<br>– 인생을 마칠 때 만나야 할 3F<br>– 강의에 대한 소감나누기 | |

5회기 **최선을 다한 나의 삶**

| 단계 | 교육내용 | 준비물 |
| --- | --- | --- |
| 도입 | • 강사 및 과정 소개<br>• 서로 인사하기<br>• 아모르 파티(Amor fati) 소개하기 | 교육자료,<br>활동지 1 |
| 전개 | • 한정된 시간: 내 인생이 30일의 시간이 남아있다면<br>• 죽을 때 후회하는 것들:<br>– 죽을 때 후회(유언)하는 것들<br>– 내가 원하는 삶을 살자<br>– 너무 일에만 매달리지 말자<br>– 내 감정을 표현하며 살자<br>– 벗들과 연락하며 살자<br>– 나에게 더 많은 행복을 허락하자 | |
| 마무리 | • 강의 마무리<br>– 남은 시간<br>– 지금 보러 가세요 | |

6회기 **내 삶을 어떻게 마무리 할 것인가?**

| 단계 | 교육내용 | 준비물 |
| --- | --- | --- |
| 도입 | • 강사 및 과정 소개<br>• 우리 삶을 어떤 모습으로 끝맺을지에 대해 생각하기 | 교육자료,<br>활동지 1 |
| 전개 | • 삶: 웰빙, 웰에이징, 웰다잉 이해하기<br>• 아름다운 마무리<br>– 사랑, 용서, 화해는 왜 필요한가?<br>– 사랑<br>– 용서<br>– 화해 | |
| 마무리 | • 강의 마무리<br>– 아름다운 마무리는 웰빙, 웰에이징의 완성으로 이루어지며 우리의 삶이 사랑, 용서, 화해로 관계가 맺어져야만 아름다운 마무리가 되는 것 | |

7회기 **죽음의 철학**

| 단계 | 교육내용 | 준비물 |
|---|---|---|
| 도입 | • 강사 및 과정 소개<br>• 들어가기: 영화 '축제' 중 마지막 장지로 운구하는 장면 동영상 시청, 죽음에 관한 객관적 사실, 죽음의 철학과 변화 | 교육자료,<br>활동지 1 |
| 전개 | • 죽음과 종교<br>– 불교, 유교, 기독교<br>• 현대인의 죽음에 대한 태도<br>– 조상들의 죽음에 대한 태도<br>– 외면, 부정, 혐오<br>– 현대인의 죽음에 대한 부정적 태도의 원인<br>• 죽음의 극복 | |
| 마무리 | • 마무리 하기<br>– 죽음의 철학을 학습하는 이유<br>– 워크시트 작성: 묘비명<br>– 아름답고 존엄한 죽음을 산 사람들의 예 | |

8회기 **죽음의 이해, 죽음의 과정, 상실단계**

| 단계 | 교육내용 | 준비물 |
|---|---|---|
| 도입 | • 강사 및 과정 소개<br>• 학습자 파악 및 질문하기 | 교육자료,<br>활동지 1 |
| 전개 | • 죽음에 대해 질문하기<br>• 죽음에 대해 이해하기<br>• 죽음의 과정 이해하기<br>• 상실단계 이해하기<br>• 상실의 형태 이해하기<br>• 죽음과정에서 나타나는 상실 이해하기<br>• 상실과정 이해하기<br>• 상실 극복방법 찾아보기 | |
| 마무리 | • 스티브 잡스 이야기: "죽음은 삶이 만든 최고의 발명품이다" 등<br>– 시 감상: '죽음은 마침표가 아닙니다'(김소엽 시인)<br>– 인사하기 | |

9회기 **임종과정에서 나타나는 증상**

| 단계 | 교육내용 | 준비물 |
|---|---|---|
| 도입 | • 강사 및 과정 소개<br>• 죽음이란<br>• 고전의 五福<br>• 죽음의 진리 | 교육자료, 활동지 1 |
| 전개 | • 품위있는 죽음<br>• 좋은 죽음, 죽음에도 질이 있는가<br>• 편안한 죽음<br>• 어르신이 생각하는 좋은 죽음, 죽기 원하는 장소, 임종장소 변화<br>• 말기의 의미, 말기라는 상황을 알릴 것인가, 사망원인 통계, 말기암 환자 의료비, 흔한 증상, WHO 3단계 진통제 사다리, 죽음을 생각할 때 가장 걱정스러운 것, 식욕부진·메스꺼움과 구토 시의 간호<br>• 말기환자가 자신을 위해 할 수 있는 것<br>• 가족이 환자에게 해줄 수 있는 것, 심리적·정서적 돌봄<br>• 임종단계, 임종 이행 시기, 임종단계에서 나타나는 증상, 존엄한 죽음<br>• 임종직전의 돌봄, 죽음, 집에서 사망하는 경우<br>• 호스피스완화의료 건강보험 적용 | |
| 마무리 | • 웰다잉 관련 서적 소개<br>• 무엇이 성공인가: 랄프왈도 에머슨의 시 낭독<br>• 99 88 23 4<br>• 진 인 사 대 천 명 GO(치매예방) | |

10회기 **존엄한 죽음 준비(연명의료, 호스피스완화의료)**

| 단계 | 교육내용 | 준비물 |
|---|---|---|
| 도입 | • 강사 및 과정 소개 | 교육자료, 활동지 1 |
| 전개 | • 학습자 사전지식 질문: 연명의료, 호스피스완화의료에 대해 알고 계시나요?<br>• 연명의료란?<br>• 존엄한 죽음<br>• 임종의 의미 인식<br>• 품위있는 죽음에 대한 대국민 조사, 김할머니 사건(국내 첫 존엄사 사례), 말기환자 연명의료는 누가 결정하나?<br>• 호스피스완화의료란?<br>• 호스피스완화의료 이용 절차 | |
| 마무리 | • 완화의료전문기관 바로 알기<br>• 사별관리<br>• 이삭의 '나랑 닮은 친구에게 주고싶은 책' 중에서: 시 '뜨거운 눈물' | |

11회기 **죽음을 어떻게 준비할 것인가?(유언, 장례, 사전의료의향서를 중심으로)**

| 단계 | 교육내용 | 준비물 |
|---|---|---|
| 도입 | • 강사 및 과정 소개 | 교육자료, 활동지 1~4 |
| 전개 | • 죽음이란 무엇인가<br>• 유서의 의미, 작성<br>• 장례에 대한 의견<br>– 장례문화의 역사, 현 장례문화의 문제점, 변화하는 장례문화<br>• 사전의료의향서<br>– 의미, 작성 | |
| 마무리 | • 뒷모습이 깨끗한 사람<br>– 연극 '염쟁이 유씨'중에서: 뒷끝이 깨끗한 삶의 의미 이해 | |

### ⊙ 실시방법

본 교육에 대한 국민건강보험공단의 보도자료와 홈페이지 홍보를 확인한 후 자율적으로 교육에 참여의사를 밝힌 91명을 대상으로 교육프로그램을 운영하였다. 대상연령은 65세 이하 2그룹, 65세 이상 2그룹, 20~30대 1그룹이다. 교육운영은 총 7주로 도입주, 1주~6주로 이루어졌다. 매 주제마다 강의와 활동 이외에 수강생들은 본인의 사진들로 자신의 자서전을 만들었으며, 각 주제별로 11명의 전문 강사 및 연구진이 프로그램을 진행하였다.

### ⊙ 평가–방법 및 효과

프로그램의 효과를 검증하기 위해 비동등성 통제집단 전후설계(non-equivalent control group design)를 이용한 유사실험 방법을 실시하였다. 교육대상자의 변화 정도를 파악하기 위해 교육실시 전 사전검사, 교육종료 후 사후검사, 한 달 후 추후검사를 실시하였으며, 죽음불안, 우울, 삶의 마무리, 호스피스완화의료에 대한 인식 등에 대한 설문도구가 평가척도로 사용되었다.

평가결과 삶의 의미, 마무리에 대한 불안, 우울, 호스피스완화의료에 대한 인식이 개선되는 효과가 나타났다. 교육 후에 삶의 의미가 증가했고, 마무리에 대한 불안과 우울이 감소되었으며, 호스피스완화의료에 대한 인식의 변화를 가져왔다.

이 프로그램을 통해서 우리나라 국민이 갖는 죽음에 대한 두려움을 줄일 수 있을 것이며, 국민은 자신의 '존엄한 죽음', '아름다운 죽음', '인간다운 죽음'을 선택할 수 있는 기회를 갖게 될 것이라고 제언하였다.

| 관련자료 |

도서

길태영 역(2017). 잘 살고 잘 웃고 좋은 죽음과 만나다. 예감출판사.
데이비드 실즈 지음, 김명남 옮김(2010). 우리는 언젠가 죽는다. 문학동네.
박세연 역(2012). 죽음이란 무엇인가. 엘도라도.
아이라 바이오크 지음, 곽명단 옮김(2010). 아름다운 죽음의 조건. 물푸레.
아툴 가완디 지음, 김희정 옮김(2015). 어떻게 죽을 것인가?. 부키.
안진희 역(2018). 죽음과 죽어감에 답하다. 청미출판사.

영화 &연극

〈버킷리스트〉(2008)/97분/감독 로브 라이너/ 출연 잭 니콜슨 · 모건 프리먼
〈엔딩노트〉(2012)/90분/감독 스나다 마미/출연 스나다 도모아키
〈님아 그 강을 건너지 마오〉(2014)/87분/감독 진모영/출연 강계열 · 조병만
〈인생 후르츠〉 (2018)/90분/감독 후시하라 켄시/ 출연 키키 키린 등

웹사이트

각당복지재단(www.kakdang.or.kr)

# 가족생활 교육의 전망과 과제

PART 04

변화하는 사회에서 가족이 건강하고 역동적으로 적응할 수 있도록 돕고, 가족과 사회와의 전문적인 연계를 가능하게 하는 '가족생활교육'과 '가족생활교육사'의 전문성과 가족생활교육의 전망과 과제에 대하여 생각해보고자 한다. 또한 가족생활교육 실천 현장의 행동지침으로 가족생활교육의 윤리와 문화적 역량에 관해 살펴보고자 한다.

# CHAPTER 13

# 가족생활교육의 전망과 과제

우리가 잘 알고 있는 바와 같이 가족의 역할과 구조가 변화하면서 가족에 대한 사회적 책임이 부각되어 오히려 가족의 중요성은 더욱 강조되고 있다. 특히 2005년부터 「건강가정기본법」이 시행되면서 가족건강성의 향상에 대한 기대로 인하여 가족생활교육의 관심이 점점 확대되어 가고 있다. 가족생활교육은 전문적인 개입으로 가족공동의 문제를 공적으로 해결함으로써 가족의 강점을 재구성할 수 있다. 가족생활교육의 부상과 함께 학문적 융복합과정을 통하여 과거 관심이 거의 없었던 영역이나 주제에 대한 개발이 적극적으로 이루어져야 하며 이와 함께 모든 가족을 참여시킬 수 있는 현실적인 대안 마련이 필요하기도 하다. 미래사회에서 가족의 요구는 이미 각 장별로 다루어졌으므로, 본 장에서는 가족생활교육의 전망과 관련하여 전문성 및 실천을 위한 핵심적인 내용들을 다루고 앞으로 해결해 나가야 할 과제를 생각해 보고자 한다.

## 1. 가족생활교육의 전문성

가족은 보편적으로 사회와 밀접한 관계를 가지고 상호작용에 따라 영향을 주고받고

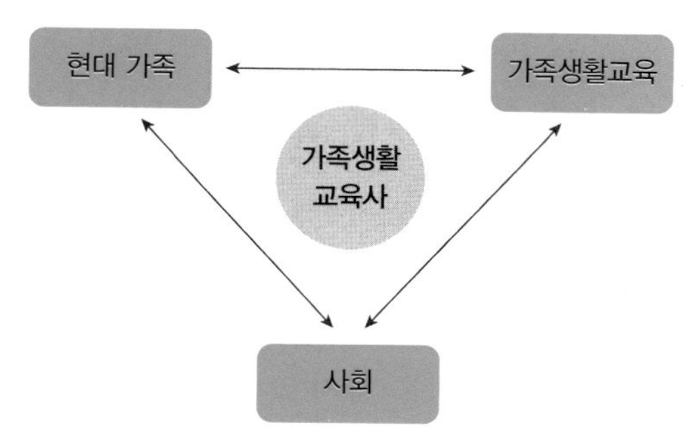


그림 13-1 **가족생활교육, 가족, 사회와의 관계**

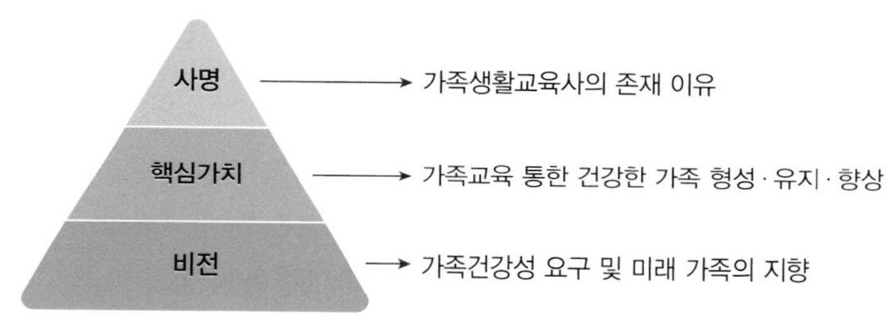


그림 13-2 **가족생활교육의 배경**

있는 기본 공동체이다. 특히 현대 가족은 저출산, 고령화, 양극화, 결혼이주, 이혼·재혼가족 및 1인 가족 등 다양한 가족형태의 증가로 급속한 가족변동을 경험하고 있다. 반면, 가족은 행복 실현 및 건강을 위한 기본적인 성장잠재력을 보유하고 있다는 전제하에 변화에 따른 공적인 개입의 당위성을 가지고 있기도 하다.

이러한 측면에서 볼 때, 가족생활교육은 개인이 포함된 가족과 사회와의 반영적 맥락 속에 존재하고, 이들 간의 좀더 전문적인 연계를 가능하게 하는 것이 가족생활교육사의 역할로 볼 수 있으므로 가족생활교육과 가족 및 사회와의 배경에 대해서는 〈그림 13-1, 13-2〉와 같이 이해할 수 있다.

그런데, 가족이 직면하고 있는 어려움을 해결하기 위해 가족교육의 필요성이 증대되고 있지만 이념적으로 가족에 대한 인식은 거의 변하고 있지 않아 과연 가족생활교육을 누가, 어떻게 해야 하는가에 대해서는 논란이 많다. 이에 대한 적절한 답을 찾지 못한 채 가족생활·가족관계에 대해 지식이 있는 사람이라면 누구든지 가족생활교육을 실시할 수 있다고 생각하는 경향이 있다. 그러나 아쿠스, 슈바네벨트와 모스

(Arcus, Schwaneveldt & Moss, 1993)는 가족생활교육의 특성 중 가족생활교육의 목적을 정확히 인식하고 있는 자격을 갖춘 교육자를 언급한 바 있으며, 대부분의 관련 연구결과에서도 유사한 내용을 강조하고 있다.

만약 가족생활교육이 수학, 과학 등과 같이 일반적인 정규 교과목과 같은 시각만을 가졌더라면 특별히 전문성에 대한 고민은 필요하지 않았을 것이다. 우선 가족생활교육은 다학제적이며 다전문적인 특성을 가지고 있으므로 이론적 측면에서의 전문성과 학문분야로서의 정체성 확립이 중요하다. 같은 맥락으로, 오래 전부터 가족생활교육의 공식적인 훈련 부족, 가족생활교육사의 채용 및 유지의 문제, 가족생활교육사의 다양한 배경 등이 언급(Kerckhoff, 1964)되었는데 이에 대한 해결책으로 가족생활교육의 전문성을 높이는 것이 강조되고 있다(Czaplewski, Jorgensen, 1993; Arcus, Schwaneveldt & Moss, 1993 재인용).

좀 더 구체적으로 생각해 볼 때, 가족생활교육이 전문성에 기반한 휴먼서비스로서의 입지를 구축하기 위해서는 교육을 통한 가족 지원과 관련하여 기존 서비스의 추상성 해결 및 접근 방법론의 확장과 다양성이 요구된다. 그러므로, 가족생활교육의 대상자나 전달자인 가족생활교육사에 대한 인식 또는 교육을 통하여 가족개입을 하기 위한 시·공간적 차이 등에 기초한 명시적이며 체감이 되는 실천 전략이 마련되어야 하고, 이것이 곧 이론적 측면에서의 전문성에 근거할 수 있어야 한다. 또한, 전문성은 개인 및 가족건강성의 형성·유지·향상을 목표로 하는 가족생활교육의 효율성과 합리성을 강화하여 가족생활교육과 가족, 지역사회, 기업, 국가 등 상호 간의 자발적인 기능을 확장해 나가야 할 것이라는 의미이기도 하다. 가족생활교육의 이론적 전문성

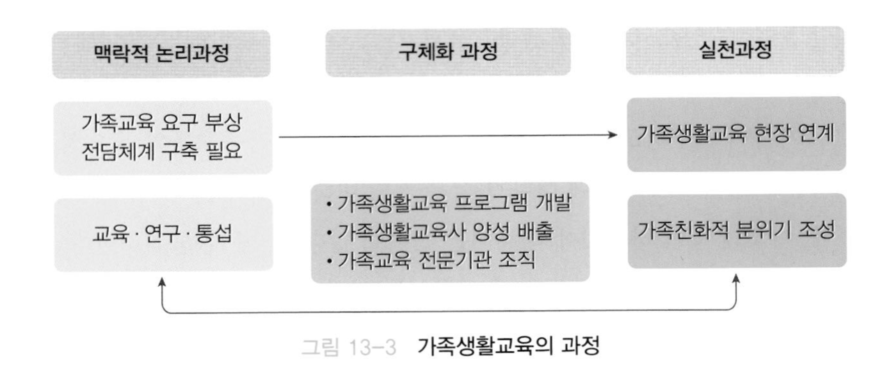


그림 13-3 **가족생활교육의 과정**

은 가족생활교육 서비스 체계의 조직적인 확대를 통하여 가족과 사회의 변화된 관련 요구에 조력함으로써 통합적으로 의도된 가족교육의 공식적인 학습활동을 위한 기제를 구축하게 될 것으로 본다. 즉, 가족생활교육이 전문성에 기반하기 위해서는 〈그림 13-3〉과 같이 생각해 볼 수 있다.

가족생활교육의 이론적 전문성은 우선 거시적으로는 「건강가정기본법」이 시행되고 있으므로 이와 관련하여 법적 근거의 서비스 체계를 효율적으로 구체화하는 데에 기초가 될 수 있다. 그 내용에 있어서 특히 가족이 거주하고 있는 지역 여건에 적합한 가족교육 수요자 중심의 맞춤형 서비스로의 전환이 가능할 수 있는 기준으로 적용될 수 있어야 할 것이다. 동시에 시너지 효과를 창출할 수 있도록 유관기관과 연계함으로써 지역 중심의 가족생활교육을 위한 자원개발이 가능해야 한다.

다른 측면으로는, 개인과 가족의 힘을 강화하기 위해서는 가족의 가치를 높이기 위한 노력이 필요하므로 가족생활교육의 실천현장 및 이의 전문성이 매우 중요하다고 볼 수 있다. 이를 위하여 전문가는 건강한 개인과 가족, 건강한 사회발전의 핵심으로서 다양한 자질과 능력이 준비될수록 높은 단계의 전문성이 강화된 역량을 갖게 되는 것이다. 가족생활교육 실천현장을 이끌어 나가는 전문가로서의 특성으로는 자신의 전문적인 정체성 인식 및 지향점(오혜경, 2005)을 들 수 있는데 구체적으로는 다음과 같다.

첫째, 인권주의 지향으로서, 보편적 가족의 생산적 삶과 적합한 방향을 안내할 수 있다.

둘째, 사회정의 지향으로서, 가족 지원에 대한 높은 가치를 부여할 수 있다.

셋째, 문화적 관용주의 지향으로, 가족생활교육은 개인·가족·사회 및 전체 차원이 다루어지는 문화적 역량을 준비해야 한다.

넷째, 임상적 지향으로, 가족생활교육을 통한 가족 조력은 문제해결을 포함하여 윤리적인 측면이 강화된 의사결정이 기초가 되도록 한다.

다섯째, 초도덕적 지향으로, 가족교육 대상자 입장에서 대상자와 함께 건강한 개인과 가족, 건강한 사회의 정의와 변화를 위한 노력이 전제되어야 한다.

여섯째, 통합적 활동 지향으로, 가족교육과 관련된 융복합이론에 근거하는 실천적 서비스와의 관계를 지향한다.

가족생활교육 실천현장에서의 전문성 강화는 가족건강성 향상으로서 이는 사회적인 관심 주제이며 당면한 과제로 가족친화적인 환경 조성을 위한 유용한 대안이 되고 가족 내, 가족 간, 사회와의 소통과 교류를 통하여 현대 가족을 지원할 수 있는 전문적인 기제가 되고 있다.

다른 한편으로 가족생활교육 실천현장의 전문성 측면에 있어서, 가치와 자세를 고려해 볼 수 있는데 가치적 측면으로는 사회적 가치, 휴먼서비스의 실천적 가치, 가족중심 사회통합적 가치, 조직적·제도적 가치 그리고 전문적 가치를 열거해 볼 수 있다. 또한 가족생활교육 실천의 효과성과 효능성 측면에서의 주요 영향요인이 되는 가족생활교육의 실천현장 전문가는 인적 자본 내지 사회적 자본 측면에서 일반적이면서도 특수한 자질을 갖추는 것이 무엇보다 필요하다고 여겨진다. 이미 효율적인 가족생활교육사의 개인적인 능력에 대하여 포웰과 캐시디(Powell & Cassidy)(2001; 정현숙, 2007 재인용)는 11가지 요소를 지적한 바 있다. 즉, 일반적인 지적 기술들(General intellectual skills), 자기인식(Self–awareness), 정서적 안정성(Emotional stability), 성숙함(Maturity), 감정이입(Empathy), 효과적인 사회적 기술들(Effective social skills), 자신감(Self–confidence), 유연성(Flexibility), 다양성의 이해와 공감(Understanding and appreciation of diversity), 구어적·문어적인 의사소통 기술들(Verbal and written communication skills), 모든 연령과 집단을 대상으로 1 : 1 상응을 기본으로 관계하는 능력(Ability to relate well with all ages and groups and on a one–to–one basis)이 그것

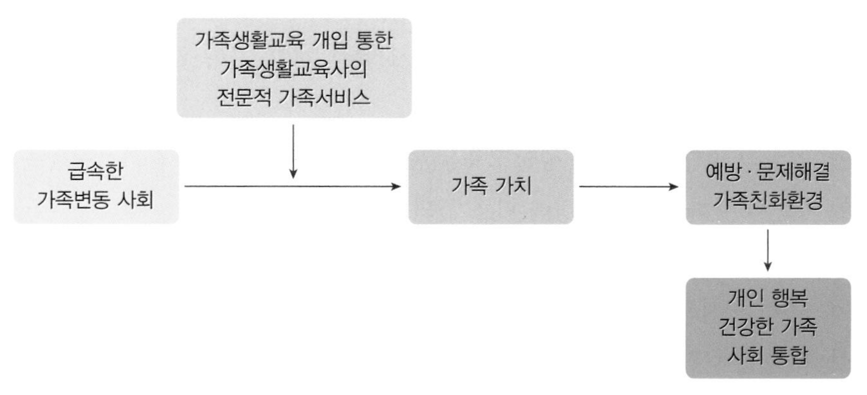


그림 13–4 **가족생활교육의 실천적 흐름**

### 가족생활교육의 전문성에 대해 생각해 보기

BOX 13-1

**다음 중 가족생활교육의 전문성을 갖춘 경우는 어느 것인지 생각해 봅시다.**

① 많은 사람들로부터 자신의 자녀를 잘 양육하고 교육시켰다고 특별한 지지를 받고 있는 사람이 부모교육을 하고 있다.
② 남편의 외도와 폭력, 자녀의 엄청난 비행, 가족의 또 다른 불행 등을 꿋꿋하게 인내하며 살아 온 나이 많은 유명 연예인이 부부교육을 하고 있다.
③ 재테크에 성공함으로써 가족의 안녕을 이루어 나가고 있는 재무설계사가 가족경제를 포함한 가족교육을 하고 있다.
④ 여러 일을 하며 생활하던 중 자신이 사람들 앞에서 말을 잘 한다는 특징을 발견하고 그 장점을 살려 스피치전문가가 되어 개인적인 경험을 바탕으로 부모-자녀교육을 하고 있다.
⑤ 자살을 시도했다가 목숨을 건진 후에 종교적으로 삶을 관조한 경험에 기초하여 가족교육을 하고 있다.
⑥ 의학적으로 불치로 판단된 질병을 수차례 완치시킴으로써 명의가 된 한의사나 양의사가 가족교육을 하고 있다.

이다. 이와 같은 가족생활교육사의 자질은 〈그림 13-4〉와 같이 가족생활교육 실천현장에서의 가족생활교육 전개를 통한 건강한 가족생활의 가치창출 체계를 이해하고 실천하는 데 중요한 역할을 할 수 있다.

가족생활교육의 전문성은 특히, 가족생활교육의 실천현장 측면에서 가족교육 활동을 통하여 전문가로서의 역할에 충실함으로써 관련 자원을 발굴하고 연계 협력이 가능한 인프라를 구축하여 가족건강성 향상의 지속적인 노력과 함께 건강가정정책의 실현까지 주도적으로 수행할 것으로 기대할 수 있다.

## 2. 가족생활교육의 실천

### 1) 가족생활교육과 전문자격 및 역할

가족생활교육은 휴먼서비스 특성을 가지며, 가족생활교육의 실천에서 전문가는 매우 우선적이고 중요한 요인이 된다.

휴먼서비스의 대상인 인간은 특히 통합적인 욕구 충족을 위한 휴먼서비스의 특성상 상호 연관되어 기능을 수행할 것을 요구받게 되므로 이러한 소통과 공존을 위해서는 인적 자본의 준비를 지적할 수 있다. 인적 자본은 국가와 지역의 발전 및 사회통합의 원천이 되며, 경제적 가치를 생산하는 요소, 즉 지식, 기능 등이 축적된 상태를 의미한다(강일규 외, 2007). 또한 인적 자본은 국가와 지역사회의 사회적 자본을 긍정적으로 유도하여 전체의 시너지와 협동, 사회적 응집력을 목표(강일규 외, 2007)로 하기 때문에 가족생활교육의 경우 역시 역량이 강화된 전문가를 중심으로 건강한 가족생활 유지의 기본 가치를 내재한 협동적인 자산을 증진시키는 노력과 관심이 개입될 수 있다.

이와 같은 맥락에서 볼 때, 가족을 전문적으로 지원하는 가족생활교육이 성공적인 결과를 내기 위한 인적 자본으로서 가족생활교육 전문가, 즉 가족생활교육사의 준비된 자격 및 역할은 그 중요성이 거듭 강조된다.

우리나라의 경우에는 한국가족관계학회에서 자격관리를 하고 있으며, 가족생활교육사는 본 학회에서 규정하는 필수 교과목을 학부나 대학원 및 학점인정기관에서 이수한 자로서 소정의 자격시험과 자격심사에 통과해야 한다. 한국가족관계학회에서 명시하고 있는 가족생활교육사의 자격과 역할은 〈표 13-1〉에 제시한 바와 같다.

가족생활교육의 운영원칙에서 알 수 있듯이 다양한 환경·연령·내용을 다루게 되므로 가족생활교육사는 자신의 가치관과 태도에 대해 평소 정확히 이해하고 있어야 하는 것을 기본으로 가족생활교육 프로그램 개발과정의 매 단계에서 요구하는 여러

표 13-1 **가족생활교육사 자격과 주요 역할**

| 자격 구분 | 역할 |
|---|---|
| 가족생활교육사 2급 | 가족생활 전반에 걸쳐 필요한 지식과 기술을 체계적으로 가르치는 일을 수행하며, 상위급 가족생활교육사의 교육 업무를 보조하는 역할을 한다. |
| 가족생활교육사 1급 | 가족생활교육 책임자로서의 역할을 수행하며, 2급 가족생활교육사의 훈련과 평가를 할 수 있다. |
| 가족생활교육전문가 | 가족생활교육 책임자로서의 역할을 수행하며, 가족생활교육 프로그램의 개발을 위한 전반적인 업무를 담당한다. 또한 2급 또는 1급 가족생활교육사의 훈련과 평가를 할 수 있다. |

출처: 한국가족관계학회 자격증(2020). http://www.kafr.or.kr/html/sub13.asp

가지의 전문적 자질을 갖추어야 한다. 예를 들어, 가족생활교육을 하기 위하여 철학적 신념, 가족환경 상황 및 조건 분석, 교육대상자의 다양한 욕구·전생애주기적 과업 이해, 교육의 거시적·미시적 목표, 효과적인 교육 지원을 위한 저해요인, 교수방법 및 교육자료, 효과 측정, 가족생활교육의 전문 기술과 특성 등 일련의 내용들에 대한 지속적인 숙고과정을 통하여 교육자로서의 훈련과 성숙을 준비할 수 있어야 한다. 다른 한편으로, 가족생활교육은 가족을 둘러싼 개인적이며 민감한 환경에 개입해야 할 뿐 아니라 통합적으로 조력해야 하므로 협력해야 할 전문가들과 네트워크 형성이 필요할 수 있다. 예를 들어, 지역사회에서 또 다른 입장에서 가족을 지원하고 있는 인적 자원이 되는 건강가정사, 가족상담사, 사회복지사, 가족폭력 및 성폭력상담원, 아이돌보미, 다문화가족 방문교육지도사, 자녀언어발달지도사, 가정봉사원 및 자원봉사자 등과 가족 관련 업무 협조 및 연대구축을 생각해 볼 수 있다.

또한, 가족생활교육사는 일반적으로 다중적 역할수행에 노출되기 쉽다. 〈표 13-2〉를 통하여 핵심적인 1차 역할, 부수적인 2, 3차 역할을 탐색함으로써 자격과 역할 그리고 후속적인 자격교육의 내용을 이해할 수 있다. 그동안 전개되어 온 가족생활교육 실천 현장을 중심으로 주요 내용을 정리해 봄으로써 향후 사회변화에 따른 강조점에 따라 가족생활교육사의 주요 역할의 내용을 변환할 수 있다.

한편으로는 배출된 가족생활교육사는 또 다른 전문성을 위한 준비로 가족생활교

표 13-2 **가족생활교육사의 일반적 역할**

| 구분 | 핵심적 역할 | 부수적 역할(案) | 추후 보안적 역할(案) |
|---|---|---|---|
| 가족생활 교육사 | 가족교육사업 경영 | 서비스경영 전문가 | 교육 로드맵 제작자 |
| | 가족생활교육 프로그램 개발 및 평가 | 프로그래머 | 매뉴얼 보급자 |
| | 가족생활 교육 · 연구활동 | 가족 전문가 | 가족 파트너 |
| | 가족교육 어젠다 마련 | 가족정책수립가 | 가족교육 전담관 |
| | 전문 가족교육 컨설팅 | 가족교육 컨설턴터 | 가족 코치 |
| | 가족친화적 역량 | 문화적 역량 | 가족 프렌즈 |
| | 마케팅 및 홍보 | 홍보 전문가 | 홍보 컨텐츠 개발자 |
| | 가족교육 네트워크 구축 | 유관기관 발굴 | 연계 조정자 |

육과 관련된 일련의 경험들, 즉 가족생활교육 개발 및 강사로서의 경력, 연구와 발표, 자격 관련 증명서와 자격증, 수상 이력 등을 정확히 정리하여 가족생활교육 전문가로서 공인받는 이력서를 준비하는 것 역시 필요하다.

### 2) 가족생활교육과 윤리 및 의사결정

가족생활교육에서는 규칙적인 것이니 그렇게 해야 한다고 설명하는 것만으로는 어려운 윤리적 상황이나 의사결정 순간을 종종 마주하게 된다.

윤리적으로 행동하는 것은 단순히 일련의 규칙학습의 수반을 의미하지 않으며 원칙에 근거하여 사고하고 행동하는 방식을 수반하고, 개인의 복지와 성장에 근거한다고 볼 수 있다(Adams, Dollahite, Gilbert and keim, 2009). 따라서, 가족이 미래를 위하여 전문적인 책임감을 가지고 합리적·도덕적으로 윤리적인 선택 내지 의사결정을 하는 데 도움이 될 수 있도록 기본적으로 개인적인 차원의 윤리원칙을 형성하는 것이 중요하다.

일반적으로 윤리를 언급할 때에는 도덕이 연상되므로 이들 개념(박주희, 2005)을 간략히 살펴볼 필요가 있다. 윤리는 특성을 의미하며 선과 악으로 고려되는 것들과 관계하는 규율이다. 한 상황의 도덕적 조망을 고려할 때 상황에 대한 정의, 공평함, 공정 등을 포함하는 것과 궁극적으로 그 사회의 도덕적 의무와 책임을 규범적으로 정의하는 것이며, 특히 개인적인 차원이 될 수 있다. 도덕은 관습과 방식을 의미하며 한 사회의 구성원들을 선과 악으로 고려되는 그 사회의 표준화된 규범으로 행위를 순응시키는 것이며, 사회적인 차원으로 볼 수 있다.

가족생활과 관련지어 보면, 가족생활이 덜 복잡했던 과거에는 규칙적이고 정형화된 윤리가 부분적으로 필요했을 것으로 추론되기도 한다. 이에 비하여 현대 가족에서는 다양하고 역동적인 가족발달과업의 출현으로 가족의 가치나 정서에 관계된 정보를 전달해야 하는 가족교육에 있어서 종종 의사결정을 포함하는 윤리적 딜레마를 경험할 가능성이 클 것으로 예측된다. 이때, 딜레마는 부정적인 것이라기보다는 도전일 수 있으며 또한 실제적인 상황과 보편적 가치, 목표, 기준에 의해 유형화된 이상적인 상황의 이미지(Tallman, 1993; Rettig, 2009, 재인용)로서 가족생활교육에서는 긍정적이며 유연하게 반응해야 할 것으로 본다.

한편, 가족 내에서 무엇인가를 하기 위해서는 끊임없이 다양한 의사결정과정을 가지게 되는데 이 때 기술적 과정, 경제적 과정, 사회윤리적 과정, 정치적 과정 등을 포함(Rettig, 2009)하게 된다. 또한, 지속적인 의사결정을 거치는 동안 윤리적인 측면에 있어서 불가피한 가족의사결정을 해야 하는 경우가 종종 발생함을 알 수 있으므로 가족생활교육사는 윤리적 측면과 함께 의사결정과정에 대한 준비가 되어야 한다. 예를 들어, 임신 중 유전적인 치명적 손상, 매우 심각한 중증 이상의 중복장애, 비전문가인 가족이 돌볼 수 없는 정신질환, 오랜 기간 동안 의식 없는 신체적 건강에 대한 수명연장 또는 안락사, 어려운 치매의 간병 등은 개인 차원에서 해결하기 힘든 가족문제로 윤리와 함께 의사결정이 이루어져야 하는 경우라고 할 수 있다.

이런 측면에서 가족생활교육사의 경우, 교육과정에서 개인이나 가족에게 의도하지 않은 해로운 영향을 미칠 수 있는 가능성에 대비하기 위하여 윤리기준이나 윤리강령이 마련되어야 한다. 모든 가족생활교육사가 가족의 윤리적 차원의 문화적이고 구조적인 복잡성에 적절하게 반응하도록 준비되어 있지 않을 수도 있으므로 이에 대한 필요성이 강조되고 있기도 하다. 가족생활교육에 있어서 윤리는 어떻게 다루어 나가야 하며 어떻게 교육을 하거나 받아야 할지를 고민해야 하므로 가족윤리 및 윤리교육

표 13-3 **윤리교육의 필요성에 대한 실증적 증거들**

| 내용 | 정도 |
|---|---|
| • 직장에서 심각한 윤리적 딜레마 경험 | 76% |
| • 딜레마 경험자 중 윤리적 교육 준비로 딜레마 해결 도움 | 47% |
| • 윤리학습과정 이수가 필수인 직업군 중 윤리교육이 딜레마 해소에 도움이 된 경우 | 71% |
| • 치료적이지 않은 프로그램의 전문가나 학생의 경우 윤리적 문제 다룸에 대한 준비가 미흡함을 느끼고 있음 | 모두 느낌 |
| • 가족생활교육자들 중 윤리강령 준수 여부 | 96% |
| • 윤리를 학습하지 않은 가족전문가들의 경우 윤리교육의 학습과정 도움 정도 | 도움이 될 것으로 응답 |

출처: Rebecca Adams, David C. Dollahite, Kathleen R. Gibert and Robert E. Keim(2009).

을 위한 준비는 중요한 과정이 되고 있다.

〈표 13-3〉은 357명의 가족전문가들(가족학자, 가족치료자, 가족생활교육자)에게 윤리교육의 필요성을 살펴 본 결과로서 이를 통하여 가족생활교육사가 윤리에 대한 교육 및 이의 준비가 전문적인 동시에 필수적임을 강조하고 있음을 확인할 수 있다.

한편, 아쿠스(Arcus, 1999)는 가족생활교육을 위한 가족생활주기 개요에서 다음과 같이 윤리개념을 정리(Bredehoft & Walcheski, 2009 재인용)한 바 있다. 즉, 사람에 대한 존중, 권리와 책임감의 상호관계, 윤리가치에 대한 책임 갖기, 자율성과 사회적 책임감, 윤리적 선택의 복잡함과 어려움, 사회적·기술적 변화의 윤리적 함의, 개인적 양식 발전시키기가 그것이다. 또한 전문가를 도울 수 있는 윤리원칙으로 브록(Brock, 1993)은 관련된 일을 유능하게 수행할 수 있도록 하고 상대방을 이용하지 않으며, 사람들을 존중하고 비밀을 보장하면서 해를 끼치지 않도록 해야 함을 제안하였다.

이와 같이 가족생활교육은 개인과 가족을 대상으로 윤리적 원리나 원칙에 근거하여 정형화되고 보편화되는 것이 어려울지라도 윤리적 행동을 발달시켜 나가야 할 뿐 아니라 윤리교육으로 도덕적 의사결정이 높은 수준으로 성숙되어 갈 수 있도록 전문적으로 조력할 수 있어야 할 것이다. 다른 한편으로 직업윤리에 대한 관심으로 가족생활교육사로서의 가치관 및 직업의식을 강화할 필요가 있다.

가족생활교육과 윤리에 대해 생각해 보기

BOX 13-2

**기술가정과 담당교사를 대상으로 가족생활교육교사 연수교육이 이루어지고 있는 중에, 어느 교사가 자신에게 일어났던 일에 대해 다음과 같이 질문했습니다. 가족생활교육사는 어떻게 지원할 수 있을까요?**

"저는 K 중학교 기술가정 과목을 담당하고 있는 교사입니다. 수업시간에 학생들에게 가족의 개념을 학습시켰으며, 이어서 현대사회의 다양한 가족형태를 소개하기 시작하였습니다. 제가 가족형태에 따라 해당 가족을 간단히 설명하는 도중에 학생이 질문하기를, 다양한 가족형태의 하나인 동성애가족에 대하여 부부생활, 자녀양육문제, 평소 어떻게 생활하는지 등 자세히 알고 싶다고 하였습니다. 저는 동성애가족이 다양한 가족의 유형에 있어서 설명은 하였으나 개인적인 종교적 신념도 있고 예민한 시기에 있는 청소년에게 굳이 보편적이지 않은 가족유형을 가르쳐야 하는지 답답함이 있어서 얼버무리고 지나갔습니다. 그런데, 다음 시간에도 그 학생은 동일한 질문을 했고, 저는 말문을 막아버린 채 다음 진도를 나갔더니 서로가 불쾌한 분위기로 수업이 진행되어 갔습니다. 물론, 학문적으로는 그렇게 분류를 하고 있는 것은 이해하지만 윤리적으로 적합하다는 생각이 들지 않았습니다. 앞으로 이런 경우에 어떻게 학생들에게 다양한 가족에 대해서 편안하게 학습시킬 수 있을 지 궁금합니다."

### 3) 가족생활교육과 사회변화 및 문화적 역량

그 동안 가족생활교육이 전개되어 오면서 사회변화에 따른 가족의 특성이나 입장을 반영하기 위하여 그 교육내용이 다양해졌다. 뿐만 아니라 단일문화 내에서도 문화적인 다양성이나 문화적 불균형 등으로 인하여 관심의 소홀함이 있었을지라도 문화적 역량이 중요한 역할을 해 왔음을 알 수 있다(〈표 13-4〉 참조). 즉, 현대 사회의 가족 환경에서 민족문화적·사회경제적·성적취향, 구조적인 다양성이 더욱 증가하고 있다. 이에 민감하고 적절하게 대응하기 위함은 물론 가족생활교육 및 가족생활교육사는 실제적인 맥락을 구체적으로 이해함으로써 안정적인 가족교육의 효과를 창출해 나갈 수 있을 것이다. 이는 민족성, 문화, 가족, 문화적 역량이라는 상호 매개되는 조건으로 볼 수 있으므로 가족생활교육 역시 관련된 지식과 기술에 대한 준비가 되어야 한다는 의미이기도 하다.

또한, 가족은 유사한 경험을 공유한다고 볼 수 있으므로, 가족생활교육에서 문화적 둔감, 문화적 허용, 문화적 억압에 대한 깊은 성찰이 요구되는 시기라고 할 수 있다.

문화적 역량은 다양성에 기반을 두고 있으므로 이에 대한 이해가 선결되어야 한다. 다양성은 다섯 가지 차원으로 이해(이종일, 2010)할 수 있는데, 즉 가치중립적 차원에서의 일상적인 의미로 여러 가지가 곧 다양성이라고 보는 경우가 있고, 적응 차원에서의 이종성 의미로 서로 다른 인종·성·종교·문화 등을 지칭하는 경우가 있다. 또한 상호의존적 의미 차원에서의 다양성으로 상호 의존적 관계와 상승적 결합이라고 보는

표 13-4 **사회변화의 변천**

| 구분 | 농업사회 | 산업사회 | 정보사회 | 감성사회 |
|---|---|---|---|---|
| 기능 | 추출 | 제조 | 배달 | 연출 |
| 성격 | 대용적 | 유형적 | 무형적 | 감성적 |
| 속성 | 자연적 | 표준화 | 고객화 | 개인화 |
| 판매자 | 상인 | 제조자 | 제공자 | 연출자 |
| 구매자 | 시장 | 사용자 | 고객 | 손님 |

출처: 강병서(2006).

경우, 평등 차원에서의 다양성으로 특히 다문화적 관점에 초점을 두는 경우가 있으며, 적극적 의미 차원으로 소수자의 공정성 보장의 경우 등이 해당된다. 이와 함께 문화적 역량은 개인과 가족, 지역기관이나 단체의 가치를 인정·지지하고 중요시하므로 각각의 존엄성을 보호하며 간직하는 태도이기도 하다. 또한 모든 문화나 언어, 계층, 인종·민족적 배경, 종교, 그리고 다른 다양한 요소를 가진 사람에게 개인이나 체계가 정중하고 효과적으로 반응하는 방식으로 정의하고 있다(Derald Wing Sue, 2006; 이은주, 2010 재인용).

특히 사회변화가 더욱 가속화될 미래 세대에 있어서 건강한 가족생활의 자원이며 가족생활교육의 핵심요소로 문화적 역량을 지적할 수 있으므로 가족생활교육사는 전문적 자질을 개발해야 할 것이다.

표 13-5 **문화적 역량**

| 문화적 역량 요소 | | 주요 내용 |
|---|---|---|
| 역량 1 | 인간 행동에 대한 자신의 가정, 가치, 편견 알아가기 | • 자신의 세계관 정확히 인식하기<br>• 문화적 차별이나 전문가의 견해 강요하지 않기<br>• 특정 고정관념, 편견, 감정, 죄책감 등을 적극적으로 타개하기 |
| 역량 2 | 문화적으로 다양한 상대방의 세계관 이해하기 | • 인종적 · 문화적 정체성 이해하기<br>• 태도, 가치, 견해, 개념, 사고, 상황에 대한 정의, 의사결정방식 등에 영향을 미치는 세계관 알기<br>• 판단하기 않고 그대로 수용하는 문화적 역할수용(cultural role taking) 수행하기 |
| 역량 3 | 적절한 개입 전략과 기술 개발하기 | • 효과적인 지지, 지도, 의사소통, 발전시키는 과정 시작하기<br>• 교육대상자의 삶의 경험, 문화적 가치에 일치하는 개입방법과 목표 설정하기<br>• 개인과 가족, 상황에 따라 다른 접근하기 |
| 역량 4 | 문화적 역량을 고취하거나 부정하는 조직적 · 제도적 힘 이해하기 | • 문화적 지식과 기술에 가치를 두고 사용하기<br>• 조직적 변화 대리인으로서 다문화적인 조직발달 이해하기<br>• 문화적 다양성을 위한 조직 문화, 정책이나 관행, 실행에 대해서 정확히 알기 |

출처: Derald Wing Sue(이은주, 2010 재인용)을 기초로 재구성.

〈표 13-5〉에서 알 수 있듯이, 슈(Sue, 2006)는 문화적 역량에서의 네 가지 요소를 지적하면서 이는 달성되는 것이 아니라 적극적이고 발전적이며 계속되는 과정으로 달성하기를 열망하는 것임을 강조한 바 있다(이은주, 2010 재인용).

그러므로 변화하는 사회에 있어서 가족생활교육을 통하여 문화적 역량을 향상시켜 나갈 때에 문화적 다양성은 경제성장의 관점이 아니라 개인과 가족이 더욱 만족할 수 있는 지적·정서적·윤리적·정신적 생활을 영위할 수 있는 수단으로 이해(김영환, 2010)하고, 이를 바탕으로 상호문화적 대화(dialogue)를 목표로 하는 것 역시 신중하게 생각해 볼 내용이다.

가족생활교육과 문화적 역량에 대해 생각해 보기

BOX 13-5

**다음 사례의 부모·자녀가 청소년기 가족생활교육 프로그램의 대상자일 경우, 가족생활교육사의 어떠한 자질이 가족교육을 통한 지원에서 큰 역할을 할 수 있을지 생각해 봅시다.**

한국에서 한국인 아버지와 중국동포 어머니 사이에서 태어난 최 군(16)은 초등학교 4학년 때인 2006년, "한국에서 부모와 함께 살기가 여의치 않아" 중국에 있는 외할아버지 댁으로 보내졌다. 현재 최 군의 부모는 안산의 한 공장에서 일하고 있다. 지난해 부모와 다시 함께 살기 위해 한국으로 돌아왔지만 최 군은 이미 한국어를 많이 잊어버린 상태였다. 중국에서 적응하기 위해 현지 언어를 빠르게 배운 만큼 모국어인 한국어 역시 빠르게 잊어버렸다.

"처음에 중국 갈 때도 정말 싫었어요. 친구들도 다 여기 있고 중국말도 모르니까요. 그런데 엄마가 한국으로 다시 돌아가자고 하니까 더 싫었어요. 겨우겨우 적응했는데 다시 한국에 가서 적응할 수 있을까 생각도 들었어요."

### 4) 가족생활교육과 교수방법

가족생활교육은 프로그램의 내용과 구성에 있어서 가족이 살고 있는 사회환경과 무관하지 않으므로 초(超)연결, 초(超)지능을 지향하는 4차 산업혁명이 전반적인 생활문화를 스마트하게 바꿀 것(기쁘다·성미애·이재림, 2020)에 관심을 가져야 할 것이다. 과학의 발달을 수반하고 있는 일련의 변화가 가족의 갈등을 없애거나 문제를 해결해 주는 것은 아닌데 직접적으로 여러 영향을 주고받게 되기에 가족생활교육의 실천에서 다루어야 할 중요한 내용에 해당된다. 특히 최근 기술의 발달은 사용자의 합의에 의해 촉발되는 경향을 나타내고 있는 바, 공통의 경험이 된 COVID-19 역시 개인과 가족이 이용할 수 있는 서비스의 합의시점을 예정보다 앞당겼고(정유라 외, 2020) 이러한 현상은 특별히 가족생활교육의 교수방법에 민감하게 반영될 필요성을 시사하고 있다. 앞으로의 가족생활교육을 위하여 정유라 외(2020)의 언급을 보면, 가장 두드러진 변화로서 재택근무의 선택적 합의는 시공간의 전환을 급속히 이루어내면서 우선, 자기계발보다 자기관리로 바뀌고 의미있는 시간의 일상을 추구하기 시작한 것이다. 일반적으로 가족구성원은 중요한 생활자원인 시간 측면에서 주로 상황적 타의에 의해 계획된 시간을 사용해 오던 시간약자 위치로부터 개인에게 초점이 맞춰진 시간부자의 지위를 가지며 업무와 일상과 휴식의 영역에서 루틴(시간을 보내는 패턴)의 존재감을 드러내고 있는 것으로 설명하고 있다. 다시 말해서, 가족구성원의 반복되는 일상에 대하여 그 중요성을 인식시킨 것으로 볼 수 있다. 또한, 집의 역할 역시 그동안 휴식이 강조되어 온 집은 의무는 물론 놀이의 역할이 강조되고 있고(표 13-6 참조) 이와 함께 시간의 주인이 된 가족구성원이 '따로 또 같이'의 시간 속에서 수평적인

표 13-6 **소셜 빅데이터 속 집의 역할**

| 집의 역할 | 뜨는 키워드 | 변화 포인트 | 요구되는 사항 |
|---|---|---|---|
| 의무의 집 | 제대로 해먹기<br>(집밥, 식단, 냉장고, 레시피 등) | 아웃소싱을 꿈꾸었으나 코로나로 좌절된 밥해먹기 | 내 시간, 내 에너지 절약<br>(전문성보다는 '나 대신') |
| | 업무/학습<br>(재택, 온라인 강의, 책상, 공부 등) | • 밖에서 하다 집으로 들어온 일<br>• 새로운 기기와 환경 구축이 가장 많이 필요한 영역 | 공간 분리와 국면 전환<br>(의무를 수행하는 '동안'보다 '시작'과 '끝'이 중요) |
| 휴식의 집 | 쾌적탬<br>(에어컨, 매트리스, 리클라이너 등) | 코로나 이전부터 중시되었고 코로나 이후 더욱 강화되는 내 공간의 쾌적성 | 가성비보다 고퀄리티<br>(끝판왕) |
| | 우리집 자연<br>(화분, 식물, 꽃병 등) | 코로나 이전에는 반려식물, 코로나 이후에는 집 속 자연으로 강화 | 인테리어보다는 반려식물 |
| 놀이의 집 | 콘텐츠 소비<br>(유튜브, 독서, 게임, 스피커 등) | 코로나 이전부터 중시되었고 코로나 이후 더욱 강화되는 나만의 놀이 | 구색보다는 제대로 구현 |

출처: 정유라 외(2020).

관계로 화목을 유지하려는 특징을 지적하고 있다. 더불어 재택근무의 일상화로 가족의 가치를 재조명한다고 전망할 수 있다.

향후 고려해야 할 가족생활교육 교수방법에 대한 또다른 측면을 보면, COVID-19뿐 아니라 미래의 펜데믹은 이전으로 돌아갈 수 없을 만큼 교육을 포함한 삶의 방식과 태도까지 거의 모든 면에서 변화를 요구하고 있으므로 그동안 주로 소용되었던 전통적인 방식은 서서히 사라져 갈 것으로 예측하고 있다(박영숙·제롬글렌, 2020). 경험하고 있듯이, 언택트문화가 보편화하면서 학습은 물론 가족 역시 개인적인 공간에서 온라인을 통하여 사적이고 공적인 소통이나 관계를 강화하는 초연결사회 속에 자리하기 시작했다.

이와같이 사회변화가 반영된 온라인학습은 기존 교육보다 비용이 저렴하고 과정과 방식도 유연하고 미래를 주도적으로 살아 갈 디지털 세대들이 더 선호하는 방식으로서 실시간으로 학습자료를 이용할 수 있고 성적이나 관련된 기타 내용 모두 쉽게 확인이 가능한 특징이 있다. 또한, 참여자의 상황 역시 구체적으로 신속하게 파악할 수 있으며 인공지능 및 체계적인 시스템 과정을 통하여 학습 관련한 일체의 요소들을 분석할 수도 있다. 박영숙 외(2020)를 포함하여 포스트코로나 시대를 언급하는 서적들을 보면 이미 구글이나 마이크로소프트 등에서는 디지털화된 세상에서 다양한 학습과 기술습득의 기회를 제공하고 있어서 더 발전된 평생교육 시스템으로 다가올 것임을 확신하고 있다. 단적인 예로, COVID-19로 인하여 학교에 가지 않는 학생의 상황은 부모들의 변화를 수반하고 비대면에서 오히려 상호작용의 중요성을 경험하고 있기도 하다.

미래사회에서 부모교육이나 가족교육의 주 학습자가 될 Z세대와 알파세대, 그리고 현재 이들의 교육을 주도하고 있는 부모세대의 전반적인 가족생활교육에 대하여 고민해야 할 것으로 여겨진다. 가족생활교육 프로그램 개발이 학습 콘텐츠개발로 연결되어야 할 뿐 아니라 온라인상에서 관계형성, 정서적 지원, 감성적 멘토링 등 가족생활교육의 새로운 역할과 기능을 찾아내야 할 것이다. 인공지능 등의 기술발전에 기초한 혜택을 누리게 될 미래사회에서의 가족생활교육 실천은 개인과 가족의 인간다운 삶을 존중할 수 있는 가치와 윤리에 기본적인 초점을 두고 교육이 강화되어야 한다. 최근들어 회복(recovery), 안도(relief), 리스킬링(reskilling) 등 'RE' 및 뉴뉴노멀(new

new normal)이 부상하고 있으므로 이러한 상황에서 하워드 가드너(Howard Gardner)교수의 미래를 위한 5가지 마인드를 참고해 볼 수 있을 것이다. 즉 특정학문이나 기술 등에 통달한 '훈련 마인드', 다양한 정보 속에서 필요한 정보를 선택하고 이를 가공할 수 있는 '통합 마인드', 새로운 문제를 찾아내고 해결책을 만들어내는 '창조 마인드', 다양한 구성원들 사이에서 조화와 배려를 실천하는 '존경 마인드', 조직과 생활에서 도덕성을 실천하는 '윤리 마인드'(이경호, 2020)를 주장한 바 있다. 가족생활교육은 개인을 포함한 가족의 문제를 해결하고 대처·예방함으로써 가족잠재력을 개발하여 건강한 사회의 유지 형성에 협력하는 교육적 활동으로 미래사회 속 가족의 건강성을 염두에 두고 교육적 실천이 이루어져야 한다.

예기치 못한 사회변화에 직면하여 가족생활교육은 그동안 오프라인에만 집중해서 제공해 온 학습의 기회와 경험을 IT기술 기반으로 모바일 앱, 유튜브, e-러닝 등 혁신적인 온라인 매체를 포함하고 재택·원격근무 등을 고려하여 교수방식의 다양화·다각화를 마련해 나가야 할 것이다.

## 3. 가족생활교육의 과제

그 동안 가족 지원이나 조력은 주로 취약계층에 초점을 맞춰 온 경향이 있으므로 일반적으로 가족은 문제나 돌봄 등을 해결하는 데 있어서 시장기제에 의존해 온 편이다(공동육아와 공동체교육, 2008). 따라서, 가족이 요구나 필요에 따라 가족생활교육을 항시 이용할 수 있도록 함이 중요한 것으로, 사회변화가 급속히 이루어질지라도 가족은 세대가 함께하는 특징을 가지고 있으므로 전통적인 것으로부터 가장 현대적인 가족 접근방법을 사용해야 한다는 점을 염두에 두어야 할 것이다.

한편, 오래 전부터 가족생활교육의 과제가 언급되어 온 바 있다. 과제의 내용에 있어서, 거시적으로는 주로 중요하면서도 중심적인 가정(assumption)은 무엇이며 가치적 측면에서 확실히 예방적인가, 접근방법이 교육적 형식이므로 이와 유사한 다른 것과의 차이는 무엇이고, 대상자가 지닌 문제 이상의 것을 다루어야 하는지에 대한 고민이었다고 할 수 있다. 미시적으로는 이론적 접근방법의 핵심이 무엇이며, 프로그램 평가도구 개발 등이 반복적으로 지적되기도 하였다.

이러한 내용들에 기초하여 가족생활교육이 더욱 안정적으로 구축되기 위한 몇 가지 방안을 살펴 볼 수 있다.

첫째, 가족생활교육의 일상화로서, 전통적인 가족생활교육은 주로 학교 밖에서 전개되어 왔으므로 대부분의 개인이나 가족에게 공감을 받지 못한 것이 사실이다. 가족생활교육을 자연스럽게 만날 수 있도록 하기 위해서는 핵심이 되는 학교교육 또는 매스미디어와의 관계를 재정립할 필요가 있다. 공교육의 일반적인 특성이 전문성이 보장된 지속적이며 체계적인 점이므로 가족생활교육 역시 아동기부터 학교교육의 정규 커리큘럼에 포함됨으로써 가족교육의 지식이나 정보를 단계적으로 접하게 될 가능성을 증대시킬 수 있다. 또한 가족생활교육은 사회, 정치, 경제적 변화에 따라 주된 영향을 받고 있다. 따라서 국내외 뉴스, 지역 정보, 드라마, 오락 등을 통하여 가족의 일반적인 가치지향을 긍정적이며 건강하게 전달할 수 있는 매스미디어의 역할 역시 강조되어야 한다. 즉, 학교교육이나 매스미디어의 가족생활교육으로 건강한 가족의 중요성을 이해하고 가족의 어려움에 대한 대안적 해법을 쉽게 얻도록 할 수 있다.

둘째, 가족생활교육의 경영진단적 접근을 통하여 정책 활성화를 위한 조력으로서, 이제까지의 가족생활교육은 프로그램 개발과정의 구조적인 측면에 초점을 둔 평가를 실시해 왔다. 이러한 이유로 프로그램 수행의 결과에 있어서 대상, 목적, 교육방법 등에 분명한 차이가 존재하는 여러 유형의 가족생활교육이 실시됨에도 불구하고 평가결과에서는 두드러진 차이가 나타나지 않는 실정이다. 그러므로, 가족생활교육 프로그램의 세부내용에 대한 투입지향분석과 산출지향분석, 민감도 분석 등의 상대적 효율성을 측정하는 접근을 생각해 볼 수 있다. 이를 통하여 최고의 효율성뿐 아니라 어떤 변수의 증감으로 목표를 더 향상시킬 수 있는지를 파악할 수 있도록 전문적인 운영성과분석이 요구된다고 할 수 있다. 이러한 경영진단은 비록 휴먼서비스일지라도 단기적·장기적 효과에 근거하여 건강가정기본정책 이외의 관련 정책과 함께 가족생활의 근본적인 가치지향에 기여할 수 있을 것으로 본다.

셋째, 가족의 다양성에 근거한 가족생활교육 적용 및 활용의 수월성을 들 수 있는데, 가족형태와 기능, 기대의 다양성이 더욱 유연화되고 있다. 예를 들어 독신가족, 자발적 무자녀가족, 재혼가족, 맞벌이가족, 노인가족, 다문화가족, 입양가족, 1인가구 등이나 또는 심각한 우울, 자살, 성폭력, 경제적 곤경, 돌봄 기피 등 다양한 가족의 욕구를 배려하고 수용하기 위한 가족생활교육의 노력이 그동안 다소 부족해 보이는 점이 있기도 하다. 여전히 존재하는 정상가족의 이데올로기나 신화 역시 가족건강성에 장애물로 존재할 가능성이 매우 크기 때문에, 가족생활교육은 가족, 사회, 국가에 개인과 가족을 보호할 수 있는 안전하고 강력한 가족의 실체를 재구조화하고 인식시키는 책무를 줄 수 있어야 한다. 이를 위하여 가족생활교육의 이용이 수월할 수 있어야 하며 정례적으로 준비되어 항시 가족의 손이 닿는 곳에 위치할 수 있도록 생활기반을 중심으로 유기적인 연계망의 구축이 요구된다고 할 수 있다. 예를들어, 오프라인을 넘어서 온라인, 모바일 앱, 유튜브, 이러닝 등 접근방식의 다양화 및 다각화를 통하여 급변하는 환경에서 적절히 활용할 수 있는 유연한 기술 트랜드에 관심을 가져야 할 것이다. 그럼으로써 다양한 가족을 대상으로 가족생활교육이 경험적으로 입증이 되어야 하며, 개인과 가족에게 가족교육이 언제든지 편안하게 연결될 수 있다는 사실이 확산되어야 할 것이다. 이와 함께 가족생활교육의 마케팅 전략을 통한 홍보가 마련되어 실제적으로 가족과 지역사회의 연대로 자발적인 참여를 가능하게 해야 한다. 또한 가족생활교육이 가족 입장에서는 물론 공통의 관심사가 되어 이웃간 교류확산으로 건강한 가족생활을 위한 정보 공유 및 가족공동체의식 함양의 기회가 제공될 수 있도록 할 수 있다.

마지막으로, 가족생활교육사의 지위 확보를 생각해 볼 수 있다. 인적 자본의 육성과 관련하여 에스핑-안델센(Esping-Andersen, 2002; 윤홍식, 2007 재인용)은 '자유주의 복지국가는 소득과 보육서비스 등 가족에 대한 포괄적인 지원의 부재로 인해 저임금의 함정에 빠져 있는 듯 하다'고 지적하면서 지속적인 인적 자본의 향상을 통해 유연하고 안정적인 지원을 해야 한다고 주장한 바 있다. 따라서 가족생활교육사의 양성 및 배출은 전문성이 내포된 매우 중차대한 내용인 바, 안정적인 지위 보장으로 가족생활교육 활성화의 요건과 책임주체가 되어 가족생활교육을 추진해 나갈 수 있어야 할 것이다.

부가적으로, 가족생활교육은 앞서의 문화적 역량 이외에 인간의 다양성, 장소의 다양성, 활동의 다양성, 자원의 다양성, 지역의 다양성 등의 고려를 통하여 가족에의 기여,

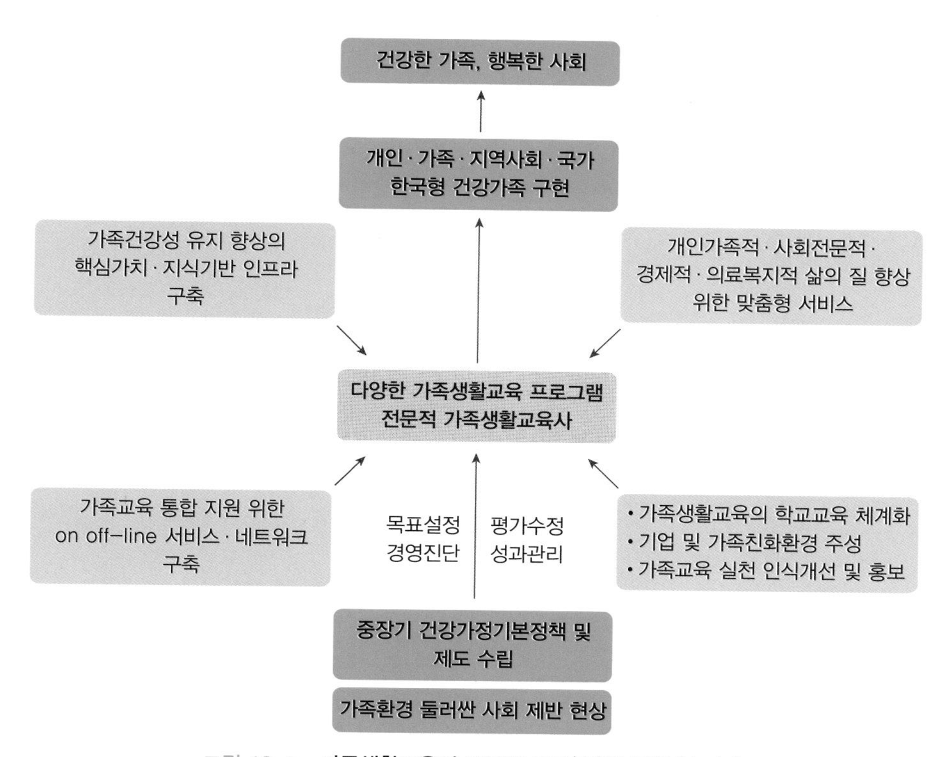


그림 13-5 **가족생활교육의 궁극적 목표(案)를 통해 본 과제**

가족생활교육의 발전, 가족생활교육사의 직업적 기대 등이 과제로 다루어질 수 있다.

이상의 내용을 중심으로 〈그림 13-5〉를 통해 가족생활교육의 전망과 과제를 살펴볼 수 있다. 또한 가족생활교육을 통하여 개별화되어 있는 가족이 가족 내, 이웃, 지역사회와의 상호소통으로 긍정적인 친밀감을 형성하는 자생능력을 키울 수 있어야 한다. 이로써 개인과 가족의 삶의 질을 향상시키며 가족친화적인 사회 분위기 조성에 크게 기여할 것으로 기대할 수 있다. 나아가 가족생활교육은 가족의 언어로 자리매김하게 될 것으로 본다.

# 부록 APPENDIX

APPENDIX 1 「가족법」 중 재혼가족 관련 법 조항
APPENDIX 2 가족생활교육사 자격규정
APPENDIX 3 가족생활교육사 윤리강령

## 「가족법」 중 재혼가족 관련 법 조항

| 법조항 | 내용 | 비고 |
|---|---|---|
| 「민법」 781조 | (자의 성과 본)<br>① 자는 부의 성과 본을 따른다. 다만, 부모가 혼인신고 시 모의 성과 본을 따르기로 협의한 경우에는 모의 성과 본을 따른다.<br>② 부가 외국인인 경우에는 자는 모의 성과 본을 따를 수 있다.<br>③ 부를 알 수 없는 자는 모의 성과 본을 따른다.<br>④ 부모를 알 수 없는 자는 법원의 허가를 받아 성과 본을 창설한다. 다만, 성과 본을 창설한 후 부 또는 모를 알게 된 때에는 부 또는 모의 성과 본을 따를 수 있다.<br>⑤ 혼인 외의 출생자가 인지된 경우 자는 부모의 협의에 따라 종전의 성과 본을 계속 사용할 수 있다. 다만, 부모가 협의할 수 없거나 협의가 이루어지지 아니한 경우에는 자는 법원의 허가를 받아 종전의 성과 본을 계속 사용할 수 있다.<br>⑥ 자의 복리를 위하여 자의 성과 본을 변경할 필요가 있을 때에는 부, 모 또는 자의 청구에 의하여 법원의 허가를 받아 이를 변경할 수 있다. 다만, 자가 미성년자이고 법정대리인이 청구할 수 없는 경우에는 제777조의 규정에 따른 친족 또는 검사가 청구할 수 있다. [전문개정 2005. 3. 31] | 부성주의(父性主義)원칙을 수정하여 모의 성과 본을 따를 수 있게 되었고, 성(性) 변경 제도 시행 |
| 「민법」 908조 | 제908조의2 (친양자 입양의 요건 등)<br>① 친양자(親養子)를 하려는 자는 다음 각호의 요건을 갖추어 가정법원에 친양자 입양의 청구를 하여야 한다.<br>1. 3년 이상 혼인중인 부부로서 공동으로 입양할 것. 다만, 1년 이상 혼인중인 부부의 일방이 그 배우자의 친생자를 친양자로 하는 경우에는 그러하지 아니하다.<br>2. 친양자로 될 자가 15세 미만일 것<br>3. 친양자로 될 자의 친생부모가 친양자 입양에 동의할 것. 다만, 부모의 친권이 상실되거나 사망 그 밖의 사유로 동의할 수 없는 경우에는 그러하지 아니하다.<br>4. 제869조의 규정에 의한 법정대리인의 입양승낙이 있을 것<br>② 가정법원은 친양자로 될 자의 복리를 위하여 그 양육상황, 친양자 입양의 동기, 양친(養親)의 양육능력 그 밖의 사정을 고려하여 친양자 입양이 적당하지 아니하다고 인정되는 경우에는 제1항의 청구를 기각할 수 있다. [본조신설 2005. 3. 31]<br>제908조의3 (친양자 입양의 효력)<br>① 친양자는 부부의 혼인중 출생자로 본다.<br>② 친양자의 입양 전의 친족관계는 제908조의2제1항의 청구에 의한 친양자 입양이 확정된 때에 종료한다. 다만, 부부의 일방이 그 배우자의 친생자를 단독으로 입양한 경우에 있어서의 배우자 및 그 친족과 친생자간의 친족관계는 그러하지 아니하다. [본조신설 2005. 3. 31] | 친양자제도(親養子制度)는 그 효과면에서 입양아동이 법적으로 뿐만 아니라 실제생활에서도 양친의 친생자와 같이 입양가족의 구성원으로 완전히 편입, 동화되는 제도임 |

출처: 법제처 홈페이지(www.moleg.go.kr).

한국가족관계학회 · 한국가족상담교육단체협의회 · 한국가족상담교육연구소
## 가족생활교육사 자격규정

제정 1996년 10월 1일
개정 1998년 5월 29일
개정 2000년 2월 28일
개정 2001년 9월 28일
개정 2002년 3월 9일
개정 2005년 8월 24일
개정 2009년 2월 26일

### 제1장 총칙

제 1 조 (목적) 본 규정은 가족생활교육사 자격을 규정함을 목적으로 한다.

제 2 조 (정의) 가족생활교육사는 본 학회에서 규정하는 필수 교과목을 학부나 대학원 및 학점인정기관에서 이수한 자로서 소정의 자격시험과 자격심사에 통과한 자를 말한다.

### 제2장 자격규정

제 3 조 (구분) 본 자격은 다음과 같이 구분한다

1. 가족생활교육사 2급
2. 가족생활교육사 1급
3. 가족생활교육전문가

제 4 조 (가족생활교육사 2급)

(업무) 2급 가족생활교육사는 가족생활 전반에 걸쳐 필요한 지식과 기술을 체계적으로 가르치는 일을 수행하며, 상위급 가족생활교육사의 교육 업무를 보조하는 역할을 수행한다.

(자격) 가족생활교육사 2급 자격심사는 다음 필수과목을 이수하고, 자격시험에 합격하거나 가족생활교육 관련 학과에서 석사학위를 받은 자를 대상으로 한다.

[필수 교과목]

1. 가족학 및 가족관계 관련 과목(2과목): 가족학, 한국가족론, 가족관계, 부부관계, 결혼과 가족, 가족발달, 건강가족(가정)론, 한국가족생활문화
2. 인간발달 및 인간의 성 관련 과목(1과목): 인간발달, 발달이론, 아동발달, 청년발달, 중 · 노년

기 발달, 노년학, 발달이론, 부부의 성

3. 가족자원관리 및 가족복지 관련 과목(1과목): 가정경영, 가족자원관리, 가정경제, 가족법, 가족복지, 가족정책, 가족상담

4. 가족생활교육 관련 과목(1과목): 가족생활교육, 가족생활교육 프로그램, 부모교육, 부부교육

단, 이상의 과목과 유사한 과목은 자격관리위원회의 심의를 거쳐 동일교과목으로 인정할 수 있다.

제 5 조 (가족생활교육사 1급)

(업무) 1급 가족생활교육사는 가족생활교육 책임자로서의 역할을 수행하며, 2급 가족생활교육사의 훈련과 평가를 할 수 있다.

(자격) 1. 가족생활교육사 2급 자격증 소지자로서 본 학회가 인정하는 기관에서 2년 이상 실무과정을 이수한 자

2. 가족생활교육사 2급 자격증 소지자로서 가족생활교육 관련 분야를 전공하여 석사학위를 받고, 본 학회가 인정하는 기관에서 1년 이상 실무과정을 이수한 자

3. 가족생활교육사 2급 자격증 소지자로서 가족생활교육 관련 학과에서 박사학위를 받은 자

제 6 조 (가족생활교육전문가)

(업무) 가족생활교육전문가는 가족생활교육 책임자로서의 역할을 수행하며, 가족생활교육프로그램의 개발을 위한 전반적인 업무를 담당한다. 또한 2급 또는 1급 가족생활교육사의 훈련과 평가를 할 수 있다.

(자격) 1. 가족생활교육사 1급 자격증 소지자로서 본 학회가 인정하는 기관에서 3년 이상 실무과정을 이수한 자

2. 가족생활교육사 1급 자격증 소지자로서 가족생활교육 관련 분야를 전공하여 석사학위를 받고, 본 학회가 인정하는 기관에서 2년 이상 실무과정을 이수한 자

3. 가족생활교육사 1급 자격증 소지자로서 가족생활교육 관련 분야를 전공하여 박사학위를 받고, 본 학회가 인정하는 기관에서 1년 이상 실무과정을 이수한 자

4. 본 학회가 인정하는 외국의 가족생활교육 관련 자격증을 취득한 자

## 제3장 자격시험 및 자격심사

제 7 조 (자격시험 및 자격심사 시행세칙) 이에 관한 사항은 가족생활교육사 자격시험 및 자격심사 시행세칙을 따른다.

제 8 조 (자격관리 위원) 자격관리위원은 이사회의 추천을 받아 학회장이 위촉하며 자격시험 및 자격심사 업무를 관장한다.

부칙 (1996년 10월 1일) 본 규정은 공포된 날(1996년 10월 1일)로 부터 시행한다.

부칙 (1998년 5월 29일) 본 규정은 1998년 5월 29일부터 시행한다.

부칙 (2000년 2월 28일) 본 규정은 2000년 2월 28일부터 시행한다.

부칙 (2001년 9월 28일) 본 규정은 2002년 2월 28일부터 시행한다.

부칙 (2005년 8월 24일) 본 규정은 2005년 8월 24일부터 시행한다.

부칙 (2009년 2월 26일) 본 규정은 2009년 3월 1일부터 시행한다.

## 가족생활교육사 자격시험 및 자격심사 시행세칙

제 1 조 (자격시험) 자격시험은 필답시험으로 하되 1년에 1회 실시한다. 시험과목(인간발달, 가족관계, 가족생활교육), 시험일자, 기타 사항은 학회장이 공고한다. 단, 가족생활교육 관련 분야 전공의 석사학위를 소지한 자는 자격시험을 면제한다.

제 2 조 (응시자격) 응시자격은 제 2 장 자격규정에 준하며, 서류심사에 통과한 자로 한다.

제 3 조 (자격시험 및 자격심사 응시서류)

제 1 항 가족생활교육사 2급을 위한 자격시험에 응시하고자 하는 자는 소정의 응시료와 함께 다음 서류를 제출하고, 시험에 응시해야 한다.

1. 가족생활교육사 자격시험 응시원서(본 학회 소정양식)

제 2 항 가족생활교육사 2급 자격심사에 응시하고자 하는 자는 다음 서류를 구비하여 자격심사료와 함께 자격심사를 청구한다.

1. 가족생활교육사 자격심사 응시원서(본 학회 소정양식)
2. 가족생활교육사 2급 자격시험 합격증 사본 또는 석사학위증명서

3. 성적 증명서(대체과목인 경우 강의계획서 첨부)

제 3 항 가족생활교육사 1급 자격심사에 응시하고자 하는 자는 다음 서류를 구비하여 자격심사료와 함께 자격심사를 청구한다.

1. 가족생활교육사 자격심사 응시원서(본 학회 소정양식)
2. 가족생활교육사 2급 자격증 사본
3. 가족생활교육 실무 증명서
4. 가족생활교육 보수교육 이수증
5. 가족생활교육전문가 1인의 추천서
6. 최종학력증명서

제 4 항 가족생활교육전문가 자격심사에 응시하고자 하는 자는 다음 서류를 구비하여 자격심사료와 함께 자격심사를 청구한다.

1. 가족생활교육사 자격심사 응시원서(본 학회 소정양식)
2. 가족생활교육사 1급 자격증 사본
3. 가족생활교육 실무 증명서
4. 가족생활교육 보수교육 이수증
5. 가족생활교육전문가 1인의 추천서
6. 최종학력증명서

제 4 조 (경과규정)

1. 자격규정이 공포된 날 현재 본 학회에서 수여한 가족생활교육사 2급, 1급, 전문가 자격증은 유효하며 본 자격규정에 의하여 자격심사를 재청구할 수 있다.
2. 3년 이상의 경력이 있는 전 · 현직 가정과 교사 및 교수로서 본 학회에서 정한 소정의 재교육과정을 이수한 자에게는 서류심사를 거쳐 상응하는 자격을 부여한다.
3. 가족생활교육 관련 분야에서 7년 이상의 경력이 있는 자는 소정의 재교육을 거쳐 서류심사 후 이에 상응하는 자격을 부여한다.

제 5 조 (유효기간) 가족생활교육전문가의 자격유효기간은 5년으로 한다.

제 6 조 (부칙) 기타 사항은 자격관리위원회의 내규를 따른다.

## 가족생활교육사 실무과정 시행세칙

제 1 조 (목적) 본 세칙은 자격규정 제 4, 5, 6조에 의한 자격취득을 위한 실무과정(실무와 보수교육)에 관한 세칙을 규정하는 것을 목적으로 한다.

제 2 조 (실무과정 및 내용)

1. 가족생활교육사 1급

(1) 실무: 가족생활교육 관련기관에서 2년 이상 (단, 석사학위자는 1년 이상, 박사학위자는 면제)의 경력 또는 가족생활교육 프로그램을 총 50시간 이상 실시

(2) 보수교육: 본 학회가 인정하는 기관에서 30시간 이상 이수 (단, 가족학 관련학회의 학술대회 참석은 보수교육으로 인정됨)

2. 가족생활교육 전문가

(1) 실무: 가족생활교육 관련기관에서 3년 이상 (단, 석사학위자는 2년 이상, 박사학위자는 1년 이상)의 경력 또는 가족생활교육 프로그램을 총 100시간 이상 실시

(2) 보수교육: 본 학회가 인정하는 기관에서 50시간 이상 이수 (단, 가족학 관련 학회의 학술대회 참석은 보수교육으로 인정됨)

제 3 조 (가족생활교육전문가 자격갱신 실무과정 및 내용)

1. 가족생활교육전문가는 5년마다 갱신원서, 소정의 심사료와 함께 다음의 자격갱신서류를 제출하여 심사를 받아야 한다.

(1) 가족생활교육 관련기관에서 2년 이상의 경력 증명서 또는 가족생활교육 프로그램을 총 50시간 이상 실시한 서류

(2) 본 학회가 인정하는 기관에서 보수교육을 30시간 이상 참석한 서류 (단, 가족학 관련 학회의 학술대회 참석은 보수교육으로 인정됨)

출처: 한국가족관계학회 홈페이지(http://www.kafr.or.kr/).

## 가족생활교육사 윤리강령

가족생활교육은 가족학적 관점에서 개인과 가족의 생활을 건강하게 하기 위한 교육적 활동이다. 가족생활교육의 목표는 효율적인 삶을 영위할 수 있도록 지식과 기술을 제공함으로써 개인과 가족의 생활의 질을 향상시키는 것이다.

가족생활교육은 사람들이 건강한 성인으로 발전할 수 있고 자신의 잠재력을 깨닫는 과정을 중시한다. 가족생활교육은 친밀한 관계를 맺을 수 있도록 돕고 개인의 삶과 사회구성원으로써의 삶을 효과적으로 할 수 있도록 사람들의 능력을 촉진한다. 다양한 전문가들이 가족들을 지원하고 있지만, 가족생활교육자는 개인과 가족문제에 대해 가족체계적이며, 예방적이고, 교육적인 접근을 통합하여 접근한다.

가족생활교육은 '가족들이 어떻게 생활해야 하는가?'에 대해 다음과 같은 지식들을 포함하고 있다. 그것은 가족과 사회에서의 인간관계, 생애주기에 따른 인간성장과 발달, 인간의 성(性)에 대한 생리적 면과 심리적인 측면, 일상생활에서 돈과 시간을 관리하는 것, 부모됨에 대한 교육(부모교육)의 가치와 중요성, 가족에 대한 법률과 정책, 전문적 개입(행위)에 대한 윤리적 고려, 민감하고 개인적인 문제에 대해 어떻게 가르치고 커리큘럼을 발전시킬 것 인가에 대한 신뢰할 수 있는 이해와 지식' 등이다.

전문직 윤리강령은 도전적이고 어려운 윤리적 딜레마에 직면할 때 가이드라인을 제공한다. 윤리강령은 공적이고 전문적인 지침으로 어떤 상황에서는 의사결정의 준거가 되는 원칙이고 가치이다. 윤리적 원칙들은 가족생활교육자가 윤리적이고 전문적인 의사결정을 할 때 윤리강령이 행동의 기준이 될 수 있도록 활용된다.

## 부모교육자 및 가족생활교육자들을 위한 윤리적 원칙

### I. 부모와 가족과의 관계

1. 가족생활교육사는 자신이 부모와 가족관계에 영향을 미친다는 것을 인식한다.
2. 가족생활교육사는 자녀를 교육, 양육, 보호하는 일차적 책임을 가진 부모들의 복잡하고, 상호작용하는 체계로 가족을 이해하려고 노력한다.
3. 가족생활교육사는 문화적 신념과 배경, 차이를 존중하고 실재 교육현장에서 자녀양육의 가치와 목표의 다양성을 반영한다.

4. 가족생활교육사는 부모와 다른 가족원들이 자신의 강점을 깨닫고 부모 자신과 자녀, 타인이 목표를 성취할 수 있도록 돕는다.
5. 가족생활교육사는 부모와 다른 가족원들이 자신의 발달단계와 환경을 인식할 수 있도록 그들을 존중하고 수용한다.
6. 가족생활교육사는 부모가 성장하고 부모됨과 자녀들의 발달에 관해 학습할 수 있도록 지속적으로 지원하고 도전한다.
7. 가족생활교육사는 가족원들 모두와 정중하고 명확하게 의사소통한다.
8. 가족생활교육사는 자신이 제공하는 서비스의 특성과 내용에 대하여 개방적이고 진실되게 의사소통한다.
9. 가족생활교육사는 건강한 가족관계를 지원하는 부모교육 실제들을 인정하고 조사함으로써 다양한 가족 가치관을 지지한다.
10. 가족생활교육사는 프로그램 설계와 수행에 관련된 문제를 해결하고 의사결정을 할 때 부모/다른 가족성원들을 파트너로 포함시킨다.
11. 가족생활교육사는 자녀지도 원칙과 훈육지도안을 준수하며 비폭력적 아동양육을 장려한다.
12. 가족생활교육사는 가족성원들을 존중하고 그들의 법적 권리를 보호할 수 있도록 자료의 비밀을 보장 및 유지한다.
13. 가족생활교육사는 모든 가족원들에게 안전하고 도움이 되는 교육프로그램 환경을 제공한다.
14. 가족생활교육사는 모든 가족 성원이 가족교육에 참여하도록 격려하고 참가할 수 있도록 권장한다.
15. 가족생활교육사는 가족의 욕구를 가장 잘 충족시켜줄 수 있는 자원 사용을 결정할 수 있도록 가족원들을 돕는다.
16. 가족생활교육사는 모든 가족원간의 건강한 대인관계가 형성되도록 지원한다.
17. 가족생활교육사는 가족원들이 그들의 가치를 탐색하고 가족 내에서 건강한 성(性)을 발달시킬 수 있도록 격려한다.

## Ⅱ. 아동 · 청소년과의 관계

1. 가족생활교육사는 아동 · 청소년을 성장하는 인간으로써 권리와 욕구를 가진 사람으로 대한다.
2. 가족생활교육사는 아동 · 청소년을 그들의 가족 안에서 이해하려고 노력한다.
3. 가족생활교육사는 아동 · 청소년을 헤치거나 다른 사람과 같도록 강요하지 않는다.
4. 가족생활교육사는 가족과 다른 가족성원을 대상으로 교육할 때 아동 · 청소년의 관심과 흥미에도 주의를 기울인다.

5. 가족생활교육사는 아동 · 청소년을 존중하고 그들의 발달적이고 개인적인 욕구에 민감하게 반응하는 환경을 제공한다.
6. 가족생활교육사는 모든 아동 · 청소년이 질 높은 교육, 건강, 지역사회 자원을 이용할 수 있는 권리를 지원한다.

## Ⅲ. 동료 및 전문가들과의 관계

1. 가족생활교육사는 종사자들의 다양성을 존중하고 장려한다.
2. 가족생활교육사는 가족구성원, 동료, 다른 사람들이 어려운 상황에 처했을 때 지원체계와 정책을 제공한다.
3. 가족생활교육사는 법적 규준을 충족하고 가족성원을 존중하는 자료의 비밀보장 방침을 따른다.
4. 가족생활교육사는 잘못된 가족행동에 대한 위임서를 작성할 때 정중하고 신중하게 한다.
5. 가족생활교육사는 부모교육자와 가족생활교육자로서 활동하며, 자격수준(leval-전문가 1, 2급수)에 적합한 활동을 한다.
6. 가족생활교육사는 전문가들과의 상호작용에서 개인적 가치와 전문적인 가치가 상이할 수 있음을 인식한다.
7. 가족생활교육사는 윤리적이고 효율적인 교수-학습 및 실행에 기반이 되는 지식을 개발하고 발전시키도록 지원한다.
8. 가족생활교육사는 지식과 기술을 발전시켜 전문가로서 발전을 계속 할 수 있도록 한다.

## Ⅳ. 지역사회/사회와의 관계

1. 가족생활교육사는 지역사회 자원에 대한 지식을 갖추고 자원을 알리고 적절히 연계한다.
2. 가족생활교육사는 자신의 실행(업무)의 한계를 알고 가족원들의 이익을 위해 다른 지역사회 자원을 언 제, 어떻게 이용할 것인지 알아야 한다.
3. 가족생활교육사는 가족의 욕구를 충족시키기 위해 다른 프로그램/기관과 협력하고 명확하게 의사소통한다.
4. 가족생활교육사는 부모, 가족, 지역사회의 관심과 우리의 가변적인 지식이 법과 정책에 반영될 수 있도록 주장한다.
5. 가족생활교육사는 부모교육자와 가족생활교육자로서 교육과 관련된 법과 규정을 존중하고 지키며, 전문적인 지식에 근거하여 법률 기관에 전문적 의견 및 견해를 제안한다.

출처: Family Life Educator code of ethics(NCFR, 2010). http://www.ncfr.org.

## CHAPTER 1

### 국내문헌

김경신(1996). 행정기관에서의 가족생활교육의 실태 및 요구도 분석을 통한 발전 방향 모색: 광주 · 전남지역을 대상으로. **대한가정학회지, 34**(6), 141–154.

김보미(2007). 서울지역 가족생활교육 현장별 실태. 상명대학교 대학원 석사학위논문.

김보미 · 정현숙(2007). 서울지역 가족생활교육 현장별 교육내용과 방법분석. **한국가족관계학회지, 12**(3), 285–312.

김양희 · 한은주 · 방한별(2006). 지역사회 내 가족생활교육프로그램의 요구와 성과 – 서울시 동작구 건강가정지원센터 사업을 중심으로–. 중앙대학교 생활과학논집, 23, 89–101.

박주희(2006). **현대가족을 위한 가족생활교육의 기초**. 하우.

송정아 · 전영자 · 김득성(1998). **가족생활교육론**. 교문사.

옥선화(1997). '가족생활교육' 교과과정 평가 및 개발: 미국대학 교과과정 분석을 중심으로. **한국가족관계학회지, 2**(1), 29–50.

왕석순(2006). 우리나라 공교육에서의 FLE의 실태와 확대방안. 한국가족관계학회 2006년 추계학술대회 자료집.

유영주 · 김순옥 · 김경신(2017). **가족관계학(제3판)**. 교문사.

이기숙(2010). 가족생활교육. 신정.

이승미(2006). FLE 실천을 위한 건강가정지원센터의 역할. 한국가족관계학회 2006년도 추계 학술대회.

이연숙(2003). 학교를 이용한 평생교육관점에서의 가정생활교육의 역할과 과제. 한국가정과교 육학회학술대회, 21–36.

이정연(1997). 가족생활교육의 본질. 목포대학교 논문집, 18(1), 305–322.

이정연(1998). 가족생활교육의 본질. 한국가족관계학회편. **가족생활교육 이론 및 프로그램**(pp.3–35). 하우.

이정연 · 장진경 · 정혜정 역(1996). 가족생활교육의 기초; Margaret E. Arcus, Jay D. Schvaneveldt, J. Joel Moss (1993). Handbook of Family Life Education Volume 1 – Foundation of Family Life Education. 하우.

전세경(2016). **가족생활교육**. 양서원.

전세경 · 양정혜(2003). 초등학교에서의 가족생활교육 내용체계화를 위한 연구. 한국실과교육학회지, 16(4), 67–80.

정옥분 · 정순화 · 홍계옥(2005). **결혼과 가족의 이해**. 시그마프레스.

정지영 · 정영금 · 조성은(2007). 건강가정지원센터의 교육프로그램 운영 실태에 관한 조사. **한국가족자원경영학회지, 11**(4), 93–114.

정현숙(2004). "결혼 전 교육프로그램" 개발을 위한 기초연구. **한국가정관리학회지, 22**(1), 91–100.

정현숙(2018). **가족생활교육**. 신정.

정현숙 · 유계숙(2001). **가족관계**. 신정.

지영숙(1998). **현대 가족생활설계론**. 학지사.

한국가족관계학회(1998). **가족생활교육 – 이론 및 프로그램**. 하우.

통계청(2019). KOSIS 국가통계포털/인구 · 가구. 100대 지표(Korean Statistical Information Service).
통계청(2019). 인구 · 가구〉장래가구추계: 가구주의 연령/가구유형별 추계가구-전국(2000~2045).

## 국외문헌

Arcus, M.(1987). A framework for life-span family education. *Family Relations, 36*(1), 5-10.

Avery, C. E. & Lee, M. R.(1964). Family life education: Its philosophy and purpose. *The Family life Coordinator*, 13(2), 27-37.

Cromwell, B. E. & Thomas, V. L.(1976). Developing resources for family potential A family action model, *The Family Coordinator*, 25, 13-20.

Darling, C. A.(1987). Family life education In M. B. Sussman & S. K. Steinmetz(Eds.) *Handbook of marriage and the family*(pp.815-833). New York Plenum.

Harnman, L. C.(1986). Teaching traditional vs emerging concepts in family life education, *Family Relations*, 35(4), 581-586.

Hennon, C. B., & Arcus, M. E.(1993). Life-span family life education. In T. H. Brubaker (Ed.), *Family relations: Challenges for the future*(pp.181-210). Newbury Pa가, CA: Sage.

Hughes, R. Jr.(1994). A Framework for developing family life education programes. *Family Relations*, 43, 74-80.

Mace, M.(1979). Marriage and family enrichment - A new field? *The Family Coordinator*, 17, 211-214.

National Commission on Family Life Education(NCFLE)(1968). Family life education programs, Principles, plans, procedures A framework for family life educators *The Family Coordinator*, 17, 211-214.

National Council on Family Relations.(1970). Position paper on family life education. *The Family Coordinator*, 19, 186.

National Council on Family Relations.(1984). *Standard and criteria for the certification of family life educators, college/university curriculum guidelines, and an overview of content in family life education: A framework for planning life span progams*. Minneapols, MN: Author.

National Council on Family Relations.(2000).

O'Malley, A. J. & Wilson, J. D.(Eds.)(2004). Pathway to practice: A family life education internship/practicum, handbook, NCFR.

Tennant, J.(1989). Family life education identity, objectives and future directions, McGill. *Journal of Education*, 24, 127-142.

## CHAPTER 2

### 국내문헌

강기정 · 김연화 · 박미금 · 송양희 · 이미선(2009). **건강가정론**. 양서원.

앤소니 기든스 저, 배은경 · 황정미 역(2003). **현대 사회의 성 사랑 에로티시즘: 친밀성의 구조변동**. 새물결.

김명자 · 계선자 · 강기정 · 김연화 · 박미금 · 박수선 · 송말희 · 유지선 · 이미선(2006). **아는 만큼 행복한 결혼, 건강한 가족**. 양서원.

김양호(1997). 맞벌이가족 남성의 역할갈등에 관한 연구. 성신여자대학교 박사학위논문.

김용미 · 서선희 · 옥경희 · 정혜정(2002). **결혼과 가족의 의미**. 양서원.

여성한국사회연구회 편(1992). **한국가족의 부부관계**. 사회문화연구소.

김승권 · 양옥경 · 조애저 · 김유경 · 박세경 · 김미희(2004). **다양한 가족의 출현과 사회적 지원체계 구축방안**. 한국보건사회연구원.

송정아 · 전영자 · 김득성(1998). **가족생활교육론**. 교문사.

우에노 치즈코 저, 이승희 역(1994). **가부장제와 자본주의**. 녹두.

유영주(2001). **건강가족연구**. 교문사.

유영주(2004). 가족강화를 위한 한국형 가족건강성 척도 개발 연구. **한국가족관계학회지, 9**(2), 119-151.

이선형 · 임춘희(2009). **건강가정론**. 학지사.

이여봉(1996). **가족안의 사회, 사회 안의 가족**. 양서원.

조희금 · 김경신 · 정민자 · 송혜림 · 이승미 · 성미애 · 이현아(2006). **건강가정론**. 신정.

한국가족상담교육연구소(2010). **변화하는 사회의 가족학**. 교문사.

통계청(2020). 인구총조사.

통계청(2020). 생활시간조사.

국민일보(2011. 4. 13).

## CHAPTER 3

### 국내문헌

송말희(2006). **가족생활교육 프로그램 개발**. 한국학술정보(주).

송정아 · 전영자 · 김득성(1998). **가족생활교육론**. 교문사.

유영주 · 오윤자(1998). "가족생활교육 프로그램 개발", 한국가족관계학회 편, **가족생활교육:이론 및 프로그램**. 하우.

이화정 · 양병찬 · 변종임(2003). **평생교육 프로그램 개발의 실제**. 학지사.

한국청소년개발원(1994). **프로그램의 개발과 운영**. 한국청소년개발원.

Arcus, M. E., Schvaneveldt, J. D., & Moss, J. J.(1993). 이정연 · 장진경 · 정혜정 역(1996). **가족생활교육의 기초**. 하우.

**국외문헌**

Boyle, P. G.(1981). *Planning better programs*. NY: McGraw-Hill Book. Co..

Clarke, J. I., & Bredehoft, D.(2003). Family life education methodology.; In D. J. Bredehoft & M. J. Walcheski(2003). *Family life education: Integrating theory and practice*. Narional Council on Family Relations. 131-135.

Hughes, R. Jr.(1994). A framework for developing family life education programs. *Family Relations*, 43(1). 74-80.

Lenz, E.(1908). *Creating and marketing programs in continuing education*. McGraw-Holl Company.

## CHAPTER 4

**국내문헌**

가영희 · 성낙돈 · 김수현 · 장청옥(2011). **교과교육론**. 동문사.

김순옥(1998)." 자녀와의 대화를 위한 부모교육", 한국가족상담교육단체협의회 편(2005). 가족생활교육프로그램 자료집.

문영은(2010). **전공이론-가정과 교육론**. 희소.

박우미 · 신효식 · 오만록 · 유명의 · 최옥자(1998). **가정과교육론**. 학지사.

송말희(2006). **가족생활교육 프로그램 개발: 중년기 주부를 대상으로**. (주)한국학술정보.

송정아 · 전영자 · 김득성(1998). **가족생활교육론**. 교문사.

신라대학교 가족상담센터(2007). **행복가족 레시피: 가족생활교육 프로그램 매뉴얼**. 창지사.

이기숙(2010). **가족생활교육**. 신정.

이연숙(1993). **성인을 위한 가정생활교육론**. 학지사.

유영주 · 오윤자(1998)." 가족생활교육 프로그램 개발". 한국가족관계학회 편. **가족생활교육프로그램 자료집**. 하우.

정무성 · 정진모(2001). **사회복지 프로그램 개발과 평가**. 양서원.

정현숙(2007). **가족생활교육**. 신정.

한국청소년개발원(1997). **프로그램 개발과 운영**. 인간과 복지.

한국청소년개발원(2005). **청소년 프로그램 개발 및 평가론**. 교육과학사.

황성철(2005). **사회복지 프로그램 개발과 평가**. 공동체.

Arcus, M. E., Schvaneveldt, J. D., & Moss, J. J.(1993). 이정연 · 장진경 · 정혜정 역(1996). **가족생활교육의 기초**. 하우.

## CHAPTER 5


### 국내문헌

문영은(2010). **가정과교육론**. 희소.

송말희(2006). **가족생활교육 프로그램 개발: 중년기 주부를 대상으로**. (주)한국학술정보.

이기숙(2010). **가족생활교육**. 신정.

이연숙(1998). **성인을 위한 가족생활교육론**. 학지사.

이화정 · 양병찬 · 변종임(2003). **평생교육 프로그램개발의 실제**. 학지사.

차갑부(1993). **성인교육방법론**. 양서원.

한국가족관계학회 편(1998). **가족생활교육 이론과 프로그램**. 하우.

한국청소년개발원(2005). **청소년 프로그램 개발 및 평가론**. 교육과학사.

한상길(2001). **성인평생교육**. 양서원.

서초구 건강가정지원센터 홈페이지

### 국외문헌

Hennon, C. B. & Arcus, M. E.(1993). *Life-span family life education*. Family Relations: Challenges for the future. ed. by Brubaker, T. H. SAGE Publications.

Hughes, R. Jr.(1994). A Framework for developing family life education programs. *Family Relations*, 43, 74-80.

Lenz, E.(1980). *Creating and marketing programs in continuing education*. McGraw-Holl Company.

Small, S. A. & Eastman, G.(1991). Rearing adolescents in comtemporary society: A conceptual framework for understanding the responsibilties and needs of parents. *Family Relations*, 40, 455-462.


## CHAPTER 6


### 국내문헌

김혜숙 · 이은정(2011). 예비부부를 위한 관계향상 프로그램 개발 및 효과: PREPARE 도구를 기초로. **상담학 연구**, 12(4), 1193-1210.

김혜정(1997). 예비부부를 위한 관계강화 프로그램의 효과 분석. 대구계명대학교 석사학위 논문.

박말순(1998). 결혼준비교육 프로그램이 예비부부의 의사소통과 갈등해결에 미치는 효과에 관한 연구. 숭실대학교 석사학위 논문.

박미경 · 김득성(1997). 예비부부를 위한 결혼준비교육프로그램. **대한가정학회지**, 35(4), 47-77.

박부진 · 노남숙 · 남경인(2006). 가족생활교육과 심리교육을 위한 결혼준비프로그램의 개발. 명지대학교 여성가족생활연구, 10, 23–49.
박주희 · 임선영 (2009). 예비부부를 위한 "결혼준비교육프로그램"의 개발에 관한 연구, **한국가정관리학회지, 27**(2), 29–43.
박지수 · 이진경 · 이재림(2018). 국내 커플관계교육 연구의 프로그램 개발과정 분석: 생활과학분야 학술지 논문을 중심으로, **한국가족관계학회지,** 22(4), 81–105.
서울시건강가정지원센터 홈페이지
손정영 · 김정옥(2005). 결혼준비교육 프로그램 개발 및 효과검증, **한국가족관계학회지, 10**(3), 219–236.
어성연 · 고선강 · 조희금(2010). 전문직 미혼 남녀의 만혼현상에 대한 연구, **한국가족자원경영학회지, 14**(2), 1–19.
오윤자(2001). 교육학적 관점을 기초로 한 결혼준비교육 프로그램 개발 및 효과 검증. **한국가족관계학회지, 6**(1), 195–207.
이성희 · 김희숙(2007). 결혼준비교육 프로그램의 적용 효과, **여성건강간호학회지, 13**(4), 272–279.
이은정 · 김혜숙(2014). 버츄프로젝트(virtues Project)를 활용한 예비부부의 역량강화 프로그램 효과검증, **상담학연구, 15**(1), 555–578.
정현숙(2004). 결혼 전 교육프로그램 개발을 위한 기초 연구, **한국가정관리학회지, 22**(1), 91–101.
정현숙(2005). 결혼준비교육프로그램 개발 및 평가. **한국가정관리학회지, 23**(1), 151–159.
조희금 · 고선강 · 어성연(2008). **결혼지연 요인에 대한 사회적 대응방안 마련**, 보건복지부.
통계청(2020). 2019 혼인이혼 통계.
한국가족관계학회(1999). **가족생활교육 이론 및 프로그램**, 도서출판 하우.
홍달아기 · 신현실(2001). 교과과정으로서의 결혼준비교육 프로그램개발을 위한 기초연구: W대학교 학생을 중심으로, **한국가정과학학회지, 4**(2), 29–47.
David H. Olson, John DeFrain Amy K. Olson 저(1999). 21세기 가족문화연구소 편역(2002). **행복한 결혼, 건강한 가족**. 양서원.

### 국외문헌

Markman, H. J. & Hahlweg, K.(1993). "The prediction and prevention of marriage distress: An international perspective." *Clinical Psychology Review*, 13, pp 29–43.

## CHAPTER 7

### 국내문헌

건강가정지원센터
네이버 지식백과

이상화(2013). (1인가구) 나 혼자도 잘 산다: **1인가구 450만 나는 대한민국 솔로다.** 시그널북스.
이준우 · 장민선(2014). 1인가구 급증에 따른 법제변화 연구. 한국법제연구원.
정인 · 강서진(2019). 한국 1인가구 보고서. KB금융지주 경영연구소 1인가구 연구센터.
주영애 · 백주원 · 박현영(2018). 1인가구를 위한 라이프플랜 프로그램의 제안. 한국가정관리학회 학술대회자료집, 203-203.
조영희(2017). 1인가구시대: 가족자원경영학의 과제와 전략. 2017년 한국가족자원경영학회 추계학술 대회, 3-21.
최효미 · 김지현(2018). 청년 1인가구 현황 및 청년층의 1인가구에 대한 인식. 한국가정관리학회 학술대회 자료집, 5, 17-21.
최효미 · 유해미 · 김지현 · 김태우(2016). 청년층의 비혼에 대한 인식과 저출산 대응 방안. 육아정책연구소.
통계청(2020). 2019 인구주택총조사(등록센서스 방식).
홍승아 · 성민정 · 최진희 · 김진욱 · 김수진(2017). 1인가구 증가에 따른 가족정책 대응방안 연구. 한국여성정책연구원.
KB금융지주 경영연구소(2018). 한국 1인가구 보고서. KB금융지주 경영연구소.

### 국외문헌

Beck, U & E. Beck-Gernsheim(2001). Individualization: *Institutionalized Individualism and its Social and Political Consequences*. N. Y.: Sage.
Chandler, J., M. Williams, M. Maconachie, T. Collett and B. Dodgeon(2004). Living alone: its place in household formation and change. *Sociological Research Online*. *9*(3).

## CHAPTER 8

### 국내문헌

강경아(2011). 중년층을 위한 죽음준비교육 프로그램 개발 및 효과. **한국호스피스 · 완화의료학회지, 14**(4), 204-211.
고재욱(2011). 노년기의 부부관계 개선 프로그램 효과에 관한 연구. 한국가족복지학, 16(4), 119-143.
박수선(2013). 신혼기 부부관계 향상을 위한 교육 프로그램 효과성 검증: 건강가정지원센터 신혼기 부부교육 프로그램을 중심으로. **한국가정관리학회지, 31**(1), 85-98.
박정윤 · 이희윤 · 한은주(2014). 은퇴 전 · 후 중년기 부부관계강화를 위한 프로그램 개발 및 효과성 검증에 관한 연구. **한국가족자원경영학회지,** 18(3), 117-133.
송정아 · 전영자 · 김득성(1998). **가족생활교육론.** 교문사.
여성가족부(2016). 가족실태조사.
유옥(2010). 결혼생활 만족도 증진을 위한 신혼기 부부 의사소통 프로그램 개발과 효과검증. 한남대학교 대학원 박사학위논문.
이은영 · 장진경(2018). 한국부부교육 프로그램의 효과에 대한 메타분석. **한국가족관계학회지, 22**(4). 181–204.
통계청(2018). 인구동향조사. 통계청.
통계청(2018). 혼인 · 이혼통계. 통계청.
한국보건사회연구원(2015). 전국출산력 및 가족보건복지 실태조사. 한국보건사회연구원.
한국여성정책연구원(2014). 여성가족패널조사. 한국여성정책연구원.
한국여성정책연구원(2016). 여성가족패널조사. 한국여성정책연구원.
21세기가족문화연구소 편역(2002). **행복한 결혼 건강한 가족**. 양서원.

### 국외문헌

Blanchard, V. L., Hawkins, A. J., Baldwin, S. A., & Fawcett, E. B.(2009). Investigating the effects of marriage and relationship education on couples' communication skills: A meta-analysis study. *Journal of Family Psychology*, 23(2). 203–214.
Mace, D. R.(1975). Marriage Enrichment concepts for research. *The Family Coordinator*, 24(2). 171–173.
Mace, D. R., & Mace, V.(1976). Marriage Enrichment: A Preventive Group Approach for Couples. In D. H. Olson(Ed), Treating Relationship. Lake Mille, Iowa: Graphic Publishing Company, 321–338.

## CHAPTER 9

### 국내문헌

강현선(2017). 성인기자녀의 부모의존 동거에 대한 사례연구. 연세대학교 대학원 박사학위논문.
교육부(2019). 2018 학교보고기반 심리부검.
김명하(2013). 유아기 자녀를 둔 부모의 정서적 양육역량 증진 프로그램의 구성 및 적용효과. 중앙대학교 대학원 박사학위논문.
김은정(2015). 부모 자녀 관계를 통해서 본 20대 청년층의 성인기 이행 과정 연구. 가족과 문화, 27(1). 69–116.
김은혜 · 도현심(2019). 첫 자녀 출산 예정인 예비부모를 위한 부모존경–자녀존중 예비보모교육 프로그램의 개발 및 효과 검증. **아동학회지 40**(1). 51–68.
나선영 · 안명희(2011). 부모와의 유대가 성인애착에 미치는 영향. **한국심리학회지 여성, 16**(3). 331–355.
박현진 · 송미경 · 김은영(2011). 위기청소년 부모교육 프로그램 개발: 가출경험 청소년 부모를 대상으로. 한국청소년상담원.
소수연 · 김승윤 · 유준호 · 지수연(2014). 초기 청소년 부모교육 프로그램 개발과 효과 검증. 사회과학연구, 30(4). 425–453.
송정아 · 전영자 · 김득성(1998). **가족생활교육론**. 교문사.

안성원 · 김순옥(2015). 학령기 아동 공격행동에 대한 부모반응교육 프로그램 개발. **한국가족관계학회지**, 19(4), 45–74.

양미진 · 남은영 · 이수림 · 이자영 · 허자영(2010). 저소득가정의 부모교육 프로그램 개발 및 효과검증. 청소년상담연구, 18(1), 113–141.

여성가족부(2018). 부모교육 매뉴얼. 여성가족부 발간자료.

여성가족부(2016). 초보아빠수첩. 한국가족상담교육단체협의회 집필 및 자문.

유수진 · 최희정(2016). 자녀의 성인기이행이 부모의 결혼만족도 및 자녀관계만족도에 미치는 영향. **한국가족관계학회지**, 21(3), 73–93.

이상희(2016). 유아 스마트미디어 사용지도를 위한 부모교육 프로그램 개발 연구. 덕성여자대학교 대학원 박사학위논문.

이선이 · 김현주 · 이여봉(2015). 성인기 이행과정의 부모자녀관계 유형. 가족과 문화, 27(3), 191–223.

이성희 · 김현수(2013). 현실치료를 적용한 부모교육집단프로그램의 효과 – 초등학생 자녀를 둔 어머니를 중심으로. **한국가족관계학회지**, 18(2), 195–215.

이재택(2016). 초등학생 부모의 분노조절능력 향상을 위한 부모교육 프로그램 개발. 한국콘텐츠학회논문지, 16(5), 668–685.

정현주 · 김하나 · 이호준(2013). 학교폭력 가해자 부모교육 및 피해자 부모교육 프로그램의 개발과 효과성 평가. **청소년상담연구**, 21(2), 149–180.

차명진 · 김소연(2013). 교류분석이론을 활용한 부모교육 프로그램 개발 및 효과성 연구. **한국가족관계학회지**, 18(2), 73–98.

통계청(2019). 2018년 사망원인 통계. 통계청.

### 국외문헌

Earhart, E. M.(1980). Parent education: A lifelong process. *Journal of Home Economics*, 72(1), 39–43.

Fine, M. J.(1980). *The second handbook on parent education: Contemporary perspectives*. San Diego, CA: Academic Press.

Pehrson, K. L., & Robinson, C. C.(1990). Parent Education: Dose it make a difference?. *Child Study Journal*. *20*(4), 221–236.

## CHAPTER 10

### 국내문헌

경북여성정책개발원(2014). 현장 밀착형 가족교육 프로그램(아동기 자녀를 둔 한부모가족).

국립국어원 우리말샘.

김길숙(2017). 부모교육 프로그램 개발현황 및 내용분석 연구. 열린부모교육연구, Vol.9 No.4, 273-292.

김명수 · 김윤전 · 김정수 · 김정옥 · 서경 · 신나라 · 이성은 · 이현정 · 조영진 · 최호찬 · 한순영(2014). 한부모 가정을 위한 가족 레질리언스 증진 프로그램 제안: 한부모 가정의 가족 레질리언스를 높이기 위한 프로그램. 연세상담코칭연구, 2, 283-301.

김영란 · 황정임 · 최진희 · 김은경(2016). **부자가족의 가족역량강화를 위한 지원 역량 강화 연구**. 한국여성정책연구원.

김은정(2013). 한부모의 가족탄력성 증진 프로그램 개발 및 효과성 연구. **한국가족관계학회지**, Vol.17 No.4, 137-159.

박선주(2015). 한부모 가족 부모의 부모교육 현황 및 부모교육 내용에 대한 요구도. 여성연구논총, Vol.17 No.99-127.

여성가족부(2015). 한부모가족실태조사.

여성가족부(2017). 가족특성별 부모교육 매뉴얼. 여성가족부.

여성가족부(2018). 한부모가족실태조사.

통계청(2017). 장래가구추계. 2000-2045.

통계청(2019). 인구동향조사. 1990-2018.

한국가족상담교육연구소(2015). 한부모 부자가족교육 프로그램

한국건강가정진흥원(2013). 혼자서도 행복하게 자녀키우기.

황정임 · 정가원 · 김유나 · 이호택(2015). 한부모가족 지원강화를 위한 협력적 네트워크 운영 방안. 한국여성정책연구원.

### 국외문헌

Holmes, T. H. & Rahe, R. H.(1967). The social readjustment rating scale. *Journal of Psychosomatic Research, 11*, 213-218.

## CHAPTER 11

### 국내문헌

김연옥(2014). 재혼가족에 대한 체계론적 분석-경계와 역할개념을 중심으로-. 한국가족복지학. 4. pp.31-55.

김미옥 · 천성문(2014). 재혼가족의 생활적응향상을 위한 부모교육 프로그램 개발 및 효과. **한국심리학회지: 상담 및 심리치료, 26**(4). pp.903-928.

김효순(2016). 재혼가족 관계향상을 위한 프로그램 효과: 청소년기 자녀를 둔 재혼자를 중심으로. 보건사회연구, 36(3). pp.239-269.

노명숙(2013). 재혼가족을 위한 프로그램개발의 현황과 과제. 한국산학기술학회논문지, 14(1), pp.169-175.

박은주(2017). 재혼 교육프로그램의 개발을 위한 기초연구, 인문사회 21, 21(8). pp.509-528.
한국가족상담교육연구소(2019). 재혼준비교육 프로그램 '또 다른 도전, 새혼'. 한국가족상담교육연구소.
Bloom, Linda & Bloom, Charlie 저(2016), 김옥련 역, **그들은 결혼해서 행복하게 잘 살았을까?**, 애플트리테일즈.
E.B.비셔& J.S비셔(2003), 반건호, 조아랑 역, **재혼가정치료**, 도서출판 빈센트.

### 국외문헌

Chadwick, B. A., & Heston, T. B.(1990). *Statistical handbook on the American family*. Pheoniw, AZ: Oryx.
Papernow(1993). Becoming a Stepfamily: *Patterns of Development in Remarried Families*. San Francisco: Jossey-Bass.

## CHAPTER 12

### 국내문헌

강경아(2011). 중년층을 위한 죽음준비교육 프로그램 개발 및 효과. **한국호스피스·완화의료학회지**, 14(4), 204-211.
건강보험정책연구원(2015). 아름답고 존엄한 나의 삶 프로그램. 국민건강보험공단 건강보험정책연구원.
권은주·조진희(2011). 불교의 환생동화를 활용한 죽음 준비교육이 유아의 죽음개념 및 불안에 미치는 효과. 불교학연구, 28, 45-78.
기쁘다·성미애·이재림(2020). **가족생활교육**. 한국방송통신대학교출판문화원.
길태영(2016). 통합된 죽음준비교육 프로그램이 장애노인의 죽음에 대한 태도와 삶의 의미에 미치는 영향. 대전대학교 대학원 박사학위논문.
길태영(2017a). 베이비부머대상 죽음준비교육 프로그램의 효과성 검증. 미래사회복지연구, 8(1), 69-99.
길태영(2017b). 죽음준비교육이 도농복합지역 노인의 죽음불안과 자아통합감에 미치는 효과. 농촌사회, 27(1), 95-124.
길태영(2017c). 죽음준비교육관련 사회복지학 분야의 연구동향 분석. 사회복지연구, 48(2), 267--301.
길태영·윤경아·심우찬(2016). 신체장애노인대상 통합된 죽음준비교육 프로그램의 효과성 검증: 혼합설계방법 적용. **한국장애인복지학회지**, 31, 49-78.
김복연·오청욱·강혜경(2016). 죽음교육 프로그램이 성인의 자아존중감, 영적안녕, 통증에 미치는 효과. **한국산학기술학회 논문지**, 17(9), 156-162.
김복연·조옥희·유양숙(2011). 장애우 가족에게 적용한 죽음준비 교육의 효과. **한국호스피스·완화의료학회지**, 14(1), 20-27.
김성희·송양민(2013). 노인죽음교육의 효과 분석: 생활만족도 및 심리적 안녕감에 미치는 영향과 죽음불안의 매개역할. **보건사회연구**, 33(1), 190-219.
김숙남·최순옥·이정지·신경일(2005). 죽음교육이 대학생의 죽음에 대한 태도와 생의 의미에 미치는 효과. **보건**

**교육 · 건강증진학회지**, 22(2), 141–153.
김신향 · 변성원(2014). 죽음준비교육의 연구동향 분석. **디지털융복합연구**, 12(12), 469–475.
김은희 · 이은주(2009). 죽음준비교육 프로그램이 대학생의 삶의 만족도와 죽음에 대한 태도에 미치는 영향. **Journal of Korean Academy of Nursing**, 39(1), 1–9.
김일식 · 김계령 · 신혜숙 · 서호진(2016). 죽음준비교육 프로그램 효과성에 대한 메타분석. **한국가족관계학회지**, 21(2), 3–23.
김재구 · 배종태 · 이정현 · 이무원 · 양대규 · 강신형(2020). **포스트 코로사 시대 사회가치경영의 실천전략**. 클라우드나인.
모선희 · 김형수 · 유성호 · 윤경아 · 정윤경(2018). **현대노인복지론**. 서울: 학지사.
박영숙 · 제롬 글렌(2020). 세계미래보고서 2021 – **포스트코로나 특별판**. 비즈니스북스.
박주희(2020). **가족의 문제예방과 성장을 위한 가족생활교육**. 정민사.
박지은(2009). 죽음준비교육이 노인의 죽음에 대한 정서인지행동에 미치는 효과. **사회복지실천**, 8, 79–109.
배정순(2015). 자살예방 죽음준비교육과 문학치료. **대한문학치료연구**, 5(1), 1–18.
변미경 · 현혜진 · 박선정 · 최은영(2017). 웰다잉 프로그램이 노인의 삶의 의미, 자기효능감 및 성공적 노화에 미치는 효과. **한국산학기술학회 논문지**, 18(10), 413–422.
보건복지부(2018). 관계부처 합동 자살예방 국가행동 계획('18–'22년) 수립.
서이종(2016). 고령사회와 죽음교육의 사회학–한국 죽음교육의 비판적 고찰. 사회와 이론, 28, 69–103.
서혜경(2009). **노인죽음학개론**. 서울:경춘사.
송양민 · 유경(2011). 죽음준비교육이 노인의 죽음불안과 생활만족도, 심리적 안녕감에 미치는 효과 연구. **노인복지연구**, 54, 111–134.
여인숙 · 김춘경(2006). 노년기 우울과 죽음불안 감소를 위한 생애회고적 이야기치료 집단프로그램의 효과. **한국가정관리학회지**, 24(5), 113–128.
오진탁 · 김춘길(2009). 죽음준비교육이 노인의 죽음에 대한 태도와 우울에 미치는 효과. **한국노년학**, 29(1), 51–69.
오혜진 · 전해숙(2017). 죽음준비교육 프로그램의 효과–양로시설 거주 노인을 대상으로. **한국노인복지학회 추계학술대회**, 7(2), 366–384.
윤매옥(2009). 죽음준비교육 프로그램이 성인의 죽음불안, 영적 안녕 및 삶의 의미에 미치는 효과. **지역사회간호학회지**, 20(4), 513–521.
이가언 · 전혜정 · 유정옥(2018). 지역사회 거주노인의 죽음준비 영향 요인–2014 노인실태조사 활용. **한국산학기술학회 논문지**, 19(8), 167–175.
이이정(2003). 노인 학습자를 위한 죽음준비교육 프로그램 개발 연구. 연세대학교 대학원 박사학위논문.
이이정(2006). 노인 학습자를 위한 죽음준비교육 프로그램 개발 연구. Andragogy Today: **Interdisciplinary Journal of Adult & Continuing Education**, 9(1), 33–65.

이이정(2016). 죽음준비교육의 현황과 과제. **노년교육연구, 2**(1), 69–88.
임진옥(2008). 죽음준비 상담교육 연구. 전북대학교 대학원 박사학위논문.
전광현(2011). 아름다운 노년을 위하여; 죽음을 아름답게 준비하는 노인교육. 교육교회, 396, 21–26.
정경희 · 김경래 · 서제희 · 유재언 · 이선희 · 김현정(2018). **죽음의 질 제고를 통한 노년기 존엄성 확보 방안**. 한국보건사회연구원.
정옥분(2013). **성인 · 노인심리학**. 서울:학지사.
정유라 · 박현영 · 백경혜 · 구지원 · 조민정 · 정석환 · 신수정(2020). **2021 트렌드 노트**. 북스톤.
정의정(2012). 웰다잉을 위한 프로그램의 효과분석. **벤처창업연구, 7**(2), 189–194.
정진홍(2003). **만남, 죽음과의 만남**. 서울: 궁리.
통계청(2018). 장래인구추계.
현은민(2005). 노인 죽음준비교육 프로그램 개발에 관한 연구. **한국가족관계학회지, 10**(2), 31–56.
현은민(2014). 대학생 죽음준비교육 프로그램의 효과. **한국산학기술학회 논문지, 15**(7), 4220–4228.

### 국외문헌

Chrispher, J.(2004). Psychosocial Aspects of Death and DYing, The Gerontologist, 44, 719–722.
Howard Gardner(1900). 5 Minds for the Future. 이경호(2020).
Leviton, D.(1977). The scope of death education. Death Education, 1, 41–56.
柳田 那男(1995). 犧牲. 文藝春秋.

## CHAPTER 13

### 국내문헌

강병서(2006). **학생지원처의 고객만족 워크숍 자료집**. 경희대학교 미간행물.
강일규 · 이남철 · 이의규 · 윤여인(2007). **지역인적자원개발을 위한 협력망 구축**. 한국직업능력개발원.
공동육아와 공동체교육(2008). **가족친화마을 만들기 모델 개발을 위한 연구**. 보건복지가족부 중간보고 자료.
기쁘다 · 성미애 이재림(2020). **가족생활교육**. 한국방송통신대학교출판문화원.
김영환(2010). 문화적 다양성의 합헌성. **세계헌법연구, 16**(3), 133–158.
김재구 · 배종태 · 이정현 · 이무원 · 양대규 · 강신형(2020). **포스트 코로사 디새 사회가치경영의 실천전략**. 클라우드나인.
김정화 · 박선혜 · 조상미(2010). 한국 대학생의 세계시민의식과 문화다양성태도 영향 요인. **청소년학연구**, 17(4), 183–210.
김혜영 · 홍승아 · 선보영 · 정재훈 · 진민정(2009). **가족 및 지역사회의 소통과 연대강화를 위한 효율적인 실행방안 연구**. 보건복지가족부.

박영숙 · 제롬 글렌(2020). **세계미래보고서 2021-포스트코로나 특별판**. 비즈니스북스.
박주희(2005). **현대가족을 위한 가족생활교육의 기초**. 하우.
박주희(2020). **가족의 문제예방과 성장을 위한 가족생활교육**. 정민사.
송정아 · 전영자 · 김득성(1998). **가족생활교육론**. 교문사.
오윤자(2009). 다문화역량강화를 위한 다문화가족지원 추진기반 구축 방안: 네트워크 및 활동가 중심으로. 2009 춘계 한국가정관리학회 학술대회, 교육 · 실천분과 구두발표.
오혜경(2005). **사회복지사의 자기인식**.북카페.
윤홍식(2007). 신사회위험에 대한 대응으로써 사회투자전략: 아동돌봄 관련 서비스 정책을 중심으로. 사회복지행정 및 정책. 한국사회복지학회 2007년도 국제학술대회자료집.
이은주 역(2010). **다문화 사회복지실천**. 학지사.
이종일(2010). 다문화교육에서 다양성의 의미. **사회과학교육연구**, 17(4), 105-120.
정유라 · 박현영 · 백경혜 · 구지원 · 조민정 · 정석환 · 신수정(2020). 2021 **트렌드 노트**. 북스톤.
정현숙(2007). **가족생활교육**. 도서출판 신정.
한국가족관계학회(1998). **가족생활교육 이론 및 프로그램**. 하우.

### 국외문헌

Brock, G. W.(1993). Ethical guidelines for the practice of family life education. *Family Relations, 42*, 124-127
David J. Bredehoft, Michael J. Walcheski(2009). *Family Life Education: Integrating Theory and Practice*. National Council on Family Relations.
Derald Wing Sue(2006). *Multicultural Social Work Practice*. John Wiley & Sons, Inc.
Howard Gardner(1900). 5 Minds for the Future. 이경호(2020). https://blog.naver.com/nlboman/221490960854
Kathryn D. Rettig(2009). Family resource management. David J & Michael J(2009). *Family Life Education: Integrating Theory and Practice*. Minneapolis, MN: National Council on Family Relations.
Kitchener, K. S.(1986). Teaching applied ethics in counselors education. *Journal of Counseling and Development, 64*, 306-310
Krager, L.(1985). A new model for defining ethical behavior. In H. J. Canon & R. D. Brown(Eds). *Applied ethics in student services: New directions for student services, 30*, San Francisco: Jossey-Bass, 32-34.
Lane H. Powell, Dawn Cassidy(2001). *Family Life Education : An Introduction*. Mayfield Publishing Company. Mountain View, California. London · Toronto.
Lane H. Powell, Dawn Cassidy(2007). *Family Life Education: Working with Family across the life span*. Waveland Press, Inc.
Magaret E. Arcus, Jay D. Schvaneveldt, J. Joel Moss(1996). *Handbook of Family Life Education Volume 1: Foundations of Family Life Education*. Sage Publications, Inc.

Rebecca Adams, David C. Dollahite, Kathleen R. Gibert and Robert E. Keim(2009). The development and teaching of the ethical principles and guidelines for family scientists. David J & Michael J(2009). *Family Life Education: Integrating Theory and Practice*. Minneapolis, MN: National Council on Family Relations.

Stephen F. Duncan, H. Wallace Goddard(2005). *Family Life Education: Principle and Practices for Effective Outreach*. Sage Publications, Inc.

저자소개

**김순기**
경희대학교 가족학 박사
**현재** 배움사이버평생교육원 강사

**노명숙**
성균관대학교 가족학 박사
**현재** 전주비전대학교 아동복지학과 부교수

**박지현**
성신여자대학교 가족학 박사
**현재** 한국가족상담교육연구소 연구위원

**배선희**
경희대학교 가족학 박사
**현재** 한국가족상담교육연구소 연구위원

**송말희**
숙명여자대학교 가족학 박사
**현재** 한국가족상담교육연구소 연구위원

**송현애**
동국대학교 가족학 박사
**현재** 백석대학교 사회복지학부 부교수

**오윤자**
경희대학교 가정학 박사
**현재** 강남구 육아종합지원센터 위탁운영 책임교수
경희대학교 생활과학대학 아동가족학과 교수

**이영자**
성신여자대학교 가족학 박사
**전** 한국가족상담교육연구소 선임연구원
인천대학교 겸임교수

**전보영**
성균관대학교 가족학 박사
**현재** 덕성여자대학교, 성균관대학교, 세종대학교,
한성대학교, 한양여자대학교 강사
한국가족상담교육연구소 소장

**최희진**
경희대학교 가족학 박사
**현재** 한국가족상담교육연구소 연구위원

**한상금**
성균관대학교 가족학 박사
**현재** 한국가족상담교육연구소 연구위원

# 2판 가족생활 교육

2011년 9월 30일 초판 발행 | 2021년 3월 22일 2판 발행
**지은이** 김순기·노명숙·박지현·배선희·송말희·송현애·오윤자·이영자·전보영·최희진·한상금
**펴낸이** 류원식 | **펴낸곳** **교문사**

**편집팀장** 모은영 | **책임진행** 김선형 | **디자인** 신나리 | **본문편집** 벽호미디어

**주소** (10881)경기도 파주시 문발로 116 | **전화** 031-955-6111 | **팩스** 031-955-0955
**홈페이지** www.gyomoon.com | **E-mail** genie@gyomoon.com
**등록** 1960. 10. 28. 제406-2006-000035호
ISBN 978-89-363-2117-8 (93590) | **값** 20,000원

* 저자와의 협의하에 인지를 생략합니다.
* 잘못된 책은 바꿔 드립니다.